Fach- und Rechtsfragen des Bebauungsplans

BERLINER SCHRIFTEN ZUR STADT- UND REGIONALPLANUNG

Herausgegeben von Stephan Mitschang

Band 29

PL ACADEMIC RESEARCH

Stephan Mitschang (Hrsg.)

Fach- und Rechtsfragen des Bebauungsplans

PL ACADEMIC RESEARCH

Bibliografische Information der Deutschen Nationalbibliothek
Die Deutsche Nationalbibliothek verzeichnet diese Publikation in der Deutschen Nationalbibliografie; detaillierte bibliografische Daten sind im Internet über http://dnb.d-nb.de abrufbar.

ISSN 1861-762X
ISBN 978-3-631-67909-8 (Print)
E-ISBN 978-3-653-07111-5 (E-Book)
DOI 10.3726/978-3-653-07111-5

PL Academic Research ist ein Imprint der Peter Lang GmbH.

Peter Lang – Frankfurt am Main · Bern · Bruxelles · New York · Oxford · Warszawa · Wien

Diese Publikation wurde begutachtet.

www.peterlang.com

Inhaltsverzeichnis

Vorwort 7

Wilhelm Söfker
Rechtliche Anforderungen an Festsetzungen des Bebauungsplans............9

Gerd Schmidt-Eichstaedt
Landwirtschaftliche Belange und Bebauungsplan 27

Alexander Schink
Die naturschutzrechtliche Eingriffsregelung in der Bauleitplanung – Arten von Kompensationsmaßnahmen und ihre Sicherung....................41

Stefan Kobes
Zum Begriff des „Wohnens" 73

Sören Claus
Festsetzungen zur Steuerung der Wohnnutzung.....................................91

Christian-W. Otto
Die zunehmende Bedeutung des Planungsrechts für das Abstandsflächenrecht 109

Guido Kohnen, Annette Leuckel
Geräuschkontingentierung in der Bauleitplanung – richtungsabhängige Schallemissionskontingente und flächenbezogene Schallleistungspegel in der praktischen Anwendung..123

Jörg Finkeldei
Instrumente der Freiraumsicherung im Außenbereich..........................155

Olaf Reidt
Festsetzungsersetzende und -flankierende städtebauliche Verträge.......169

Tim Schwarz
Bebauungspläne zur Unterbringung von Flüchtlingen und Asylbegehrenden 181

Stephan Mitschang
Lärmschutzbezogene Festsetzungen 205

Bernhard Haaß
Eigentumsrechtliche Schranken bei der Festsetzung von Grünflächen 275

Autorenverzeichnis 283

Vorwort

Bebauungspläne, auch in ihrer Unterart der vorhabenbezogenen Bebauungspläne, stellen das wichtigste städtebaurechtliche Planungsinstrument zur Steuerung der städtebaulichen Entwicklung in den Städten und Gemeinden dar. Insbesondere für die räumliche Entwicklung der Gemeinden nach außen haben sie seit dem Beginn der 1960er Jahre dafür gesorgt, dass diese planmäßig verlief. Inhaltlich orientieren sich die Bebauungspläne an den jeweils vorherrschenden Rahmenbedingungen für die städtebauliche Entwicklung und unterliegen insoweit auch einem gewissen „Zeitgeist“. Nachvollziehbar ist dies nicht nur am Festsetzungskatalog des § 9 BauGB und der Baunutzungsverordnung, sondern auch an der zunehmenden Bedeutung von – in erster Linie unionsrechtlich geprägten – Umweltschutzbelangen sowie der ebenfalls nahezu obligatorischen Flankierung städtebaulicher Planungen durch städtebauliche Verträge. Daneben ist schließlich noch die Rechtsprechung anzuführen, durch deren Entscheidungen sich für die Bebauungsplanung immer wieder sowohl neue Möglichkeiten als auch Schrankensetzungen ergeben. In diesem Kontext ist die am 21. und 22. September 2015 an der Technischen Universität Berlin durchgeführte wissenschaftliche Fachtagung unter der Überschrift „Fach- und Rechtsfragen des Bebauungsplans“, deren schriftlich ausgearbeitete Vorträge im vorliegenden Tagungsband zusammengestellt sind, angesiedelt. Thematische beziehen sich die einzelnen schriftlichen Beiträge in erster Linie auf planungspraktische Fragestellungen, wie sie bei der Erarbeitung von Bebauungsplänen entweder aufgrund einzelner Anforderungen auftreten oder durch die aktuelle Rechtsprechung ausgelöst, neue Anforderungen an die Ausgestaltung von Konfliktlösungen stellen. Nicht nur den Tagungsteilnehmern sondern auch allen, die mit dem Instrument „Bebauungsplan“ beruflich umgehen, soll dieser Tagungsband eine Hilfesstellung bieten.

Berlin, im März 2016

Universitätsprofessor Dr.-Ing. habil. Stephan Mitschang
am Institut für Stadt- und Regionalplanung der TU Berlin
Fachgebiet Städtebau- und Siedlungswesen; – Orts-, Regional- und Landesplanung –
Hardenbergstraße 40a
10623 Berlin

Wilhelm Söfker

Rechtliche Anforderungen an Festsetzungen des Bebauungsplans

Abstract Dieser Beitrag befasst sich, basierend auf dem Baugesetzbuch sowie der Baunutzungsverordnung, mit rechtlichen Anforderungen an die Festsetzungen im Bebauungsplan. Erörtert wird das Verhältnis beider Gesetzesgrundlagen zueinander. Der abschließende Charakter des Festsetzungskataloges sowie die Anwendung mit Bezug auf spezifische Themenfelder sind weitere Inhalte des Beitrages.

This Input – based on the Federal Building Code and the Federal Land Utilisation Ordiance – is primarily concerned with regulatory framework on the designations in binding land use plans. In discussion is also the relation of these two laws to each other, the question whether the designations are listed in full as well as if other specific themes are connected to the regulatory framework.

1 Einführung und Ausgangslage

Die rechtlichen Anforderungen an Festsetzungen des Bebauungsplans beziehen sich insbesondere auf die im Baugesetzbuch[1] (vor allem in § 9 BauGB, vgl. aber auch §§ 22 Abs. 9, 34 Abs. 5 Satz 2 BauGB) und in der Baunutzungsverordnung[2] geregelten Rechtsgrundlagen (Ermächtigungsgrundlagen) für die Festsetzungen im Bebauungsplan. Diese Funktion der Rechtsgrundlagen wirkt sich – zunächst – in zweierlei Hinsicht aus:

Zum einen bringen die Rechtsgrundlagen die städtebaurechtlichen Regelungsbefugnisse der Bebauungspläne, die die rechtsverbindlichen Festsetzungen für die städtebauliche Ordnung enthalten (§ 8 Abs. 1 BauGB), zum Ausdruck. Sie sind mögliche Gegenstände der Regelungen in den Bebauungsplänen. Die Gemeinden, die die Bebauungspläne in eigener Verantwortung

---

1 Baugesetzbuch (BauGB) in der Fassung der Bekanntmachung v. 23. September 2004 (BGBl. I S. 2414), zuletzt geändert durch Art. 6 d. G. v. 20. Oktober 2015 (BGBl. I S. 1722).

2 Verordnung über die bauliche Nutzung der Grundstücke (Baunutzungsverordnung – BauNVO) in der Fassung der Bekanntmachung v. 23. Januar 1990 (BGBl. I S. 132), zuletzt geändert durch Art. 2 d. G. v. 11. Juni 2013 (BGBl. I S. 1548).

aufstellen (§ 2 Abs. 2 Satz 1 BauGB), sind grundsätzlich berechtigt, diese städtebaurechtlichen Regelungsbefugnisse zu nutzen und solche Festsetzungen in den Bebauungsplänen zu treffen. Dies kann z. B. auch Bedeutung für die sich aus § 1 Abs. 3 Satz 1 BauGB ergebende Anforderung nach der Erforderlichkeit einer Festsetzung haben. Zumindest als Ausgangslage für die Beurteilung dieser Anforderung kann davon ausgegangen werden, dass ein Bebauungsplan, in dem von einer solchen Festsetzungsmöglichkeit Gebrauch gemacht wird, auch städtebaulich i. S. des § 1 Abs. 3 Satz 1 BauGB grundsätzlich erforderlich ist. Diese Frage hat auch aktuelle praktische Bedeutung in den Fällen, in denen im Bebauungsplan spezielle Festsetzungen getroffen werden, mit denen abweichend von den allgemeinen Inhalten der Bauleitplanung spezifische städtebauliche Anliegen geregelt werden sollen. Beispiele sind von den Baugebietsvorschriften der §§ 2 ff. BauNVO oder dem § 34 Abs. 1 bis 3a BauGB abweichende, durch differenzierende Festsetzungen nach § 1 Abs. 4 bis 10 BauNVO oder nach § 9 Abs. 2a und 2b BauGB erreichbare Regelungen über die Zulässigkeit von Vorhaben treffen zu können. Indem der Gesetz- und Verordnungsgeber diese Befugnisse ausdrücklich eröffnet hat, bestimmt er zugleich, dass eine hierauf gerichtete Bebauungsplanung städtebaurechtlich erforderlich sein kann. Dies hat namentlich Bedeutung über die allgemeinen Zulässigkeitsregelungen der §§ 8, 11 Abs. 3 und 15 Abs. 1 BauNVO und des § 34 Abs. 1 und 3 BauGB hinaus, um gezielte Festsetzungen für die städtebauliche Steuerung des Einzelhandels[3] und von Vergnügungsstätten oder die Sicherung der Zweckbestimmung von Gewerbegebieten[4] treffen zu können.

Zum anderen enthalten die im Baugesetzbuch und in der Baunutzungsverordnung geregelten Festsetzungsmöglichkeiten Begrenzungen. Die inhaltliche Reichweite der Rechtsgrundlagen in ihrer Funktion als Ermächtigungsgrundlagen für die Festsetzungen in den Bebauungsplänen ist bestimmend für die überhaupt möglichen Festsetzungen. Die Rechtsgrundlagen enthalten einen abschließend geregelten Katalog von Festsetzungsmöglichkeiten. Darin unterscheidet sich die Rechtslage gegenüber den im

---

3 Z. B. BVerwG, Beschl. v. 15.05.2013 – 4 BN 1.13, ZfBR 2013, 573 = BRS 81 Nr. 40; BVerwG, Beschl v. 06.08.2013 – 4 BN 8.13, ZfBR 2013, 781 = BRS 81 Nr. 14.

4 Vgl. neuerdings BVerwG, Urt. v. 10.09.2015 – 4 CN 8.14, ZfBR 2016, 44 = KommJur 2016, 37.

Flächennutzungsplan möglichen Darstellungen, für die § 5 Abs. 2 BauGB und § 1 Abs. 1 und 2 BauNVO nur einen beispielhaften Katalog an Darstellungsmöglichkeiten enthalten.

Infolgedessen ist Wirksamkeitsvoraussetzung für die jeweilige Festsetzung im Bebauungsplan, dass sie sich auf eine im Baugesetzbuch oder in der Baunutzungsverordnung geregelte Rechtsgrundlage (Ermächtigungsgrundlage) stützt. Im Fall der fehlenden Rechtsgrundlage oder der Überschreitung der Ermächtigungsgrundlage liegt ein zur Unwirksamkeit der Festsetzung führender Fehler vor. Das Baugesetzbuch enthält dazu in § 214 Abs. 1 bis 3 BauGB keine „Unbeachtlichkeitsklauseln"; ein solcher Fehler wird nach § 214 BauGB auch nicht bei rügelosem Fristablauf geheilt (Stichwort: Fehlende Rechtsgrundlage oder Überschreitung einer Rechtsgrundlage ist ein „Ewigkeitsfehler").

Über diese sich aus den Rechtsgrundlagen ergebenden Anforderungen an die Festsetzungen in den Bebauungsplänen hinaus ergeben sich aus dem Baugesetzbuch und der Baunutzungsverordnung weitere rechtliche Anforderungen an die Festsetzungen daraus, dass sie aus städtebaulichen Gründen getroffen werden müssen (so ausdrücklich die Eingangsworte des § 9 Abs. 1 BauGB) und dass sie den Aufgaben und Grundsätzen der Bauleitplanung (§§ 1, 1a BauGB) entsprechen müssen, insbesondere dem Abwägungsgebot (§ 1 Abs. 7 BauGB, einschließlich § 2 Abs. 3 BauGB).

Diese Anforderungen stehen in Wechselbeziehungen zu den Rechtsgrundlagen für die Festsetzungen des Baugesetzbuchs und der Baunutzungsverordnung. Die insbesondere in § 1 Abs. 1 und 3 BauGB geregelte Planungsbefugnis, die in § 1 Abs. 5 und 6 sowie in § 1a BauGB geregelten Planungsgrundsätze, Abwägungsdirektiven und sonstigen städtebaulichen Belange haben bestimmende Bedeutung für die städtebaulichen Gründe für die Festsetzungen im Bebauungsplan. Die Variationsbreite der Vorschriften des § 1 Abs. 5 und 6 sowie des § 2a BauGB macht die vielfältigen Nutzungsmöglichkeiten der Ermächtigungsgrundlagen des Baugesetzbuchs und der Baunutzungsverordnung für die Festsetzungen in den Bebauungsplänen deutlich. Insofern können sich Änderungen und Ergänzungen des § 1 Abs. 5 und 6 und des § 2a BauGB, wie sie durch die BauGB-Änderungen der letzten Jahre vorgenommen wurden, auch auf die Anwendbarkeit des § 9 BauGB und der Baunutzungsverordnung als Erweiterungen der Festsetzungsmöglichkeiten auswirken. Hinzuweisen ist insbesondere auf die durch das BauGB-Änderungsgesetz von 2004[5] getroffenen Erweiterungen und Präzisierungen der Umweltbelange in § 1 Abs. 6 Nr. 7 BauGB und die Erweiterungen der Aufgaben der Bauleitplanung in § 1 Abs. 5 BauGB durch die BauGB-Änderungsgesetze 2004, 2011[6] und 2013[7].

Wenn sich hieraus Erweiterungen der städtebaulichen Gründe ergeben, kann sich dies auf die Interpretation der Festsetzungsmöglichkeiten des § 9 Abs. 1 BauGB auswirken. Dies kann z. B. in Bezug auf Festsetzungen nach § 9 Abs. 1 Nr. 23 BauGB der Fall sein. Allerdings kann dies nicht zu einer Ausweitung der in § 9 Abs. 1 BauGB geregelten Festsetzungsbefugnisse entgegen deren Wortlaut führen.

Als aktuelles Beispiel hierfür kann die Aufnahme von „… den Klimaschutz und die Klimaanpassung, insbesondere in der Stadtentwicklung, zu fördern …“ in die Vorschrift über die Aufgaben der Bauleitplanung (§ 1 Abs. 5 Satz 2 BauGB) genannt werden. Sie kann als Erweiterung der Aufgaben der Bauleitplanung verstanden werden, die die für Festsetzungen geforderten „städtebaulichen Gründe“ (§ 9 Abs. 1 BauGB) stützen. Die dem dienenden Festsetzungen können jedoch nur getroffen werden, soweit hierfür Rechtsgrundlagen im Baugesetzbuch/ in der Baunutzungsverordnung vorhanden sind. So hat der VGH Mannheim[8] ausgeführt, dass § 9 Abs. 1 Nr. 23a BauGB nicht zu der Festsetzung ermächtiget, nach der bei Feuerungsanlagen mit einer Nennwärmeleistung von mehr als 1 MW die Verwendung von fossilen Energieträgern nur zulässig ist, wenn die spezifische CO2-Emission einen Wert von 0,08 t CO2/GJ nicht überschreitet. Als Grund führt der VGH Mannheim an, dass die Festsetzung wie die Festsetzung anlagenbezogener Emissions- oder Immissionswerte wirke, § 9 Abs. 1 Nr. 23a BauGB aber Festsetzungen zur Beschränkung der Verwendung bestimmter Brennstoffe verlange.

---

5 Gesetz zur Anpassung des Baugesetzbuchs an EU-Richtlinien (Europarechtsanpassungsgesetz Bau – EAG Bau) v. 24. Juni 2004 (BGBl. I S. 1359).

6 Gesetz zur Förderung des Klimaschutzes bei der Entwicklung in den Städten und Gemeinden v. 22. Juli 2011 (BGBl. I S. 1509).

7 Gesetz zur Stärkung der Innenentwicklung in den Städten und Gemeinden und weiteren Fortentwicklung des Städtebaurechts v. 11. Juni 2013 (BGBl. I S. 1548).

8 Vgl. VGH Mannheim, Urt. v. 29.07.2015 – 3 S 2492.13, UPR 2015, 527 = ZfBR 2015, 795 = BauR 2015, 1771.

In dem Maße, wie § 1 Abs. 5 und 6 und § 2a BauGB bestimmte Anliegen nicht aufgreift, können sich daraus wiederum Beschränkungen im Hinblick auf die Nutzung der Festsetzungsmöglichkeiten ergeben. Schließlich können sich aus den Anforderungen des Abwägungsgebots (§ 1 Abs. 7 BauGB) auch Verpflichtungen ergeben, im Bebauungsplan bestimmte Festsetzungen zu treffen oder von bestimmten Festsetzungen Abstand zu nehmen.

2 Zum Verhältnis des § 9 BauGB zur Baunutzungsverordnung

Die Art der baulichen und sonstigen Nutzung kann für bestimmte Nutzungen auf der Grundlage des § 9 Abs. 1 Nr. 4 bis 26 BauGB und für Baugebiete auf der Grundlage der Baunutzungsverordnung festgesetzt werden. Insofern hat die Verordnungsermächtigung des § 9a BauGB für den Erlass der Baunutzungsverordnung Bedeutung. Davon hat der Verordnungsgeber umfassend Gebrauch gemacht, jedoch mit einer Ausnahme:

Nach § 9a Nr. 3 BauGB umfasst die Ermächtigungsgrundlage auch den Erlass von Vorschriften über „die Zulässigkeit von Festsetzungen nach Maßgabe des § 9 Abs. 3 über verschiedene Baugebiete oder verschiedenartige in den Baugebieten zulässige bauliche und sonstige Anlagen". Die Baunutzungsverordnung hat jedoch seit ihrem erstmaligen Erlass in 1962 davon abgesehen, die Möglichkeit einer geschossweisen Festsetzung von verschiedenen Baugebieten vorzusehen. Es ist daher z. B. nicht möglich, für das Erdgeschoss ein Sondergebiet Einzelhandel und für die Obergeschosse ein reines Wohngebiet festzusetzen. Für solche Aufgabenstellungen – bauplanungsrechtliche Grundlagen für einen großflächigen Einzelhandelsbetrieb und für Wohnungen in Obergeschossen außerhalb von Kerngebieten – kann u. U. die Festsetzung eines sonstigen Sondergebiets in Betracht kommen, wobei sich allerdings die Grenzen solcher Festsetzungsmöglichkeiten nach § 11 Abs. 2 BauNVO zu beachten sind[9]. Ggf. kann ein vorhabenbezogener Bebauungsplan (§ 12 BauGB) in Betracht kommen.

---

9 Vgl. dazu Verfasser in Ernst/Zinkahn/Bielenberg/Krautzberger (Hrsg.), Baunutzungsverordnung Kommentar, Loseblattsammlung, Stand: 114. Lfg.; Juli 2014, § 11 BauNVO Rn. 23 ff.

Für das Verhältnis der Festsetzung von Baugebieten nach der Baunutzungsverordnung zu Festsetzungen für bestimmte Nutzungen nach § 9 Abs. 1 BauGB ist weiter von Bedeutung:

Mit der Festsetzung von Baugebieten können nach der jeweiligen Baugebietsvorschrift solche Nutzungen zulässig sein, die auch Gegenstand von gezielten Festsetzungen nach § 9 Abs. 1 BauGB sein können. Beispielsweise kann durch Festsetzung eines Baugebiets und der dadurch gegebenen Anwendung der betreffenden Baugebietsvorschrift der Baunutzungsverordnung eine Anlage für kulturelle, soziale oder sportliche Zwecke zulässig sein (vgl. z. B. § 4 Abs. 2 Nr. 3 BauNVO). Für die bauplanungsrechtliche Absicherung solcher Anlagen kann aber auch nach § 9 Abs. 1 BauGB die Festsetzung von Flächen für solche Nutzungen vorgenommen werden (vgl. z. B. § 9 Abs. 1 Nr. 5, 12, 15, 22 BauGB), und zwar auch aus Anlass und im Zusammenhang mit der Festsetzung eines Baugebiets. Die allgemeinen Vorteile der Festsetzungen nach § 9 Abs. 1 BauGB sind die eindeutige planungsrechtliche Absicherung der betreffenden Nutzungen an bestimmten Standorten, wobei regelmäßig der Bedarf für die betreffenden Nutzungen sowie die von solchen Nutzungen berührten öffentlichen und privaten Belange bei der Aufstellung des Bebauungsplans im Rahmen des Abwägungsgebots (§ 1 Abs. 7 BauGB) zu berücksichtigen sind und, etwa in Bezug auf das Gebot der Rücksichtnahme, der erforderlichen Klärung zugeführt werden. Die Beteiligten und Betroffenen können sich darauf einstellen. Demgegenüber kann die planungsrechtliche Zulässigkeit solcher Anlagen allein nach der betreffenden Baugebietsvorschrift nicht diese planungsrechtliche Sicherheit vermitteln. Denn in diesen Fällen kann – noch – die Frage Bedeutung haben, inwieweit durch solche Anlagen der Gebietscharakter des festgesetzten Baugebiets gewahrt bleibt, weiter inwieweit sich Beschränkungen der Zulässigkeit aus § 15 Abs. 1 BauNVO, auch in Bezug auf das Gebot der Rücksichtnahme, ergeben. Dazu können aktuelle Beispiele benannt werden:

Für Erstaufnahmeeinrichtungen für Flüchtlinge oder Asylbegehrende können nach § 9 Abs. 1 Nr. 5 BauGB Flächen für den Gemeinbedarf festgesetzt werden, etwa als „Gemeinbedarf: Erstaufnahmeeinrichtung und darauf bezogene Verwaltung“[10]. In festgesetzten Baugebieten können solche

10 Vgl. dazu das Beispiel des OVG Münster, Urt. v. 10.04.2014 – 7 D 100.12 – ZfBR 2015, 701 ff.

Einrichtungen (nur) ggf. als Anlagen für soziale Zwecke allgemein zulässig sein oder im Wege der Ausnahme (§ 31 Abs. 1 BauGB) oder durch Befreiung (§ 31 Abs. 2 Nr. 1 BauGB 2014[11]) zugelassen werden, ggf. auf der Grundlage der Sonderregelungen des § 246 Abs. 10 BauGB[12], unter den dort geregelten Voraussetzungen und Beschränkungen.

Die bauplanungsrechtliche Zulässigkeit von Windenergieanlagen in Gewerbe- und Industriegebieten kann – zumindest im Grundsatz – dort gegeben sein, entweder als selbständige Gewerbebetriebe, weil in diesen Gebieten „Gewerbebetriebe aller Art" vorgesehen sind, oder als Bestandsteile oder Nebenlagen von Gewerbebetrieben, wenn die in der Windenergieanlage gewonnene elektrische Energie im Wesentlichen in dem betreffenden oder zugeordneten Gewerbebetrieb Verwendung finden soll. Es kann jedoch im Einzelfall nach § 15 Abs. 1 BauNVO ein Widerspruch zur Zweckbestimmung/ Eigenart des Gewerbe- oder Industriegebiets gegeben sein, der zur Unzulässigkeit führt[13] oder es werden Fragen zum Gebot der Rücksichtnahme aufgeworfen, die bei Festsetzung des Gewerbe- oder Industriegebiets nicht geprüft wurden. Eine eindeutige planungsrechtliche Absicherung von einzelnen Windenergieanlagen in Gewerbe- oder Industriegebieten kann aber grundsätzlich dadurch erreicht werden, dass aus Anlass und im Zusammenhang mit der Festsetzung solcher Gebiete nach § 9 Abs. 1 Nr. 12 BauGB („Versorgungsflächen, einschließlich der Flächen für Anlagen und Einrichtungen zur Erzeugung ... von Strom ... aus erneuerbare Energien ...") für jeweils einen bestimmten Standort gezielt Flächen für einzelne Windenergieanlagen getroffen werden.

3 Enumerativer Festsetzungskatalog – Ergänzungsbedarf?

Die Rechtsgrundlagen für Festsetzungen sind im Baugesetzbuch (§§ 9, 22 Abs. 9, § 34 Abs. 5 Satz 2 BauGB) und in der Baunutzungsverordnung abschließend („enumerativ") geregelt. Hierfür sind verschiedene Gründe, auch grundsätzlicher Art, maßgeblich, auch in ihrer komplexen und

11 In der Fassung des Gesetzes vom 20.11.2014 (BGBl. I S. 1748).

12 Inzwischen auf Grund Art. 6 des Gesetzes vom 20.10.2015 (BGBl. I S. 1722): § 246 Abs. 10 bis 12 BauGB.

13 Vgl. das Beispiel des OVG Lüneburg Urt. v. 25.06.2015 – 12 LC 230.14 – ZfBR 2015, 700 ff. im Ergebnis die Zulässigkeit verneinend.

vielschichtigen Wirkung. Dazu gehören: Eindeutige und rechtssicher handhabbare Bestimmungen der Regelungsbefugnisse im Bebauungsplan, die die rechtsverbindlichen Festsetzungen für die städtebauliche Ordnung und die Grundlage für weitere, zum Vollzug erforderliche Maßnahmen, enthält (§ 8 Abs. 1 BauGB). Dies hat gleichermaßen Bedeutung für die für die Bauleitplanung zuständigen Gemeinden und die von ihnen vorgesehene städtebauliche Entwicklung und Absicherung der Investitionen wie für die Grundstückseigentümer und die planungsrechtliche Absicherung ihrer Investitionen und die als sozialbindende Normen i. S. des Art 14 Abs. 1 Satz 2 und Abs. 2 GG[14] einzuordnenden Bindungen. Zugleich ergibt sich aus dem enumerativ geregelten Festsetzungskatalog das Verhältnis zu den Fachplanungen, deren Regelungsbefugnisse ebenfalls auf bestimmte Inhalte bezogen und dadurch zugleich beschränkt sind. Der Gesetzgeber des Bundesbaugesetzes von 1960[15] und des Baugesetzbuchs von 1986[16] hat daher die Reichweite der Regelungsbefugnisse durch Festsetzungen auch, um das Verhältnis zum Grundeigentum und zu den Fachplanungen nicht zu verändern, nicht offen gelassen.

Folge ist, dass z. B. der Gemeinde kein „Festsetzungsfindungsrecht" zusteht, sowohl in Fällen des § 9 Abs. 1 BauGB als auch insbesondere nicht bezüglich der Festsetzung von Baugebieten. So können sonstige Sondergebiete nach § 11 Abs. 1 und 2 BauNVO nur unter den dort genannten Voraussetzungen festgesetzt werden. Ein „Baugebietsfindungsrecht" steht der Gemeinde auch im Rahmen des § 11 Abs. 1 und 2 BauNVO nicht zu.[17]

Grundsätzlich kann davon ausgegangen werden, dass die für die städtebaulich notwendigen Festsetzungsmöglichkeiten auch in § 9 BauGB und in der Baunutzungsverordnung enthalten sind. Dies bedeutet aber auch eine (wiederkehrende) Überprüfung und ggf. Anpassung der Rechtsgrundlagen.

---

14 Grundgesetz (GG) für die Bundesrepublik Deutschland in der im Bundesgesetzblatt Teil III, Gliederungsnummer 100-1, veröffentlichten bereinigten Fassung, das zuletzt durch Art. 1 d. G. v. 23. Dezember 2014 (BGBl. I S. 2438) geändert worden ist.

15 Bundesbaugesetz (BBauG) v. 23. Juni 1960 (BGBl. I S. 341).

16 Bekanntmachung des Baugesetzbuchs vom 8.12.1986 (BGBl. I S. 2253).

17 Vgl. Verfasser, in Ernst/Zinkahn/Bielenberg/Krautzberger (Hrsg.) Baunutzungsverordnung Kommentar, Loseblattsammlung, Stand: 114. Lfg., Juli 2014, § 11 BauNVO Rn. 19 ff.

Dies ist vor allem Aufgabe des Gesetz- und Verordnungsgebers. So ist es immer wieder zu Änderungen und Ergänzungen der Rechtsgrundlagen für Festsetzungen gekommen. Beispiele der letzten Jahre sind die Ergänzungen des § 9 Abs. 1 BauGB durch die BauGB-Änderungsgesetze 2004, 2011 und 2013. Auch die Rechtsprechung greift Anliegen zur Fortentwicklung der Festsetzungsmöglichkeiten auf, soweit dies im Rahmen der Auslegung der Rechtsgrundlagen möglich ist. Dies macht etwa eine „Öffnungsklausel" entbehrlich, wie die Gesetzgebungsgeschichte zu § 9 BauGB und zur Baunutzungsverordnung zeigt.

Zu aktuellen Fragestellungen nach Fortentwicklung der Festsetzungsmöglichkeiten, über die der Gesetz- und Verordnungsgeber zu entscheiden hat, s. nachfolgend. Dazu gehören auch Untersuchungen über bestimmte Fragestellungen. Beispiele hierfür ist die vom Deutschen Institut für Urbanistik im März 2014 vorgelegte „Grundlagenforschung zur Baugebietstypologie der Baunutzungsverordnung"[18].

Für manche Festsetzungsmöglichkeiten, die vor langer Zeit eingeführt worden sind und heute in der Praxis nicht mehr oder nicht mehr im erwarteten Umfang angewandt werden, kann sich die Frage der Aufhebung der Rechtsgrundlagen stellen. So ist bei Vorbereitung der letzten umfassenden Überprüfung vor der BauNVO-Änderungsverordnung im Jahr 1990[19] auch der Frage nachgegangen worden, ob ein Bedarf für das Kleinsiedlungsgebiet (§ 2 BauNVO) besteht; im Ergebnis ist § 2 BauNVO aber beibehalten worden.

4 Überplanung bebauter Gebiete

Bei der Überplanung von bebauten Gebieten kann die Festsetzung eines Baugebiets nach der Baunutzungsverordnung verschiedene Ziele verfolgen. Sie kann der Absicherung der vorhandenen baulichen Nutzungen dienen. Sie kann aber auch die Weiterentwicklung in Richtung des festgesetzten Baugebiets oder eine Umstrukturierung des Gebiets zum Ziel haben. Solche

---

18 Deutsches Institut für Urbanistik, Grundlagenforschung zur Baugebietstypologie der Baunutzungsverordnung, im Internet unter: http://www.difu.de/publikationen/2014/grundlagenforschung-zur-baugebietstypologie-der.html.

19 Vierte Verordnung zur Änderung der Baunutzungsverordnung v. 23. Januar 1990 (BGBl. I S. 127).

Bebauungsplanungen entsprechen grundsätzlich dem Planungsgrundsatz des § 1 Abs. 6 Nr. 4 BauGB („Erhaltung, Erneuerung, Fortentwicklung, Anpassung und Umbau vorhandener Ortsteile“). Für solche Bebauungsplanungen kann sich vielfach die Frage nach den geeigneten Festsetzungen, wie sie die Baunutzungsverordnung für die dort geregelten Baugebiete bieten, stellen. Grundsätzlich ist auch bei solchen Überplanungen bebauter Gebiete von der Anwendung der Baugebietsvorschriften und der sich daraus ggf. ergebenden Neu-Ausrichtung der weiteren städtebaulichen Entwicklung auszugehen. Im Einzelnen können durch differenzierende Festsetzungen, mit der die Zulässigkeit von Vorhaben in dem festgesetzten Baugebiet in Abweichung von der Baugebietsvorschrift der Baunutzungsverordnung geregelt wird, bestimmte vorhandene Nutzungen berücksichtigt werden. Eine besondere Ausformung einer solchen bestandsorientierten Planung ist die Möglichkeit der Festsetzung nach § 1 Abs. 10 BauNVO. Dadurch können vorhandenen baulichen oder sonstigen Anlagen, die durch die Festsetzung eines Baugebiets unzulässig werden würden, i. S. eines erweiterten Bestandsschutzes weitergehende Möglichkeiten eröffnet werden. Durch solche differenzierenden Festsetzungen ist stets die allgemeine Zweckbestimmung des Baugebiets zu wahren, im Fall des § 1 Abs. 10 BauNVO jedoch nur in den übrigen Teilen des Baugebiets.

Ein Baugebiet für bestimmte bebaute Gebiete sieht die Baunutzungsverordnung jedoch ausdrücklich nur in § 4a BauNVO als „Gebiete zur Erhaltung und Entwicklung der Wohnnutzung (besondere Wohngebieten)“ vor. Unabhängig von den in § 4a Abs. 1 BauNVO relativ weit gefassten Anwendungsvoraussetzungen, die bei der heute betonten Innenentwicklung und Fortentwicklung der Wohnnutzung in den Städten von aktuellem Interesse sein könnte, zeigt dieses durch die BauNVO–Änderungsverordnung 1977[20] eingeführte Baugebiet eine sehr unterschiedliche Bedeutung in der Praxis. Zu vermuten ist, dass der Weiterentwicklung des Gebiets in Richtung Wohnnutzung, wie sie vor allem die Festsetzung eines allgemeinen Wohngebiets (§ 4 BauNVO) herbeiführt, der Vorzug gegeben wird. Es zeigt aber auch die Schwierigkeit, in der Baunutzungsverordnung einen weiteren,

---

20 Bekanntmachung der Neufassung der Baunutzungsverordnung (BauNVO) v. 15. September 1977 (BGBl. I S. 1763).

neuen Baugebietstyp einzuführen, der auch anderen städtebaulichen Sachverhalten bebauter Gebiete Rechnung tragen würde.

Auch die Festsetzung von Sondergebieten nach § 11 Abs. 1 und 2 BauNVO kann hier an Grenzen stoßen, insbesondere bei Festsetzung einer Mischung verschiedener Nutzungen. Positives Beispiel aus der Rechtsprechung des Bundesverwaltungsgerichts ist der Fall „Wustrow“[21]. Das Bundesverwaltungsgericht hat ein Sondergebiet für infrastrukturelle Vorhaben und Maßnahmen in einem Ferienort für möglich gehalten, obwohl damit ein bestimmter Mischgebietstyp beschrieben ist. In bestimmter Weise wohl wieder einschränkend hat das Bundesverwaltungsgericht später[22] ausgeführt, dass § 11 Abs. 1 und 2 BauNVO nicht zur Festsetzung von Mischgebieten besonderer Art ermächtige.

Ob die besonderen Fragen, die die Überplanung bebauter Gebiete im Hinblick auf die dargelegten Grenzen der Festsetzungsmöglichkeiten der Baunutzungsverordnung aufwerfen können, bedarf vertiefender Prüfungen. Sie mündet in die Frage, ob eine Baugebietsfestsetzung möglich sein kann, die von den Baugebieten der §§ 2 bis 11 BauNVO abweicht und durch die ausgehend von der vorhandenen baulichen Nutzung eigenständig die Zweckbestimmung und die Art der zulässigen Nutzung festgesetzt wird.

5 Ferienwohnungen und Ferienorte

Im Vordergrund dieser, für eine Fortentwicklung der Festsetzungsmöglichkeiten in Betracht kommenden Fragen können insbesondere zwei Themenbereiche benannten werden:

Zur Reichweite der Möglichkeiten einer Festsetzung von Sondergebieten: Manche Ferienorte, namentlich an der Nordseeküste, zeichnen sich bauplanungsrechtlich durch eine Mischung unterschiedlicher Nutzungen aus, die es planungsrechtlich zu erhalten gilt, oder es müssen die Ferienorte, um den spezifischen Anforderungen an die städtebauliche Entwicklung zu entsprechen, in bestimmter und planungsrechtlich abgesicherter Weise

21 Vgl. BVerwG, Urt. v. 28.05.2009 – 4 CN 2.08, BVerwGE 134, 117 = NVwZ 2010, 40.

22 Vgl. BVerwG, Urt. v. 11.07.2013 – 4 CN 7.12, BVerwGE 147,138 = NVwZ 2014, 72.

fortentwickelt werden. Hier hat das OVG Lüneburg[23] die Möglichkeiten des Sondergebiets – Festsetzung auf der Grundlage des § 11 Abs. 1 und 2 BauNVO – bestätigt. Danach kann die Gemeinde in einem Sondergebiet „Kurgebiet/ Gebiet für Fremdenbeherbergung" gemäß § 11 Abs. 2 Satz 2 BauNVO Ferienwohnungen und Dauerwohnungen als Regelnutzungen nebeneinander zulassen[24]. Die Gemeinden seien bei dem Vorliegen städtebaulicher Gründe befugt, die in einem Sondergebiet zulässige Wohnnutzung auf eine Dauerwohnnutzung durch Personen, die ihren Lebensmittelpunkt in der Gemeinde haben, zu beschränken. Ein so formulierter Ausschluss von Zweitwohnungen sei hinreichend bestimmt. Der Begriff der Wohnung könne gemäß § 9 Abs. 1 Nr. 6 BauGB nicht in Anlehnung an die §§ 3, 4 BauNVO, sondern eigenständig nach dem Sinn und Zweck sowie der Entstehungsgeschichte der Vorschrift bestimmt werden; er umfasse auch Ferienwohnungen. § 9 Abs. 1 Nr. 6 BauGB ermögliche es der Gemeinde daher, die Zahl der Ferienwohnungen in Gebäuden, die ganz bzw. überwiegend mit Ferienwohnungen und/ oder Wohnungen i. S. von den §§ 3, 4 BauNVO belegt ist, festzusetzen. Eine Festsetzung nach § 9 Abs. 1 Nr. 6 BauGB sei insbesondere zu dem Zweck zulässig, den gegenwärtigen Wohnungsbestand festzuschreiben, wenn für die Festschreibung städtebauliche Gründe vorliegen. Die Festsetzung sei auch ergänzend zu Satzungen nach den §§ 22, 172 BauGB möglich; ein Spezialitätsverhältnis bestehe weder in die eine noch in die andere Richtung.

Zur planungsrechtlichen Absicherung von Ferienwohnungen in Wohngebieten:
Es kann ein Bedarf bestehen, durch Änderung eines Bebauungsplans, der ein allgemeines Wohngebiet festsetzt, für Ferienwohnungen die allgemeine Zulässigkeit nach § 1 Abs. 6 BauNVO vorzusehen. Voraussetzung ist, dass die Ferienwohnungen entweder nach § 4 Abs. 3 Nr. 1 BauNVO als Betrieb des Beherbergungsgewerbes oder nach § 4 Abs. 3 Nr. 2 BauNVO als sonstige nicht störende Gewerbebetriebe beurteilt werden. Davon ist

23 Vgl. OVG Lüneburg, Urt. v. 18.09.2014 – 1 KN 123.12 – ZfBR 2014, 767 = BRS 82 Nr. 21.
24 Insofern enthält die Rechtsprechung des OVG Lüneburg eine Abgrenzung zum BVerwG, Urt. v. 11.07.2013 – 4 CN 7.12 – BVerwGE 147, 138.

auszugehen, die Frage ist aber umstritten[25]. Insofern hat Bedeutung, ob diese Rechtsunsicherheit durch eine Änderung der Baunutzungsverordnung beseitigt werden kann.

Hier ist auf den Antrag des Landes Mecklenburg-Vorpommern vom 01.04.2015 im Bundesrat (BR-Drucks. 141/15) hinzuweisen, der Änderungen der Baunutzungsverordnung in zweierlei Hinsicht beinhaltet: Zum einen wird die Einfügung des Wortes Ferienwohnungen in § 2 Abs. 5, § 3 Abs. 3 Nr. 3 (mit dem Zusatz kleine), § 4 Abs. 3 Nr. 6, § 4a Abs. 2 Nr. 6, § 5 Abs. 2 Nr. 10, § 6 Abs. 2 Nr. 9, § 7 Abs. 2 Nr. 8 BauNVO vorgeschlagen. Zum anderen soll § 11 Abs. 2 BauNVO ergänzt werden durch „Gebiete für den Fremdenverkehr, wie Kurgebiete, Gebiete für die Fremdenbeherbergung, Ferienwohnen und Dauerwohnen, …".

6 Verdichtete Bauweisen und Nachverdichtung

Im Rahmen der Innenentwicklung der Städte hat die Neufassung des § 17 Abs. 2 BauNVO 2013[26] Bedeutung. Danach können die in § 17 Abs. 1 BauNVO geregelten Obergrenzen „aus städtebaulichen Gründen" überschritten werden. Anders als das zuvor geltende Recht („besondere Gründe erfordern") verlangt die Überschreitung Folgendes:

Zunächst ist auszugehen von den Bindungen des Absatzes 1 („dürfen nicht überschritten werden"). Die Überschreitung der Obergrenzen des Absatzes 1 ist aus städtebaulichen Gründen möglich. Private Investitionsinteressen allein sind nicht schon städtebauliche Gründe. Schließlich muss die Überschreitung durch Umstände ausgeglichen werden oder sie muss durch Maßnahmen ausgeglichen sein, durch die sichergestellt ist, dass die allgemeinen Anforderungen an gesunde Wohn- und Arbeitsverhältnisse nicht beeinträchtigt werden und keine nachteiligen Auswirkungen auf die Umwelt entstehen.

---

25 Verneinend z. B. OVG Greifswald, Urt. v. 19.02.2014 – 3 L 212.12; OVG Lüneburg, Urt. v. 18.09.2014 – 1 K 123.12; OVG Lüneburg, Urt. v. 15.01.2015 – 1 KN 61.14.

26 § 17 Abs. 2 BauNVO in der Fassung des Gesetzes zur Stärkung der Innenentwicklung in den Städten und Gemeinden und weiteren Fortentwicklung des Städtebaurechts v. 11. Juni 2013 (BGBl. I S. 1548).

Wichtig ist, dass „städtebauliche" Gründe zu verlangen sind, die als „spezifische" (nicht nur „allgemeine"), d. h. auf beliebige Sachverhalte nicht übertragbare Gründe die Überschreitung rechtfertigen. Dies bedarf der Darlegung in der Begründung eines jeden Bebauungsplans.

Städtebauliche Gründe können sich aus konkreten Grundstücksverhältnissen ergeben, z. B. aus den topografischen Verhältnissen, aus der konkreten städtebaulichen Situation von Grundstücken im Plangebiet oder aus den mit der Planung konkret angestrebten städtebaulichen Verhältnissen. Dabei kann auch Bedeutung haben, welche Kompensation für die Überschreitung der Obergrenzen im Gebiet des Bebauungsplans vorgesehen werden und wie eine vorhandene Bebauung erhalten oder weiterentwickelt werden soll (letzeres in Anlehnung an § 17 Abs. 2 und 3 sowie § 26a Abs. 1 BauNVO a. F. von 1990[27]).

Unabhängig davon, ob eine Ausgleichspflicht nach § 17 Abs. 2 BauNVO besteht, kann die Gemeinde bei ihrer planerischen Entscheidung, ob und inwieweit sie die Obergrenzen überschreitet, städtebaulich begründet einen Ausgleich voraussetzen. Dies gilt nicht nur in den Fällen, in denen § 17 Abs. 2 BauNVO wegen der dort benannten Voraussetzungen einen Ausgleich im rechtlichen Sinne voraussetzt. Es liegt im planerischen Ermessen, von der Überschreitungsmöglichkeit Gebrauch zu machen und die Voraussetzungen dafür ggf. auch in einem städtebaulichen Vertrag von bestimmten Maßnahmen abhängig zu machen, auch um damit die Finanzierung von Ausgleichsmaßnahmen sicherzustellen.

Abschließend bleibt festzustellen, dass weitergehende, allgemein mögliche Verdichtungen, wenn sie denn insbesondere im Hinblick auf gute Wohnverhältnisse und ökologische Anforderungen auch städtebaulich vertretbar und beabsichtigt sind, nur durch Änderung des § 17 Abs. 1 BauNVO erreicht werden können.

---

27 Verordnung über die bauliche Nutzung der Grundstücke (Baunutzungsverordnung – BauNVO 1990) in der Fassung der Bekanntmachung vom 23. Januar 1990 (BGBl. I S. 132).

7 Anwendung des § 9 Abs. 1 Nr. 2a BauGB

Ein aktuelles Beispiel für die unterstützende Wirkung der Rechtsprechung für gesetzgeberische Erweiterungen der Festsetzungsmöglichkeiten ist § 9 Abs. 1 Nr. 2a BauGB, eingeführt durch das BauGB-Änderungsgesetz von 2006. Danach können im Bebauungsplan „vom Bauordnungsrecht abweichende Maße der Tiefe der Abstandsflächen" festgesetzt werden. Dazu hat zutreffend das OVG Lüneburg[28] ausgeführt, dass § 9 Abs. 1 Nr. 2a BauGB die Befugnis einschließt, neben einer größeren auch eine geringere Tiefe des Grenzabstands festzusetzen.

Eine Festsetzung nach § 9 Abs. 1 Nr. 2a BauGB verdränge die Vorschrift des § 5 Abs. 2 NBauO[29]. Die Festsetzung sei daher nicht auf eine bauordnungsrechtliche Möglichkeit einer Verringerung des Grenzabstands in Niedersachsen nur im Wege der Abweichung nach § 66 NBauO angewiesen. Geringere Grenzabstände, als sie § 5 Abs. 2 NBauO vorsehe, dürften nur bei dem Vorliegen besonderer städtebaulicher Gründe festgesetzt werden. Die Anforderungen an gesunde Wohn- und Arbeitsverhältnisse (§ 1 Abs. 6 Nr. 1 BauGB) seien bei der Abwägung zu berücksichtigen.

8 Immissionsschutzbezogene Festsetzungen

Im Rahmen der Bebauungsplanung kommt insbesondere in Situationen, die als Gemengelagen einzuordnen sind, neben den allgemeine Fragen der Zuordnung der verschiedenen Baugebiete untereinander und von Baugebieten zu lärmverursachenden Verkehrswegen die Möglichkeiten von immissionsschutzbezogenen Festsetzungen auf der Grundlage des § 9 Abs. 1 BauGB und der § 1 Abs. 4 bis 10, § 11 Abs. 1 und 2 BauNVO eine hohe Bedeutung zu. Sie können inzwischen als von der Rechtsprechung weitgehend geklärt beurteilt werden. Aktuell ist im Hinblick auf die Handhabung und die Reichweite der Festsetzungsmöglichkeiten folgendes hervorzuheben:

Zur Vermeidung von Fehlern bei solchen Festsetzungen kommt den Anforderungen der Bestimmtheit und der Verkündung große Bedeutung zu. So

---

28 Vgl. OVG Lüneburg, Beschl. v. 22.12.2014 – 1 MN 118.14, ZfBR 2015, 274 = BRS 82 Nr. 40.

29 Niedersächsische Bauordnung (NBauO) v. 3. April 2012 (Nds. GVBl. S. 46), zuletzt geändert durch Art. 2 d. G. v. 23. Juli 2014 (Nds. GVBl. S. 206).

muss nach der aktuellen Rechtsprechung des Bundesverwaltungsgerichts[30] unter Bezugnahme auf DIN-Normen der Plangeber sicherstellen, dass sich die Planbetroffenen vom Inhalt der Dokumente verlässlich und in zumutbarer Weise Kenntnis verschaffen können. Dies kann dadurch bewirkt werden, dass das in Bezug genommene Dokument bei der Verwaltungsstelle, bei der auch der Bebauungsplan eingesehen werden kann, zur Einsicht bereitgehalten und hierauf in der Bebauungsplanurkunde hingewiesen wird. Damit wird dem Umstand Rechnung getragen, dass die Festsetzungspraxis in großem Umfang auf unterschiedliche, weder im Baugesetzbuch noch im Bundes-Immissionsschutzgesetz geregelte Regelwerke zu wiederum unterschiedlichen Immissionsschutzbereichen Bezug nimmt, wobei den dort geregelten Berechnungs- oder Ermittlungsverfahren in Bezug auf die Einhaltung z. B. von bestimmten Richt- und Orientierungswerten erhebliche Bedeutung zukommt.

Das Urteil des Bundesverwaltungsgerichts vom 19.11.2012 – 4 C 8.11 – hat (erneut) eine Diskussion um eine Harmonisierung von Immissionsschutzrecht und Bebauungsplanung ausgelöst. Nach dem Bundesverwaltungsgericht ist die TA Lärm[31] bindend; das Gebot der Rücksichtnahme (§ 15 Abs. 1 Satz 2 BauNVO) eröffnet im Anwendungsbereich der TA Lärm nicht die Möglichkeit, der durch einen Gewerbebetrieb verursachten Überschreitung der Außen-Immissionsrichtwerte bei einem Wohnbauvorhaben durch Anordnung von passivem Lärmschutz zu begegnen.

Bei Prüfung der Frage nach gesetzgeberischen Möglichkeiten sind die – weitreichenden – Möglichkeiten des geltenden Rechts zu berücksichtigen und in diesem Sinne den Anliegen des Lärmschutzes Rechnung zu tragen. Dazu gehören die vielfältigen Möglichkeiten der Bebauungsplanung, durch Festsetzung von Baugebieten und ihre Zuordnung zueinander und die Möglichkeiten von Immissionsbeschränkungen durch Festsetzungen nach § 1 Abs. 4 ff. BauNVO und bei Festsetzung von Sondergebieten nach § 11 Abs. 2 BauNVO und schließlich nach § 9 Abs. 1 Nr. 23 und 24 BauGB in

---

30 Vgl. BVerwG, Beschl. v. 29.07.2010 – 4 BN 21.10, NVwZ 2010, 1567 = UPR 2010, 452; BVerwG, Beschl. v. 05.12.2013 – 4 BN 48.13, ZfBR 2014, 158.

31 Sechste Allgemeine Verwaltungsvorschrift zum Bundes-Immissionsschutzgesetz (Technische Anleitung zum Schutz gegen Lärm – TA Lärm) v. 26. August 1998 (GMBl Nr. 26/1998 S. 503).

den Bebauungsplänen den Anforderungen auch das Bundes-Immissionsschutzgesetz Rechnung zu tragen und darüber hinaus i. S. eines vorsorgenden Umweltschutzes weitergehende städtebauliche Entwicklungen zu ermöglichen. Das Bundesverwaltungsgericht hat hierauf – auch im zeitlichen Zusammenhang mit dem Urteil vom 19.11.2012 sowie aktuell – hingewiesen[32]. Ggf. kommen bei der Überplanung von bebauten Gebieten Umstrukturierungen einschließlich der Verlagerung von emittierenden Anlagen in der Weise in Betracht, dass immissionsbelastete Gemengelagen aufgegeben werden.

32 Vgl. BVerwG, Urt. v. 22.03.2007 – 4 CN 2.06; BVerwG, Beschl. v. 07.06.2012 – 4 BN 6.12; BVerwG, Beschl. v. 26.05.2015 – 4 BN 8.15, ZfBR 2015, 579.

Gerd Schmidt-Eichstaedt

Landwirtschaftliche Belange und Bebauungsplan

Abstract Der Beitrag beschäftigt sich mit dem Konfliktpotenzial, das durch die räumliche Nähe von Landwirtschaft und Wohnen hervorgerufen werden kann.

The article deals with the potential for conflict due to the spatial proximity of agriculture and housing.

Einleitung

Zur „Landwirtschaft" im Sinne des Baugesetzbuchs gehört gemäß § 201 BauGB

- der **Ackerbau**,
- die Wiesen- und Weidewirtschaft einschließlich **Tierhaltung**, soweit das Futter überwiegend auf den zum landwirtschaftlichen Betrieb gehörenden, landwirtschaftlich genutzten Flächen erzeugt werden kann,
- die gartenbauliche Erzeugung,
- der Erwerbsobstbau,
- der Weinbau,
- die berufsmäßige Imkerei und
- die berufsmäßige Binnenfischerei.

Gartenbau, Obstbau und Weinbau sind in aller Regel „wohngebietsverträglich", sie stören auch aus nächster Nähe nicht. Aber der klassische **Ackerbau** verlangt Düngung, und wenn dazu Gülle verwandt wird, geht es nicht geruchsfrei ab. Mit Störpotentialen versehen, ist auch die **Tierhaltung**: Ställe müssen entlüftet, Misthaufen gelagert werden, und auch dies kann intensive Geruchsemissionen verursachen. Damit wird deutlich, dass aus der Nachbarschaft von Landwirtschaft und Wohnen erhebliche Konflikte entstehen können. Damit muss die Bauleitplanung umgehen.

Auslöser von Konflikten zwischen Landwirtschaft und Wohnen ist häufig nur eine Seite: Entweder begehrt ein empfindlicher Bewohner Schutz vor den Emissionen der Landwirtschaft, oder ein Landwirt befürchtet

Einschränkungen vom heranrückenden Wohnen. Beide Konfliktkonstellationen sollen hier betrachtet werden.

1. Eingrenzung der Landwirtschaft im Interesse des Wohnens

Die radikalste Methode des Schutzes von Ortsrandbewohnern gegen landwirtschaftliche Emissionen (mit Ausnahme des Aufbringens von Gülle) ist die Sperrung ortsnaher Flächen gegen privilegierte landwirtschaftliche Gebäude – wovon dann auch Ställe und Tierhaltung erfasst werden. Dafür müssen dann aber gewichtige Gründe sprechen. Das **OVG Koblenz, 20.01.2011 – 1 C 10801/10.OVG –** urteilte hierzu:

> *„Wenn durch eine bauplanerische Festsetzung nach § 9 Abs. 1 Nr. 10 BauGB die Errichtung größerer privilegierter landwirtschaftlicher Gebäude auf einer ortsrandnahen Außenbereichsfläche, die vom Bebauungsplan als Fläche für die Landwirtschaft ausgewiesen ist, ausgeschlossen werden soll, müssen hierfür wichtige öffentliche Belange sprechen. Ein Orts- oder Landschaftsbild ohne nachvollziehbare Besonderheiten reicht für eine solche Regelung nicht aus.“* (DVBl 2011, 513 = NVwZ-RR 2011, 311 = DÖV, 453 = **Amtlicher Leitsatz**).

In der Begründung führte das Gericht aus:

> *Nach § 9 Abs. 1 Nr. 10 BauGB können im Bebauungsplan aus städtebaulichen Gründen die Flächen, die von Bebauung freizuhalten sind und ihre Nutzung festgesetzt werden. „Auch bei Festsetzung einer Fläche für die Landwirtschaft gemäß § 9 Abs. 1 Nr. 18 Buchst. a BauGB – wie hier – kann die Gemeinde aufgrund des § 9 Abs. 1 Nr. 10 BauGB die **zusätzliche Festsetzung** treffen, dass die Fläche von einer Bebauung, und zwar (auch) mit landwirtschaftlichen Gebäuden, freizuhalten ist.“* (BVerwG, Beschl. v. 17.12.1998 – 4 NB 4/97 – NVwZ 1999, 984 = [...] Rn. 11)
>
> *„Allerdings setzt eine wirksame städtebauliche Planung voraus, dass hinreichend gewichtige städtebauliche Allgemeinbelange für sie bestehen [...]. Diese städtebaulich beachtlichen Allgemeinbelange müssen umso gewichtiger sein, je stärker die Festsetzungen eines Bebauungsplans die Befugnisse des Eigentümers einschränken oder Grundstücke von einer Bebauung ganz ausschließen, denn das durch Art. 14 GG gewährleistete Eigentumsrecht gehört in hervorgehobener Weise zu den von der Bauleitplanung zu berücksichtigenden Belangen.“* (BVerwG, Beschl. v. 15.05.2013 – 4 BN 1/13 – ZfBR 2013, 573 = [...] Rn. 17 m. w. N.)

Das Oberverwaltungsgericht vereitelte einen Versuch, auf den von Wohnen benachbarten Flächen nur „geruchsfreien“ Obst- und Weinanbau zuzulassen, indem es urteilte:

„§ 9 Abs. 1 Nr. 24 BauGB ermächtigt zwecks Vermeidung schädlicher Umwelteinwirkungen nur zur Festsetzung baulicher oder technischer Schutzvorkehrungen und nicht zu einem Anbauverbot für Nahrungspflanzen. […]“ (OVG Koblenz, 23.01.2013 – 8 C 10946/12.OVG – juris Leitsatz 2)

Das Gericht führte in den Entscheidungsgründen aus:

„Der Bebauungsplan ist unwirksam, soweit ***Ziffer I.10 der textlichen Festsetzungen*** *lautet: „Für alle im Bebauungsplan festgesetzten Flächen … ist der Anbau von Nahrungspflanzen …, mit* ***Ausnahme von Kernobst und Wein****, unzulässig.“ … Die Vorschriften, auf die in der Überschrift zu Ziffer I.10 verwiesen wird, § 9 Abs. 5 Nr. 3 und Abs. 6 BauGB, ermächtigen nur zur Kennzeichnung von Flächen und zur nachrichtlichen Übernahme nach anderen gesetzlichen Vorschriften getroffener Festsetzungen, nicht jedoch zu einer Festsetzung mit normativem Regelungsgehalt. Eine Festsetzungsermächtigung für das Verbot zum Anbau von Nahrungspflanzen ist auch sonst nicht ersichtlich. … Insbesondere scheidet § 9 Abs. 1 Nr. 24 BauGB als Ermächtigungsgrundlage aus. Die danach möglichen Festsetzungen zum Schutz vor schädlichen Umwelteinwirkungen sind auf die Anordnung „baulicher oder sonstiger technischer Vorkehrungen“ beschränkt; § 9 Abs. 1 Nr. 24 BauGB erlaubt hingegen nicht den Erlass einer bloßen Verbotsnorm (vgl. BVerwG, Beschluss vom 18. Dezember 1990 – 4 N 6/88 –, NVwZ 1991, 881 und […], Rn. 15 – Festsetzung von Emissionsgrenzwerten –).“* (ebd. juris Rn. 19)

Der Plangeber hätte seine Absicht vielleicht retten können, wenn er den Anbau von Nahrungspflanzen nicht negativ verboten, sondern umgekehrt die zulässige landwirtschaftliche Nutzung unter Verwendung der in § 201 BauGB bezeichneten Kategorien eingegrenzt hätte. Dazu hätten positiv „Flächen für den Obst- oder Weinanbau“ festgesetzt werden können. Das könnte nach einer neueren Entscheidung des **Bundesverwaltungsgericht vom 25.06.2014 – 4 CN 4.13 –** möglich sein. In dieser Entscheidung ging es um die Zulässigkeit der Festsetzung eines „Laubmischwaldes“. Dazu führte das Bundesverwaltungsgericht in den Entscheidungsgründen aus:

„§ 9 Abs. 1 Nr. 18 Buchst. b BauGB ermöglicht die Festsetzung von „Wald“. Eine Befugnis zur „Konkretisierung“ dieses Begriffs, die es rechtfertigen könnte, ihn einzuengen und die Festsetzung auf Unterkategorien wie „Laubmischwald“ zu begrenzen, räumt die Vorschrift dem Planungsträger entgegen der Auffassung der Antragsgegnerin nicht ein. Hierzu bedürfte es schon im Hinblick auf die damit verbundene Beschränkung von Nutzungsrechten der Grundeigentümer hinreichend bestimmter gesetzlicher Differenzierungen, wie sie etwa in Nr. 11 oder Nr. 15 der Regelung enthalten sind. § 9 Abs. 1 Nr. 18 Buchst. b BauGB enthält solche Differenzierungen nicht. Sie ergeben sich auch nicht aus anderen Vorschriften. Eine Regelung wie § 201 BauGB, in der zur begrifflichen Klärung ***Unterarten***

> ***der Landwirtschaft*** *genannt sind und aus der teilweise die* ***Befugnis zur Bildung entsprechender städtebaulich bedeutsamer und mithin im Bebauungsplan festsetzbarer Untergruppen abgeleitet wird*** *(Gaentzsch, in: Berliner Kommentar zum BauGB, Stand Mai 2014, § 9 Rn. 47; ausdrücklich offengelassen im Beschluss vom 17. Dezember 1998 – BVerwG 4 NB 4.97 – […] Rn. 10), existiert für die Nutzungsart „Wald" im Baugesetzbuch nicht. Soweit den Vorschriften der §§ 1 und 11 ff. BWaldG in Verbindung mit landesrechtlichen Regelungen (hier: insbesondere §§ 10 bis 12 BayWaldG) unterschiedliche Zweckbestimmungen des Waldes als Nutz-, Schutz- oder Erholungswald zu entnehmen sind, die, wie Nr. 12.2 der Anlage zur Planzeichenverordnung zeigt, Gegenstand bauplanerischer Festsetzungen sein können, lassen sich hieraus jedenfalls* ***keine Befugnisse zur Festsetzung bestimmter Baumarten ableiten.***" (ebd. juris Rn. 8)

Im Kontext von Pflanzfestsetzungen ist jedenfalls zu beachten, dass in § 9 Abs. 1 Nr. 25 BauGB ausdrücklich die Kombination von Pflanzfestsetzungen mit der Festsetzung von Flächen für die Landwirtschaft oder Wald verboten wird. Denn in § 9 Abs. 1 Nr. 25 BauGB heißt es:

> ***„§ 9 Inhalt des Bebauungsplans***
> *(1) Im Bebauungsplan können aus städtebaulichen Gründen festgesetzt werden:*
> *[…]*
> *25. für einzelne Flächen oder für ein Bebauungsplangebiet oder Teile davon sowie für Teile baulicher Anlagen* ***mit Ausnahme der für landwirtschaftliche Nutzungen oder Wald festgesetzten Flächen***
> *a) das Anpflanzen von Bäumen, Sträuchern und sonstigen Bepflanzungen,*
> *b) Bindungen für Bepflanzungen und für die Erhaltung von Bäumen, Sträuchern und sonstigen Bepflanzungen sowie von Gewässern;*
> *[…]"*

2. Konzentrationsflächen für die Tierhaltung

Ein weiteres Mittel zur planerischen Festlegung von hinreichenden Abständen zwischen Wohnen und Landwirtschaft – hier speziell der Tierhaltung – ist die Festlegung von Konzentrationsflächen mit Ausschlusswirkung im Sinne des § 35 Abs. 3 Satz 3 BauGB: Der Errichtung von Tierhaltungsanlagen stehen in der Regel öffentliche Belange entgegen, wenn für sie im Flächennutzungsplan Flächen an anderer Stelle dargestellt sind. Die Festsetzungstechnik hierfür ist schon relativ ausgereift und anerkannt. So urteilte der **VGH Mannheim in seinem Urteil vom 26.06.2014 – 5 S 203/13 – mit folgendem amtlichen Leitsatz:**

„Gemeinden können die Ansiedlung von Tierhaltungsanlagen grundsätzlich auch durch einfache Bebauungspläne steuern, die weite Teile ihres Außenbereichs erfassen (wie st.Rspr. OVG Nds., vgl. etwa Urteil vom 13.09.2011 – 1 KN 56/08 –).

Dies gilt auch nach der am 20.09.2013 in Kraft getretenen Neufassung des § 35 Abs. 1 Nr. 4 BauGB.

Tierhaltungsanlagen ist bei einer solchen Steuerung durch einfachen Bebauungsplan im Außenbereich in substantieller Weise Raum einzuräumen (wie OVG Nds., Urteil vom 13.08.2013 – 1 KN 69/11 –). Dies gilt in besonderem Maße für Anlagen zur landwirtschaftlichen Tierhaltung i. S. d. § 201 BauGB.

Will eine Gemeinde in einem einfachen Bebauungsplan die Nutzung weiter Teile ihres Außenbereichs durch nach § 35 Abs. 1 BauGB privilegierte Vorhaben über die Steuerungsmöglichkeiten des § 35 Abs. 3 Satz 3 BauGB hinaus abweichend von § 35 BauGB regeln, verlangt § 1 Abs. 3 BauGB eine nachvollziehbare, an hinreichend gewichtigen städtebaulichen Allgemeinwohlbelangen orientierte Begründung und konsistentes Verhalten im Hinblick auf die selbst gesetzten städtebaulichen Ziele (wie BVerwG, Urt. v. 26.03.2009 – 4 C 21.07 –, BVerwGE 133, 310 zur Steuerung von Einzelhandelsbetrieben zum Zweck des Zentrenschutzes).“ (vgl. ebd. DÖV 2014, 937 f. = UPR 2015, 39, 239)

Das **OVG Lüneburg, Urteil vom 13.09.2011 – 1 KN 56/08 –** hat dazu mehrere Festsetzungsmethoden zugelassen, indem es urteilte:

„In der Sache ist durch die Rechtsprechung bereits geklärt und bedarf – zumal dies auch der Antragsteller akzeptiert – keiner erneuten grundsätzlichen Herleitung, dass Gemeinden die Ansiedlung von Tierhaltungsanlagen auch durch großflächig angelegte einfache Bebauungspläne steuern dürfen (Senatsurt. v. 7.10.2005 – 1 KN 297/04 –, NordÖR 2006, 120; vgl. auch Schrödter, AUR 2011, 177, 866 ff. mit weiteren Nachweisen), und dass sie festsetzungstechnisch hierfür – als eine von mehreren in Betracht kommenden Möglichkeiten – das Instrument ***der Sondergebietsausweisung*** *verwenden und die Art der Nutzung hierbei unter Rückgriff auf die VDI-Richtlinie 3471 so festsetzen dürfen, dass mit Hilfe der in dieser Richtlinie vorgesehenen* ***Punktregelung und eines festen Abstandsmaßes*** *die höchstzulässige Tierzahl bestimmt wird (BVerwG, Urt. v. 28.2.2002 – 4 CN 5.01 –, DVBl. 2002, 1121 - Laupheim; Beschl. v. 20.5.2003 – 4 BN 57.02 –, NVwZ 2003, 1259; vgl. auch Senatsurt. v. 12.1.2011 – 1 KN 28/10 –, […] – zur GIRL; Reidt, BauR 2011, 1444, 1454).“* (ebd. juris Rn. 60)

Der geforderte Abstand wird hier also mit Hilfe der Anzahl und Art der Tiere und damit verbundenen „tieranzahlbezogenen“ Richtwerten zu den Mindestabständen errechnet. Die Richtwerte sind wiederum der VDI-RL 3471 zu entnehmen.

Eine andere Methode der Festsetzung verwendet nach der Art der Tiere differenzierte Radien für die Bestimmung der betroffenen Wohnnutzungen; der notwendige Abstand wird dann mit Hilfe der Geruchsimmissionsrichtlinie GIRL bestimmt. Diese Festsetzung lautet dann wie folgt:

*„**§ 4 Immissionsschutzrechtliche Festsetzungen***

Zur Vermeidung von schädlichen Geruchsbelästigungen (§ 5 und 22 BImSchG wird für die Beurteilung der Zulässigkeit von Vorhaben nach dem Bundesimmissionsschutzgesetz und dem Baurecht das im Immissionsschutzgutachten, Teil 1 – Allgemeiner Teil – der Landwirtschaftskammer Niedersachsen vom März 2010 (s. auch Anlage zur Begründung) beschriebene modifizierte zweistufige Beurteilungsverfahren verbindlich vorgeschrieben:

In Abhängigkeit von der Tierhaltung wird in der ersten Stufe ein Beurteilungsradius von 600 m bei vorgesehener Rinderhaltung, 750 m bei vorgesehener Schweinehaltung und 1000 m bei vorgesehener Geflügelhaltung um den zu beurteilenden Emittenten (beantragtes Vorhaben) festgelegt, in dem die zu berücksichtigenden Wohnnutzungen festgestellt und als Aufpunkte definiert werden.

In der zweiten Stufe werden jeweils um diese Wohnnutzungen in einer Entfernung
- *bis 1000 m alle Geflügelhaltungen,*
- *bis 750 m alle Schweinehaltungen und*
- *bis 600 m alle Rinderhaltungen*

erfasst und in die Berechnung bzw. Darstellung der spezifischen bzw. individuellen Immissionssituation der betreffenden Wohnnutzung eingebunden.

Das Bauvorhaben ist nur zulässig, wenn unter Beachtung des vorstehenden Beurteilungsverfahrens gutachterlich nachgewiesen wird, dass hierdurch die in der GIRL Geruchsimmissions-Richtlinie Feststellung und Beurteilung von Geruchsimmissionen - Niedersachsen - festgelegten Geruchsstundenhäufigkeiten nicht überschritten werden.“

3. Verstoßen Wohngebiete am Rande des landwirtschaftlich genutzten Außenbereichs gegen das Gebot zur Trennung unverträglicher Nutzungen?

In der Kommentarabteilung der Datenbank „Baurecht für die am Bau Beteiligten“ des Werner Verlags (darin das „Handbuch Bauleitplanung“) ist folgende Anmerkung von *F. Ley* zum Stichwort „Trennungsgrundsatz“ zu lesen:

*„**Neben** einer Fläche, auf der eine **uneingeschränkte landwirtschaftliche Nutzung** möglich ist, darf ein **allgemeines Wohngebiet nicht** ausgewiesen werden. Eine*

solche Planung verstößt gegen den Trennungsgrundsatz, bestätigte das BVerwG im Beschluss vom 22.06.2006 – 4 BN 17/06 das Urteil des OVG Berlin-Brandenburg vom 14.02.2006 – 2 A 16/05. Erforderlich sind für solche Fälle ***Festsetzungen,*** *die die landwirtschaftliche Nutzung auf eine wohnverträgliche Art beschränken, ergibt sich aus dem Urteil des OVG Berlin-Brandenburg vom 14.02.2006 – 2 A 16/05.“*

Ist diese Notiz in vollem Umfang zu beachten? Darf ein Wohngebiet am Ortsrand wirklich nicht an eine Fläche stoßen, auf der eine „uneingeschränkte landwirtschaftliche Nutzung möglich ist“? Wenn das so wäre, wäre eine Vielzahl von Bebauungsplänen für Wohngebiete am Ortsrand möglicherweise rechtsfehlerhaft. Denn in aller Regel wird der angrenzende Außenbereich nicht in den Geltungsbereich solcher Ortserweiterungspläne einbezogen. Warum auch? Es gilt § 35 BauGB. Wenn einem hinzukommenden privilegierten Vorhaben der Landwirtschaft öffentliche Belange i. V. m. dem Gebot der Rücksichtnahme entgegenstehen, kann es nach § 35 Abs. 1 BauGB nicht zugelassen werden. Wenn diese Regelung nicht ausreichend wäre, dürfte der landwirtschaftlich nutzbare Außenbereich nicht mehr an Wohngebiete grenzen.

Sieht die Rechtsprechung das anders? Dazu sind die beiden oben zitierten Urteile näher zu betrachten. Mit dem Beschluss des Bundesverwaltungsgerichts wurde eine Nichtzulassungsbeschwerde gegen eine Entscheidung des OVG Berlin-Brandenburg abgewiesen. Das Bundesverwaltungsgericht führte in seinem Beschluss vom. 22.06.2006 – 4 BN 17/06 – aus:

„Dass der Trennungsgrundsatz nicht nur im Verhältnis von Wohngebieten zu Gewerbe- und Industriegebieten Geltung beansprucht, sondern auch bei einem Nebeneinander von Wohngebieten und landwirtschaftlichen Nutzflächen, versteht sich von selbst und bedarf nicht der Bekräftigung in einem Revisionsverfahren. Der Grundsatz der zweckmäßigen Zuordnung von unverträglichen Nutzungen ist ein wesentliches Element geordneter städtebaulicher Entwicklung und damit ein elementares Prinzip städtebaulicher Planung.

Anders als bei einer durch ein bereits vorhandenes Nebeneinander konfliktträchtiger Nutzungen geprägten Gemengelage darf die Gemeinde deshalb nicht ohne zwingenden Grund selbst die Voraussetzungen für die Berücksichtigung von Vorbelastungen dadurch schaffen, dass sie in einen durch ein erhöhtes Immissionspotenzial gekennzeichneten Bereich ein störempfindliches Wohngebiet hineinplant und damit aus einem Wohngebiet in immissionsschutzrechtlicher Hinsicht in Wahrheit ein Dorf- oder Mischgebiet macht (vgl. BVerwG, Beschluss vom 6. Februar 2003 – BVerwG 4 BN 5.03 – Buchholz 406.11 § 1 BauGB Nr. 116). Ob und inwieweit ein mit der Wohnnutzung konfligierendes Immissionspotenzial zu einer Änderung des Gebietscharakters eines Wohngebiets führt, beurteilt sich nach den Umständen des jeweiligen Einzelfalls.“ (ebd. juris Rn. 5)

Das klingt auf den ersten Blick gefährlich. Auf den zweiten Blick wird aber klar, dass das Bundesverwaltungsgericht nach dem vom Oberverwaltungsgericht ermittelten Sachverhalt ohne eigene Tatsachenprüfung davon ausgehen musste, dass in dem entschiedenen Fall ein Wohngebiet an einen *durch ein erhöhtes Immissionspotenzial gekennzeichneten Bereich* herangeplant wurde. Es ging also nicht um die einfache Nachbarschaft zwischen dem Rand eines Wohngebiets und einer normalen „uneingeschränkten landwirtschaftlichen Nutzung“, so wie sie am Ortsrand von Siedlungen praktisch überall vorkommt. Welche Tatsachen lagen dem vom OVG Berlin-Brandenburg entschiedenen Fall (OVG Berlin-Brandenburg, Urt. v. 14.02.2006 – 2 A 16/05) zugrunde? Dazu führte das Oberverwaltungsgericht Folgendes aus:

„Die Antragstellerin wendet sich mit dem vorliegenden Normenkontrollverfahren gegen den Bebauungsplan Nr. 1 „Wohnpark Havelblick“ der Gemeinde Groß Kreutz, mit dem im Ortsteil Deetz außerhalb der bebauten Ortslage ein neues Wohngebiet geschaffen werden soll. Dieses soll sich nach den Ausweisungen des Bebauungsplans schwerpunktmäßig östlich der Götzer Straße erstrecken und mit einer Wohnbebauung auf einem als allgemeines Wohngebiet ausgewiesenen schmalen Baulandstreifen westlich der Götzer Straße abschließen.

Die Antragstellerin ist Eigentümerin eines 21 297 qm großen landwirtschaftlichen Grundstücks westlich der Götzer Straße. Auf diesem wurde im Bebauungsplan eine etwa 4 500 qm große Teilfläche an der Götzer Straße als allgemeines Wohngebiet und die weiter westlich gelegene restliche Grundstücksfläche als landwirtschaftliche Nutzfläche ausgewiesen. Dieses Flurstück war bis Ende 2004 zum Zwecke des Gemüseanbaus verpachtet. Die Antragstellerin, die mit ihrem Sohn in Werder und Umgebung landwirtschaftlichen Obstanbau betreibt, will es zukünftig im Rahmen ihres landwirtschaftlichen Betriebs neben dem Obstanbau auch für Ackerbau und Viehhaltung nutzen. Sie wehrt sich deshalb mit dem vorliegenden Verfahren gegen die Überplanung ihres Grundstücks durch den Bebauungsplan.“ (ebd. juris Rn. 1 f.)

„Ein allgemeines Wohngebiet, in dem Immissionen landwirtschaftlicher Betriebe, wie in einem Dorfgebiet zulässig sind, stellt keinen zulässigen Gebietstyp nach der Baunutzungsverordnung dar (vgl. Bay VGH, a. a. O.; OVG Nds., Urteil vom 4. Januar 1983, BRS 40 Nr. 34). Darauf, ob die Bewohner des Gebiets eventuelle landwirtschaftliche Geruchsimmissionen hinzunehmen bereit wären, kommt es nicht an, denn der Typenzwang für bauplanerische Festsetzungen gestattet kein Abweichen von den Vorgaben der Baunutzungsverordnung. Was der Nachbarschaft an Beeinträchtigungen zugemutet werden kann, ist allein anhand eines typisierenden und

generalisierenden Maßstabes zu bestimmen (vgl. BVerwG, Beschluss vom 5. Oktober 2005, BBauBl. 2006, 46)." (ebd. juris Rn. 52)

„*Die Antragstellerin hat im Normenkontrollverfahren vorgetragen, dass sie nach dem* ***Auslaufen des Pachtvertrages*** *Ende 2004 auf dem Flurstück 5... Obstanbau,* ***Ackerbau und Viehhaltung*** *betreiben will und deshalb einen Nutzungskonflikt mit der angrenzenden Wohnbebauung fürchtet. Schon mit Schreiben vom 12. Juli 1996, mit Schreiben vom 2. Juli 1997, mit Schreiben vom 19. März 1998 und mit Schreiben vom 23. Juli 1998 hat die Antragstellerin im Rahmen der Bürgerbeteiligung in dem Bebauungsplanverfahren deutlich gemacht, dass sie das Flurstück 5... für ihren landwirtschaftlichen Betrieb benötige, und dass sie ein Interesse an der* ***landwirtschaftlichen Nutzung der Gesamtfläche*** *habe. Selbst wenn die Antragsgegnerin im Bebauungsplanverfahren noch von einer Pachtlandqualität des Flurstücks 5... ausgehen durfte,* ***konnte sie sich jedoch nicht darauf verlassen,*** *dass dort nur eine landwirtschaftliche Nutzung im bisherigen Umfang stattfinden würde, wenn sie nicht gleichzeitig bauplanungsrechtliche Nutzungsbeschränkungen in Bezug auf eine wohnnutzungsverträgliche Form der landwirtschaftlichen Nutzung (§ 201 BauGB) für diese Fläche festsetzt. Denn selbst wenn die gegenwärtige landwirtschaftliche Betriebsweise Belästigungen der geplanten Wohnbebauung nicht erwarten lässt, gehört das* ***Interesse, die Umgebung eines landwirtschaftlichen Betriebs von Wohnbebauung freizuhalten,*** *zu den Belangen, die bei der Abwägung über einen Bebauungsplan zu berücksichtigen sind, weil gerade bei landwirtschaftlichen Betrieben die Betriebsweise weitgehend von den Gegebenheiten des Marktes abhängt und daher einem ständigen Anpassungsdruck unterworfen ist.*" (ebd. juris Rn. 51)

Offenbar ist dieser Fall von mehreren Besonderheiten gekennzeichnet.

Zum ersten wurde hier ein Wohngebiet nicht unmittelbar an den nach § 35 BauGB zu beurteilenden Außenbereich herangeplant; vielmehr wurde die angrenzende bisherige Außenbereichsfläche in den Geltungsbereich des Bebauungsplans einbezogen und als landwirtschaftliche Nutzfläche festgesetzt.

Zum zweiten wurde dabei ein ungeteiltes Flurstück mit einer Größe von ca. zwei Hektar mit zwei verschiedenen Nutzungsarten überplant, nämlich zu einem Viertel als Wohngebiet am Rand einer vorhandenen Straße, der Rest als landwirtschaftliche Nutzfläche. Der Eigentümer des Flurstücks war aber gar nicht an Wohnbaugrundstücken interessiert, sondern wollte die gesamte Fläche weiterhin landwirtschaftlich nutzen. Aktuell war die Fläche für Gemüseanbau (ohne Tierhaltung) verpachtet. Er griff den Plan mit Normenkontrollantrag an und obsiegte mit der oben zitierten Begründung.

Es darf vermutet werden, dass das Gericht den Bebauungsplan im Kern für unwirksam erklärt hat, weil der Plan nach Ansicht des Gerichts die

Einwendung des Antragstellers zu Unrecht überrollt und einen Teil seines Flurstücks gegen seinen Willen zum allgemeinen Wohngebiet erklärt hatte. Das Urteil könnte schlicht damit begründet werden, dass hier in der Abwägung die Interessen des Eigentümers falsch – nämlich zu niedrig – gewichtet wurden. Dadurch hätte das Gericht sich aber möglicherweise dem Vorwurf ausgesetzt, in das Planungsermessen der Gemeinde einzugreifen. Stattdessen berief sich das Gericht auf den gleichsam objektiv geltenden Trennungsgrundsatz. Um dies zu rechtfertigen, musste das Gericht behaupten, dass hier eine dem Wohnen unverträgliche landwirtschaftliche Nutzung (Tierhaltung!) zu erwarten sei (und zwar auf einem bislang ungeteilten, nun kraft Bauleitplanung auch dem Wohnen dienenden Flurstück), und dass der Bebauungsplan den zu erwartenden Konflikt hätte lösen müssen.

Das klingt nicht unlogisch – aber nebenbei darf gefragt werden, ob denn der klagende Eigentümer vom Bebauungsplan wirklich in seinen Rechten beeinträchtigt wurde. Er hätte die unter Bestandsschutz stehende landwirtschaftliche Nutzung auf seinem ungeteilten Flurstück ohne weiteres im bisher geübten Umfang fortsetzen dürfen. Bei neuen Vorhaben hätte er sich – zu Recht – dem Gebot der Rücksichtnahme unterwerfen müssen. Und: Was hätte der klagende Eigentümer wohl von dem Bebauungsplan gehalten, wenn die Gemeinde so geplant hätte, wie sie nach dem Urteil des Gerichts hätte planen müssen? Der Plan hätte dann nämlich die landwirtschaftliche Nutzung auf seinem Restgrundstück einschränken müssen. Der Antragsteller wünschte jedoch uneingeschränkte landwirtschaftliche Nutzung auf seinem ganzen Flurstück!

Im Ergebnis wird dieser sehr spezielle Fall nicht als Musterfall für ein unzulässiges Nebeneinander von Wohnen und Landwirtschaft einzuordnen sein dürfen. Für das Nebeneinander von Wohnbauflächen und dem grundsätzlich „uneingeschränkt landwirtschaftlich nutzbaren Außenbereich" gilt weiterhin die Aussage des Bundesverwaltungsgerichts aus seinem Beschluss vom 07.01.2002 – 4 B 91/01 –:

> *„Aus der Privilegierung der von § 35 Abs. 1 BauGB erfassten Nutzung folgt* ***nicht****, dass* ***jeder Nutzungswunsch eines Landwirtes*** *die Qualität eines Abwehrrechtes gegen eine heranrückende Wohnbebauung besitzt und daher eine mit ihm unvereinbare bauliche Nutzung ausschließt. […] Das gilt jedenfalls dann, wenn dieses* ***Interesse nur vage*** *formuliert wurde […]."* (ebd. JurionRS 2002 17295 Rn. 7)

Die Interessen der Landwirtschaft bleiben dennoch hinreichend geschützt. Denn gleichzeitig gilt nach dem VGH Kassel, Urteil vom 15.10.2004 – 3 N 127/03 –:

> *„[… d]Das **Interesse** eines emittierenden landwirtschaftlichen Betriebes, dass **in seiner unmittelbaren Nähe keine Wohnbebauung** entsteht, gehört zu den **abwägungserheblichen Belangen.** Das gilt vor allem dann, wenn bei der Verwirklichung der Wohnbebauung mit immissionsschutzrechtlichen Anordnungen gerechnet werden muss […].“* (vgl. ebd. juris Rn. 17)

Es kommt also immer darauf an, ob **real** mit nicht nur unerheblichen negativen Beeinflussungen gerechnet werden muss. Das gilt für die Wohnnutzer, die sich gegen herannahende landwirtschaftliche Vorhaben wenden; und es gilt in gleicher Weise für Landwirte, die sich gegen eine herannahende Wohnnutzung wenden. Die Pflicht zur Aufklärung und Regelung steigt, wenn das Nebeneinander nicht an der Grenze zwischen einem Plangebiet und dem Außenbereich stattfindet, sondern im Geltungsbereich eines Bebauungsplans, der neben dem Wohnen auch Flächen für die Landwirtschaft festsetzt. Denn durch den Bebauungsplan wird die nach wie vor ausreichende Konfliktregelung der Nachbarschaft durch § 35 BauGB außer Kraft gesetzt.

4. Wohnen und Landwirtschaft im festgesetzten Dorfgebiet

Das Dorfgebiet nach § 5 BauNVO fasst Vorhaben der Landwirtschaft (nämlich Hofstellen landwirtschaftlicher Betriebe mit all ihren möglichen Bestandteilen, nämlich dem Wohnen und der Viehhaltung, dem Hühnerhof und dem Misthaufen) und klassisches Wohnen zusammen. Der Strukturwandel der Landwirtschaft mit der Tendenz zu immer größeren Betrieben hat es mit sich gebracht, dass die Hofstellen in den Dörfern immer weniger werden. Die letzten verbliebenen Betriebsstellen landwirtschaftlicher Betriebe werden ausgelagert, damit sie sich unbehindert vergrößern und ohne Nachbarklagen arbeiten können. Zurück bleiben Dörfer, in denen ganz überwiegend gewohnt wird, im Übrigen nur noch kleine, nicht landwirtschaftliche Betriebe vorhanden sind.

Die Rechtsprechung fordert unter einleuchtender Berufung auf den Wortlaut des § 5 BauNVO, dass in einem festgesetzten Dorfgebiet – insbesondere in einem neu festgesetzten Dorfgebiet – zumindest die Möglichkeit bestehen müsse, dass die Betriebsstelle wenigstens eines landwirtschaftlichen Betriebs dort untergebracht werden könne. (Noch besser ist es, wenn solche Betriebsstellen im Dorf noch vorhanden sind). Wenn dies nicht (mehr) der Fall ist, kann kein Dorfgebiet festgesetzt werden; vorhandene Siedlungen können im Rahmen des § 34 BauGB nicht als faktisches Dorfgebiet im Sinne des § 6 BauNVO eingestuft werden, auch wenn die Siedlung Jahrhunderte lang als Dorf genutzt wurde und optisch von Bauernhäusern, Dorfanger und Dorfkirche geprägt ist. Die Einstufung als Wohngebiet (WA oder gar WR) führt jedoch dazu, dass Emissionen der benachbarten Landwirtschaft nur sehr eingeschränkt geduldet werden müssen und dass die Handwerksbetriebe im Dorf mit Nachbarklagen der zugezogenen Neubewohner wegen angeblich unzulässiger Lärmbelästigung gequält werden. Das ist keine gute Entwicklung. Dieser sollte entgegengewirkt werden, indem der Realität auch in § 6 BauNVO Rechnung getragen wird: Ein Dorf bleibt auch dann ein Dorf – nämlich eine Siedlung im ländlichen Raum inmitten von emittierender Landwirtschaft, wenn im Dorf keine landwirtschaftlichen Hofstellen mehr vorhanden sind. Dieser Umstand sollte durch § 5 BauNVO anerkannt werden – etwa durch einen neuen Satz 2 nach Satz 1. § 5 Abs. 1 BauNVO würde dann lauten:

> *Dorfgebiete dienen der Unterbringung der Wirtschaftsstellen land- und forstwirtschaftlicher Betriebe, dem Wohnen und der Unterbringung von nicht wesentlich störenden Gewerbebetrieben sowie der Versorgung der Bewohner des Gebietes dienenden Handwerksbetrieben. Auf die Belange der land- und forstwirtschaftlichen Betriebe einschließlich ihrer Entwicklungsmöglichkeiten ist vorrangig Rücksicht zu nehmen. Dorfgebiete sind auch überwiegend oder ganz für das Wohnen genutzte Baugebiete im ländlichen Raum, die in baulich erkennbarer Weise entweder vormals der Unterbringung der Wirtschaftsstellen von land- und forstwirtschaftlichen Betrieben gedient haben oder in die Siedlung prägender Nachbarschaft mit landwirtschaftlich genutzten Flächen stehen und deshalb Dorfcharakter besitzen.*

Wenn Dörfer als Dörfer auch ohne Hofstellen anerkannt würden, müsste nicht die Zulassung eines Lebensmittelhändlers in einem Dorf abgelehnt werden, nur weil der Händler das letzte (noch) für eine landwirtschaftliche Hofstelle genutzte Grundstück im Dorf in Anspruch nehmen möchte, in dem sonst nur noch gewohnt wird. Die Entscheidung des **VGH Mannheim in seinem Urteil vom 02.10.2013 – 5 S 1273/12 –** wäre dann möglicherweise anders ausgefallen. Der aktuelle amtliche Leitsatz lautet:

> *„Ein Baugebiet ganz ohne Gebäude land- und forstwirtschaftlicher Betriebsstellen ist kein Dorfgebiet (wie BVerwG, Urteil vom 23.04.2009 – 4 CN 5.07 –, BVerwGE 133, 377).*
>
> *Ein an sich im Dorfgebiet allgemein zulässiger Einzelhandelsbetrieb kann im Einzelfall wegen seines Umfangs nach § 15 Abs. 1 Satz 1 BauNVO unzulässig sein, wenn die Dorfgebietsfestsetzung deshalb funktionslos wird, weil mit Zulassung des Vorhabens auf dem Grundstück des einzigen im Baugebiet existierenden landwirtschaftlichen Betriebes dieses für einer (Neu-) Errichtung eines solchen nicht mehr zur Verfügung stünde und es auch sonst keine Fläche mehr gäbe, auf der sich eine land- oder forstwirtschaftliche Betriebsstelle sinnvoll realisieren ließe.“* (ebd. NVwZ-RR 2014, 177)

Der Tante-Emma-Laden durfte also nicht in’s Dorf. Eigentlich schade – oder?

Alexander Schink

Die naturschutzrechtliche Eingriffsregelung in der Bauleitplanung – Arten von Kompensationsmaßnahmen und ihre Sicherung

Abstract Der Ablauf und die Sicherung der Eingriffsregelung in der Bauleitplanung sind Inhalt des nachfolgenden Beitrags. Nach einer grundsätzlichen Einbettung wird aufgezeigt, wie ein Eingriff festgestellt, bewertet und bewältigt wird und zudem Eingang in die planerische Abwägung findet.

The process and the safeguard of the impact regulation under protection law in urban land use planning are the topic of the article below. After an explanation of the basics, the article shows how to determine, rate and manage an impact and how such an impact is involved in the weighing process.

Einleitung

Die naturschutzrechtliche Eingriffsregelung zielt darauf ab, bei der Verwirklichung von Vorhaben den Status Quo des Naturhaushaltes zu erhalten. Sie stellt deshalb ein zentrales Element des Naturschutzes dar, denn ihre Zielsetzung ist, flächendeckend auch außerhalb von Schutzgebieten und des besonderen Artenschutzrechts den Bestand natürlicher Funktionen zu erhalten. Die Bauleitplanung bereitet Eingriffe in den Naturhaushalt vor und schafft die Voraussetzungen für ihre Zulässigkeit. Neben der Fachplanung stellt sie die wichtigste Grundlage für zulässige Eingriffe in den Naturhaushalt dar. Der Gesetzgeber hat deshalb die an sich auf die Zulassung von Vorhaben ausgerichtete Eingriffsregelung in die Bauleitplanung integriert und sie modifiziert. Der naturschutzrechtlichen Eingriffsregelung kommt hier wegen der Auswirkung der planerischen Festsetzung auf die Vorhabenzulassung und damit die Beeinträchtigung des Naturhaushalts eine besondere Bedeutung zu. Der nachfolgende Beitrag fasst die rechtlichen Anforderungen an die Anwendung der naturschutzrechtlichen Eingriffsregelung in der Bauleitplanung unter besonderer Berücksichtigung der einschlägigen Rechtsprechung zusammen.

1. Die naturschutzrechtliche Eingriffsregelung in der Bauleitplanung

Die naturschutzrechtliche Eingriffsregelung ist eines der zentralen Instrumente modernen Naturschutzrechts.[1] Sie soll einen flächendeckenden Mindestschutz von Natur und Landschaft gewährleisten. Zu diesem Zweck verpflichtet sie – auch außerhalb besonderer Schutzgebiete – alle potentiell naturschädigenden und landschaftsverbrauchenden Vorhaben einer Prüfung zu unterziehen, um zu gewährleisten, dass die Leistungsfähigkeit des Naturhaushaltes und die Qualität des Landschaftsbildes soweit wie möglich bewahrt werden bzw. bei einer Zulassung des Vorhabens in gleichartiger oder gleichwertiger Weise wiederhergestellt oder zumindest durch Geldersatz kompensiert werden (§ 13 BNatSchG[2]).[3] Gewährleistet werden soll, dass der Status Quo von Natur und Landschaft erhalten bleibt.[4] Erhebliche Beeinträchtigungen von Natur und Landschaft sind zu vermeiden und unvermeidbare Beeinträchtigungen müssen kompensiert werden (vgl. § 13 BNatSchG). Die naturschutzrechtliche Eingriffsregelung ist damit nicht in erster Linie ein Programm zur Regelung der Zulässigkeit von Vorhaben bzw. Planungen. Sie enthält vielmehr ein spezielles Programm zur Bewältigung der für Natur und Landschaft nachteiligen Folgen bestimmter menschlicher Handlungen (Folgenbewältungsprogramm).[5]

---

1 Vgl. Lau, Der Naturschutz in der Bauleitplanung, 2011, Rn. 237; Mitschang, Eingriffsbewältigung und nachhaltige Flächennutzungsplanung, ZfBR 1999, 125, 133.

2 Bundesnaturschutzgesetz v. 29.07.2009, BGBl. I S. 2542, zuletzt geändert durch Artikel 421 der Verordnung v. 31.08.2015, BGBl. I S. 1474.

3 Vgl. Schmidt/Kahl/Gaerditz, Umweltrecht, 9. Aufl. 2014, § 10 Rn. 32; Prall/Koch, in: Schlacke (Hrsg.), Gemeinschaftskommentar zum Bundesnaturschutzgesetz, 2012, § 14 Rn. 5; Schink, Die naturschutzrechtliche Eingriffsregelung, DVBl 1992, 1390, 1392.

4 Zur Entwicklung der Eingriffsregelung vgl. Wolf, Entwicklungslinien der Eingriffsregelung, NuR 2004, 6 ff.; Louis, Die Entwicklung der Eingriffsregelung, NuR 2007, 94.

5 Vgl. Kuschnerus, Der sachgerechte Bebauungsplan, 3. Aufl. 2004, S. 233; Lau, a. a. O. (Fn. 1), Rn. 237.

Besondere Bedeutung für das Integrationsinteresse des Naturhaushaltes und des Landschaftsbildes kommt der naturschutzrechtlichen Eingriffsregelung in der Bauleitplanung zu. Bauleitpläne sind die planungsrechtliche Grundlage für die Zulassung von Bauvorhaben und damit für potentiell Natur und Landschaft schädigende und flächenbeanspruchende Baumaßnahmen. Eingriffe lassen sich hier im Sinne des Ziels, Natur und Landschaft zu erhalten und schädigende Eingriffe zu verhindern, am ehesten vermeiden. Darüber hinaus kann auf dieser Ebene eine Kompensation der Eingriffsfolgen idealtypisch, nämlich integriert in die Bauleitplanung erfolgen. Die Integration der Eingriffsregelung in die Bauleitplanung ermöglicht es, das Vermeidungs- und Kompensationsziel planerisch zu bewältigen, die zur Wiederherstellung eines gleichwertigen Zustandes von Natur und Landschaft erforderlichen Maßnahmen vom einzelnen Eingriff zu lösen und ggf. räumlich im Sinne einer verbesserten Funktionsfähigkeit der Kompensationsmaßnahme zu konzentrieren und auf diese Weise bessere Ergebnisse in Richtung auf die Erhaltung des Status Quo von Natur und Landschaft zu erzielen, als dies durch eine Anwendung der naturschutzrechtlichen Eingriffsregelung auf die einzelnen Baumaßnahmen möglich wäre. Der Gesetzgeber hat deshalb im Rahmen des Investitionserleichterungs- und Wohnbaulandgesetzes vom 22.04.1993[6] sowie dem Bau- und Raumordnungsgesetz 1998[7] die naturschutzrechtliche Eingriffsregelung in die Bauleitplanung integriert.[8] Nach der in § 1a Abs. 3 BauGB[9] enthaltenen Regelung ist über die Vermeidung und den Ausgleich von Eingriffen im Rahmen der Abwägung nach § 1 Abs. 7 BauGB nach der „Eingriffsregelung nach dem Bundesnaturschutzgesetz" zu entscheiden. Für die Vermeidung und den Ausgleich eines zu erwartenden Eingriffs in Natur

6 BGBl. I S. 466.
7 Gesetz zur Änderung des Baugesetzbuches und zur Neuregelung des Rechts der Raumordnung (Bau- und Raumordnungsgesetz 1998 – BauROG) v. 18.08.1997, BGBl. I S. 2081.
8 Zur Entwicklung der Eingriffsregelung in der Bauleitplanung: Louis, a. a. O. (Fn. 4), 94, 96 ff.; Mitschang, in: Schlichter/Stich/Driehaus/Peatow (Hrsg.), Berliner Kommentar zum Baugesetzbuch, Loseblattsammlung, Stand: 30. Lfg./ Mai 2015, § 1a Rn. 158 ff.
9 Baugesetzbuch in der Fassung der Bekanntmachung v. 23.09.2004, BGBl. I S. 2414, zuletzt geändert durch Artikel 6 des Gesetzes v. 20.10.2015, BGBl. I S. 1722).

und Landschaft ist danach nach den Grundsätzen der gerechten Abwägung aller berührten öffentlichen und privaten Belange planerisch zu entscheiden. Das Folgenbewältigungsprogramm der naturschutzrechtlichen Eingriffsregelung wird der bauleitplanerischen Abwägung nach § 1 Abs. 7 BauGB unterworfen.[10] Sind auf Grund der Aufstellung eines Bauleitplanes Eingriffe in Natur und Landschaft zu erwarten, verpflichtet § 1a Abs. 3 S. 1 BauGB die Gemeinde, zu ermitteln und zu entscheiden, ob vermeidbare Beeinträchtigungen von Natur und Landschaft zu unterlassen und ob und wie unvermeidbare Beeinträchtigungen auszugleichen oder durch Ersatzmaßnahmen zu kompensieren sind.[11] Die Verlagerung der Entscheidung über die Vermeidung und den Ausgleich von Eingriffen in Natur und Landschaft in die Planungsphase der Bauleitplanung hat zur Folge, dass die Gemeinde bei der Abarbeitung der Eingriffsregelung im Rahmen der bauleitplanerischen Abwägung Anforderungen sowohl inhaltlicher als auch formaler Art erfüllen muss. Sie hat zum einen inhaltlich ein nachvollziehbares Konzept zur Vermeidung und zum Ausgleich bauleitplanerischer Eingriffe in Natur und Landschaft zu erarbeiten. Zum anderen muss die Durchführung vorgesehener naturschutzrechtlicher Ausgleichs- und Ersatzmaßnahmen in formaler Hinsicht hinreichend gesichert sein. Dazu stellt § 1a Abs. 1 S. 2 bis 4 BauGB den Gemeinden verschiedene Möglichkeiten zur Verfügung.[12]

Im Einzelnen hat die Gemeinde bei der Anwendung der naturschutzrechtlichen Eingriffsregelung in der Bauleitplanung folgendes Prüfprogramm abzuarbeiten:[13]

---

10 Vgl. Krautzberger/Wagner, in: Ernst/Zinkahn/Bielenberg/Krautzberger (Hrsg.), Baugesetzbuch Kommentar, Loseblattsammlung, Stand: 109. Lfg./Juni 2013, § 1a Rn. 63; Kuschnerus, a. a. O. (Fn. 5), Rn. 399; Lau, a. a. O. (Fn. 1), Rn. 238. Vgl. auch OVG Koblenz, Urt. v. 06.11.2013 – 8 C 10607/13 –, NuR 2014, 121 f. = BauR 2014, 673 = UPR 2014, 230 = juris Rn. 40.

11 Grundlegend dazu: BVerwG, Beschl. v. 31.01.1997 – 4 NB 27/96 –, BVerwGE 104, 68 = juris Rn. 16.

12 Vgl. OVG Koblenz, a. a. O. (Fn. 10), NuR 2014, 121 = BauR 2014, 673 = UPR 2014, 2013 = juris Rn. 40; OVG Koblenz, Urt. v. 08.05.2013 – 8 C 10635/12 –, DVBl 2013, 1051 = NuR 2013, 665 = UPR 2013, 393 = juris Rn. 57.

13 Vgl. Krautzberger/Wagner, a. a. O. (Fn. 10), § 1a Rn. 83; Gierke, in: Brügelmann (Hrsg.), Kohlhammer Kommentar zum Baugesetzbuch, Loseblattsammlung, Stand 91. Lfg./Juli 2014, § 1a Rn. 64.

- Prüfung des Anwendungsbedarfs der Eingriffsregelung: Sind auf Grund der Aufstellung, Änderung, Ergänzung oder Aufhebung von Bauleitplänen Eingriffe in Natur und Landschaft im Sinne des Bundesnaturschutzgesetzes zu erwarten?
- Abgrenzung des Untersuchungsraumes: Feststellung, welches Gebiet voraussichtlich durch die städtebauliche Planung beeinträchtigt wird und wo ggf. Maßnahmen zur Vermeidung und zum Ausgleich realisiert werden können.
- Erfassung und Bewertung von Natur und Landschaft: Ermittlung des vorhandenen Zustands von Natur und Landschaft und damit des berührten Integritätsinteresses.
- Wirkungen der städtebaulichen Planung auf Natur und Landschaft: Feststellung welche Wirkungen voraussichtlich von der städtebaulichen Planung bzw. ihrem Vollzug auf die Leistungsfähigkeit des Naturhaushaltes und das Landschaftsbild in welcher Schwere zu erwarten sind.
- Ermittlung von Maßnahmen zur Vermeidung oder Minderung von Beeinträchtigungen: Durch welche Maßnahmen lassen sich Beeinträchtigungen verhindern oder so gering wie möglich halten?
- Erarbeitung eines Maßnahmenkonzepts zum Ausgleich unvermeidbarer erheblicher Beeinträchtigungen: Wie und durch welche Maßnahmen können unvermeidbare Beeinträchtigungen kompensiert werden?
- Erstellung einer „Eingriffs-Ausgleichsbilanz“: Feststellung des Ergebnisses einer Gegenüberstellung der Bewertung der Eingriffsfolgen und der Kompensationsmaßnahmen.
- Abwägungsentscheidung über die Bewältigung der Eingriffsregelung in der Bauleitplanung: Ist es vertretbar, auf eine Vermeidung oder den Ausgleich ganz oder teilweise wegen anderer gewichtiger Belange zu verzichten?
- Integration von Maßnahmen zur Vermeidung, Minderung oder zum Ausgleich in den Bauleitplan: Wie kann eine Vermeidung bzw. Kompensation der Eingriffsfolgen vollzogen werden?

Wichtig bei der Anwendung der naturschutzrechtlichen Eingriffsregelung in der Bauleitplanung sind dabei folgende rechtliche Vorgaben, die der Integration der naturschutzrechtlichen Eingriffsregelung in das Verfahren der Bauleitplanung geschuldet sind und diese rechtliche erheblich von der Anwendung der Eingriffsregelung nach den §§ 14 ff. BNatSchG unterscheiden.

Denn sämtliche Vorgaben hierfür finden sich nicht mehr im Bundesnaturschutzgesetz, sondern im Baugesetzbuch (§ 18 Abs. 1 BauGB).[14]

- Die naturschutzrechtliche Eingriffsregelung in der Bauleitplanung unterliegt – anders als im Bundesnaturschutzgesetz[15] einem Abwägungsvorbehalt.[16]
- Gemäß § 200a BauGB findet eine Unterscheidung zwischen Ausgleichs- und Ersatzmaßnahmen in der Bauleitplanung nicht statt.[17] Vielmehr liegt der Kompensation in der Bauleitplanung ein umfassender Ausgleichsbegriff zu Grunde, der vom Bundesnaturschutzgesetz auch insoweit

---

14 Vgl. BVerwG, Beschl. v. 07.11.2007 – 4 BN 45/07 –, NVwZ 2008, 216 Rn. 4; Louis, a. a. O. (Fn. 4), 94, 98; Lau, a. a. O. (Fn. 1), Rn. 238; Wolf, a. a. O. (Fn. 4), 6, 8.

15 Zur Verbindlichkeit des Folgenbewältigungsprogramms nach § 15 BNatSchG: BVerwG, Beschl. v. 21.08.1990 – 4 B 104/90 –, NVwZ 1991, 69, 70; BVerwG, Beschl. v. 30.10.1992 – 4 A 4/92 –, NVwZ 1993, 565; BVerwG, Urt. v. 07.03.1997 – 4 C 10/96 –, NVwZ 1997, 914; BVerwG, Urt. v. 19.03.2003 – 9 A 33/02 –, NVwZ 2003, 1120, 1123; Fischer-Hüftle/Schumacher, in: Schumacher/Fischer-Hüftle (Hrsg.), Bundesnaturschutzgesetz Kommentar, 2. Aufl. 2010, § 15 Rn. 22; Gellermann, in: Landmann/Rohmer (Hrsg.), Umweltrecht Kommentar, § 19 BNatSchG Rn. 4; Guckelberger, in: Frenz/Müggenborg (Hrsg.), Bundesnaturschutzgesetz Kommentar, 2011, § 15 Rn. 14; Meßerschmidt, Bundesnaturschutzgesetz Kommentar, Loseblattsammlung, 124. Lfg/Mai 2015, § 19 Rn. 8; Koch, in: Schlacke (Hrsg.), Gemeinschaftskommentar zum Bundesnaturschutzgesetz, § 15 Rn. 6.

16 Vgl. BVerwG, a. a. O. (Fn. 11), BVerwGE 104, 68; OVG Münster, Urt. v. 28.06.1996 – 7a D 44/94.NE –, DVBl 1996, 58 = NVwZ 1996, 274; VGH Mannheim, Urt. v. 19.04.1996 – 8 S 2641/95 –, NuR 1997, 92; Mitschang, a. a. O. (Fn. 8), § 1a Rn. 241 f.; Krautzberger/Wagner, a. a. O. (Fn. 10), § 1a Rn. 77, 80; Gierke, a. a. O. (Fn. 13), § 1a Rn. 210; Schrödter, in: Schrödter (Hrsg.), Baugesetzbuch Kommentar, 8. Aufl. 2015, § 1a Rn. 67; Battis, in: Battis/Krautzberger/Löhr (Hrsg.), Baugesetzbuch Kommentar, 12. Aufl. 2014, § 1a Rn. 23; Lau, a. a. O. (Fn. 1), Rn. 292.

17 Zu den Gründen, die in der Schwierigkeit des Ausgleichs von gravierenden flächenhaften Eingriffen und der schwierigen Abgrenzung von gleichartigen Ausgleichsmaßnahmen und gleichwertigen Ersatzmaßnahmen in der Praxis liegen: Wolf, a. a. O. (Fn. 4), 6, 7. Diese Schwierigkeiten haben dazu geführt, dass der Gesetzgeber in § 15 Abs. 5 BNatSchG 2009 den Vorrang von Ausgleichsmaßnahmen vor Ersatzmaßnahmen aufgegeben hat. Dazu: Guckelberger, a. a. O. (Fn. 15), § 15 Rn. 43 ff.; Lütkes, in: Lütkes/Ewer (Hrsg.), Bundesnaturschutzgesetz Kommentar, 2010, § 15 Rn. 29.

abweicht, als ein räumlicher Zusammenhang zwischen Kompensationsmaßnahme und Eingriff nicht erforderlich ist, soweit dies mit einer geordneten städtebaulichen Entwicklung und den Zielen der Raumordnung sowie des Naturschutzes und der Landschaftspflege vereinbar ist (§ 200a BauGB), und auch zeitlich die Realisierung von Ausgleichsmaßnahmen vom Eingriff der Gestalt entkoppelt ist, so dass Maßnahmen zum Ausgleich bereits vor den Baumaßnahmen durchgeführt werden können (§ 135a Abs. 2 S. 2 BauGB).

2. Feststellung des Eingriffs

Die Anwendung in der naturschutzrechtlichen Eingriffsregelung in der Bauleitplanung setzt voraus, dass durch den Vollzug des Bauleitplans in Natur und Landschaft eingegriffen wird und hierdurch erhebliche nachteilige Beeinträchtigungen der Leistungsfähigkeit des Naturhaushaltes oder des Landschaftsbildes verursacht werden. Der Begriff des Eingriffs wird im Baugesetzbuch nicht definiert. Aus § 1a Abs. 3 S. 1 BauGB, wonach die Eingriffsregelung nach dem Bundesnaturschutzgesetz in der Bauleitplanung abzuarbeiten ist, ergibt sich jedoch, dass die naturschutzrechtliche Eingriffsdefinition des § 14 Abs. 1 BNatSchG heranzuziehen ist.[18]

Hiernach sind Eingriffe in Natur und Landschaft Veränderungen der Gestalt oder der Nutzung von Grundflächen oder Veränderungen des mit der belebten Bodenschicht in Verbindung stehenden Grundwasserspiegels, die die Leistungs- und Funktionsfähigkeit des Naturhaushaltes oder das Landschaftsbild erheblich beeinträchtigen können. In der Bauleitplanung ist festzustellen, ob diese Voraussetzungen durch Realisierung von nach der Planung möglichen Vorhaben erfüllt werden. Die Gemeinde hat zu prüfen, ob hierdurch eine nachteilige erhebliche Abweichung vom bisherigen Zustand von Natur und Landschaft verursacht wird; dabei ist unerheblich, ob der Ausgangszustand natürlich ist oder künstlich geschaffen wurde.[19] Offenkundig ist, dass die Errichtung baulicher Anlagen zu einer Veränderung der

18 Zur Anwendbarkeit des § 14 Abs. 1 BNatSchG auch in der Bauleitplanung: BT-Drs. 16/12274 v. 17.03.2009, S. 85; Lau, a. a. O. (Fn. 1), Rn. 240; Schrödter, a. a. O. (Fn. 16), § 1a Rn. 47.

19 Vgl. OVG Münster, Beschl. v. 17.02.1994 – 10 B 350/94 –, NuR 1994, 453, 454.

Gestalt oder Nutzung von Grundflächen führt, weil hierdurch die Erdoberfläche verändert wird und ggf. vorhandener Pflanzenwuchs beseitigt wird.[20] Das gilt auch für die Aufstellung eines Flächennutzungsplanes. Dieser begründet zwar regelmäßig keinen Anspruch auf Erteilung von Baugenehmigungen. Die Darstellungen im Flächennutzungsplan sind aber rechtlich notwendige Grundlage für Bebauungspläne, da diese grundsätzlich gemäß § 8 Abs. 2 S. 1 BauGB aus den Darstellungen des Flächennutzungsplanes zu entwickeln sind.[21] Das gilt im Übrigen auch für einfache Bebauungspläne, soweit dadurch Eingriffe in Natur und Landschaft erstmals zugelassen werden, indem in solchen Plänen Baurechte im Außenbereich z. B. für die Errichtung von Windenergieanlagen oder gewerblichen Tierhaltungsanlagen im Sinne des § 35 Abs. 1 Nr. 4 BauGB begründet werden.[22] Einzubeziehen sind dabei auch die Wirkungen der zulässigen baulichen Anlagen. Dies hat zur Folge, dass z. B. Stickstoffdepositionen aus Industrieanlagen, die zu einer Veränderung des Pflanzenbestandes führen können, auch in der Bauleitplanung bei der Ermittlung von Eingriffen zu berücksichtigen sind.[23]

Ein Eingriff in Natur und Landschaft liegt nur vor, wenn durch die auf Grund der Bauleitplanung zulässige Maßnahme die Leistungs- und Funktionsfähigkeit des Naturhaushalts oder das Landschaftsbild erheblich beeinträchtigt werden können. Das Funktionieren der ökologischen Systeme muss nachteilig verändert werden. Negative Einwirkungen liegen z. B. vor, wenn Tiere und Pflanzen in ihrer Anzahl oder Vielfalt reduziert oder natürliche Abläufe gestört werden, die nachteilige Auswirkungen auf Naturgüter, wie Wasser und Boden haben.[24] Dabei sind alle Faktoren des Wirkungsgefüges des Naturhaushaltes einzubeziehen. Hierfür kommt es in aller Regel auf den Status Quo an. Entwicklungspotentiale sind nur dann zu berücksichtigen, wenn eine hochwertige zukünftige Entwicklung auch tatsächlich zu erwarten ist.[25] Welche Beeinträchtigung erheblich ist, ist eine Frage des

---

20 Vgl. Schrödter, a. a. O. (Fn. 16), § 1a Rn. 48.

21 Vgl. BVerwG, Urt. v. 26.04.2006 – 4 B 7/06 –, ZfBR 2006, 569; Gierke, a. a. O (Fn. 13), § 1a Rn. 65, Schrödter, a. a. O. (Fn. 16).

22 Vgl. Schrödter, a. a. O. (Fn. 16), Rn. 49.

23 So mit Recht Lau, a. a. O. (Fn. 1), Rn. 244. A. A. Koch, in: Kerkmann (Hrsg.), Naturschutzrecht in der Praxis, 2. Aufl. 2010, § 4 Rn. 17.

24 Lütkes, a. a. O. (Fn. 17), § 16 Rn. 16.

25 Dazu Lau, a. a. O. (Fn. 1) Rn. 250.

Einzelfalls.[26] Reine Bagatellfälle werden ausgeschlossen. Die Beeinträchtigung muss vielmehr von spürbarem Gewicht sein. Beeinträchtigungen des Landschaftsbildes sind dann erheblich, wenn das Vorhaben, das durch die Bauleitplanung zugelassen wird, in seiner Umgebung als Fremdkörper, als „landschaftsfremdes Element" besonders in Erscheinung tritt.[27] Überschreiten Anlagen in der Höhe die im jeweiligen Gebiet bereits vorhandenen, sind diese Voraussetzungen regelmäßig erfüllt; da nur Beeinträchtigungen des Landschaftsbildes tatbestandlich vom Eingriffsbegriff erfasst werden, können Gerüche und Geräusche sowie andere sinnliche Eindrücke nicht zu einer Beeinträchtigung des Landschaftsbildes führen.[28]

Vorbelastungen sind – in der Regel schutzmindernd – zu berücksichtigen.[29] Zu beachten ist auch, dass die Summation von einzelnen für sich unerheblichen Eingriffen den Eingriffstatbestand erfüllen kann.

Die Positiv- und Negativlisten, die die Länder in ihren Landesnaturschutzgesetzes zum Teil aufgestellt haben,[30] und die im Wege einer widerleglichen Vermutung bestimmen sollen, ob ein Vorhaben den Eingriffsbegriff erfüllt oder nicht, gelten im Rahmen des § 1a Abs. 3 BauGB nicht. Denn § 1a Abs. 3 BauGB verweist abschließend auf den bundesrechtlichen Begriff des Eingriffs in § 14 Abs. 1 BNatSchG.[31] Die können allerdings auch in der Bauleitplanung als Anhaltspunkt dafür herangezogen werden, ob ein Eingriff vorliegt. Dabei ist allerdings stets zu hinterfragen, ob der Inhalt der landesrechtlichen Bestimmung mit dem Eingriffsbegriff des § 14 Abs. 1 BNatSchG konform geht. Das ist z. B. bei § 4 Abs. 2 Nr. 5 LG NRW nicht der Fall, wonach die Errichtung eines Erdwalls für den Lärmschutz an Straßen und Schienenwegen in der Regel nicht als Eingriff gilt. Diese Regelung entspricht nicht § 14 Abs. 1 BNatSchG, da mit der Errichtung

---

26 Vgl. Lütkes, a. a. O. (Fn. 17), § 16 Rn. 19.
27 Vgl. ebenda, § 16 Rn. 20; Lau, a. a. O. (Fn. 1) Rn. 248.
28 A. A. VGH München, Urt. v. 23.03.1993 – 8 B 86/3258 –, ZfW 1994, 287, 289; Lau, a. a. O. (Fn. 1) Rn. 247.
29 Vgl. VGH Mannheim, Urt. v. 24.06.1983 – 1 K 208/87 –, NuR 1983, 276, 278; Lau, a. a. O. (Fn. 1) Rn. 249.
30 § 5 RhPf NatSchG, § 12 LNatG MV, § 6 Abs. 1 HambNatSchG, § 4 LG NRW, § 8 Sächs NatSchG, § 8 LNatSchG SH. Vgl. dazu Lütkes, a. a. O. (Fn. 17), § 14 Rn. 41.
31 Schrödter (Fn. 16), § 1 a BauGB Rn. 47.

von Lärmschutzwällen regelmäßig Änderungen der Erdoberfläche und des Landschaftsbildes einhergehen.[32]

Für die Erfüllung des Eingriffstatbestandes genügt es im Übrigen, wenn erhebliche Beeinträchtigungen der Leistungs- und Funktionsfähigkeit des Naturhaushaltes möglich sind. Sie müssen nicht sicher eintreten, vielmehr genügt es, dass sie nicht gänzlich unwahrscheinlich sind.[33]

3. Bewertung der Eingriffsfolgen

Die Gemeinde hat die Eingriffsfolgen zu bewerten, indem sie einen Vergleich des vorherigen und des zu erwartenden zukünftigen Zustandes von Natur und Landschaft anstellt und hieraus ein Vermeidungs- und Kompensationskonzept für die Bauleitplanung entwickelt. Kommt die Gemeinde dieser Pflicht nicht hinreichend nach, liegt hierin ein Ermittlungsdefizit, das zur Unwirksamkeit des Bauleitplanes führen kann.

Eine sachgerechte Bewältigung der naturschutzrechtlichen Eingriffsregelung in der planerischen Abwägung der Gemeinde setzt zunächst eine Bestandsaufnahme des vorhandenen Zustandes von Natur und Landschaft und eine Bewertung dieses Zustandes sowie in der Eingriffsfolgen voraus.

Eine vollständige Erfassung des Zustandes von Natur und Landschaft im betroffenen Naturraum ist regelmäßig nicht leistbar, aber auch nicht erforderlich.[34] Grundsätzlich ist es lediglich geboten, die prägenden Eigenschaften des Naturraumes und der schutzwürdigen Biotope zu erfassen.[35] Ausreichend ist es, Leitarten oder Vegetationsstrukturen zu ermitteln, die sichere Rückschlüsse auf die ökologische Ausstattung des Naturraumes zulassen.[36] Das gilt insbesondere bei typischen Gebietsstrukturen im Bereich des Eingriffs.[37] Unverhältnismäßige Untersuchungen, die keinen weiteren

32 Dazu auch Schrödter, a. a. O. (Fn. 16), § 1a Rn. 47.

33 Vgl. OVG Münster, Beschl. v. 18.07.1997 – 21 B 1717/94 –, NuR 1997, 617, 619; Lau, a. a. O. (Fn. 1) Rn. 251.

34 Dazu Stich, Rechts- und Fachprobleme der Bewertung von Eingriffen von Natur und Landschaft und der Ermittlung der erforderlichen Ausgleichsmaßnahmen in der Bauleitplanung, UPR 2002, 10, 11.

35 Vgl. OVG Münster, Urt. v. 10.11.1993 – 23 D 52/92.AK –, NVwZ-RR 1995, 10, 13.

36 Vgl. BVerwG, Urt. v. 31.01.2002 – 4 A 15/01 –, NVwZ 2002, 1103, 1110.

37 Vgl. BVerwG, Urt. v. 30.01.2003 – 4 CN 14/01 –, BVerwGE 117, 351, 364.

Erkenntnisgewinn als die Ermittlung bestimmter Leitarten versprechen, sind nicht erforderlich.[38] Maßgebend sind doch stets die Verhältnisse des Einzelfalls. Je höherwertiger und differenzierter die naturräumliche Ausstattung ist, umso intensivere und tiefergehende Untersuchungen sind erforderlich. Ein Rübenacker ist eben nicht mit ökologisch intakten Gewässerufern oder einer reich strukturierten Kulturlandschaft vergleichbar.

Für die Bewertung von Eingriffen in Natur und Landschaft existieren zahlreiche Bewertungsverfahren. Viele Bundesländer haben auch für einfacher gelagerte Fälle vereinfachte Bewertungskriterien für die Anwendung in der Bauleitplanung entwickelt und den Gemeinden zur Anwendung empfohlen.[39] Weder im Baugesetzbuch noch im Bundesnaturschutzgesetz ist ein bestimmtes fachliches Verfahren für die Bewertung der Beeinträchtigungen der Leistungsfähigkeit des Naturhaushaltes und des Landschaftsbildes gesetzlich vorgegeben. Die planende Gemeinde ist deshalb gehalten, in eigener Verantwortung die zu erwartenden Eingriffe zu bewerten und über Vermeidung, Ausgleich und Ersatzmaßnahmen abwägend zu entscheiden.[40] Ob die Gemeinde eigene Bewertungsmaßstäbe entwickelt oder sich anderer standardisierter Bewertungsverfahren bedient, liegt in ihrem planerischen Ermessen.[41] Die Gemeinden können in diesem Rahmen alle Bewertungsverfahren verwenden, die sachgerecht sind; unzulässig sind nur solche Verfahren, die ein unzulängliches oder ungeeignetes Mittel zur Abarbeitung der naturschutzrechtlichen Eingriffsregelung in der Bauleitplanung sind.[42] Welches Verfahren die Gemeinden verwenden, unterliegt ihrem planerischen

---

38 Vgl. BVerwG, Urt. v. 15.01.2004 – 4 A 11/02 –, NVwZ 2004, 732, 737.

39 Vgl. VGH Mannheim, Urt. v. 21.04.2015 – 3 S 748/13 –, juris Rn. 49 zum Biotopwertverfahren Baden-Württemberg.

40 Vgl. BVerwG, a. a. O. (Fn. 14), NVwZ 2008, 216; BVerwG, Beschl. v. 23.04.1979 – 4 NB 13/97 –, NVwZ 1997, 1215; OVG Münster, Beschl. v. 14.07.2014 – 2 B 581/14.NE –, ZfBR 2014, 774; VGH Kassel, Urt. v. 25.02.2004 – 9 N 3123/01 –, NVwZ-RR 2004, 726; VGH Mannheim, a. a. O. (Fn. 39), juris Rn. 52.

41 Vgl. Lau, a. a. O. (Fn. 1), Rn. 288.

42 Vgl. BVerwG, Urt. v. 22.01.2004 – 4 A 32/02 –, NuR 2004, 373, 379; VGH Mannheim, Urt. v. 02.01.2006 – 8 S 1269/04 –, NuR 2007, 420, 421; VGH Mannheim, a. a. O. (Fn. 39), juris Rn. 52.

Beurteilungsspielraum.[43] Hat sich die Gemeinde dafür entschieden, ein standardisiertes Bewertungsverfahren zu verwenden, darf sie dies nicht wie zwingendes Recht anwenden. Tut sie dies, liegt ein Abwägungsfehler (Abwägungsausfall) vor. Die Gemeinde muss vielmehr – wie bei allen anderen abwägungsrelevanten Fragestellungen auch – eine eigenständige planerische Entscheidung treffen.[44] Dabei versteht sich von selbst, dass das Verfahren widerspruchsfrei angewendet werden muss.[45] Hat die Gemeinde über einen längeren Zeitraum ein bestimmtes Bewertungsverfahren angewendet, muss sie eine Abweichung hiervon begründen.[46]

Problematisch kann insbesondere die Anwendung rein numerischer Bewertungsverfahren sein.[47] Das gilt insbesondere dann, wenn diese Verfahren die Komplexität der naturräumlichen Gegebenheiten sehr stark reduzieren. Sie können deshalb nur in einfach gelagerten Fällen angewendet werden.[48] Im Übrigen sind sie – insbesondere hinsichtlich der Beeinträchtigungen des Landschaftsbildes – durch verbal-argumentative Bewertungen zumindest zu ergänzen, um auf diese Weise die Bedeutung der naturräumlichen Gegebenheiten und des Landschaftsbildes angemessen erfassen und mit dem ihnen zukommenden Gewicht in die planerische Abwägung einstellen zu können.[49]

4. Bewältigung der Eingriffsfolgen

4.1 Vermeidungsgebot

In der planerischen Abwägung hat die Gemeinde über die Anwendung des naturschutzrechtlichen Vermeidungsgebots zu entscheiden. Das naturschutzrechtliche Vermeidungsgebot des § 15 Abs. 1 BNatSchG verpflichtet den

43 Vgl. BVerwG, Urt. v. 18.03.2009 – 9 A 40/07 –, NVwZ 2010, 66 Rn. 28; BVerwG, Urt. v. 09.06.2004 – 9 A 11/03 –, BVerwGE 121, 72, 84.

44 Vgl. VGH München, Urt. v. 13.04.2006 – 1 N 04/1501 –, NuR 2007, 61, 62; OVG Münster, Urt. v. 17.04.2009 – 7 D 110/07.NE –, NuR 2009, 572, 577; Schrödter, a. a. O. (Fn. 16), § 1a, Rn. 74; Lau, a. a. O. (Fn. 1), Rn. 288.

45 Vgl. VGH München, a. a. O. (Fn. 44), NuR 2007, 61, 63.

46 Vgl. Schrödter, a. a. O. (Fn. 16), § 1a Rn. 74.

47 Zur Anwendung des – differenzierten – numerischen Biotopwertverfahrens Baden-Württemberg vgl. VGH München, a. a. O. (Fn. 39), juris Rn. 52 ff.

48 Wie hier: Lau, a. a. O. (Fn. 1), Rn. 290.

49 Dazu auch Schrödter, a. a. O. (Fn. 16), § 1a Rn. 74.

Verursacher von Eingriffen dazu, „vermeidbare Beeinträchtigungen von Natur und Landschaft zu unterlassen“. S. 2 des § 15 Abs. 1 BNatSchG stellt dabei klar, dass Beeinträchtigungen dann vermeidbar sind, wenn zumutbare Alternativen vorhanden sind, die mit dem Eingriff verfolgten Zwecke am gleichen Ort oder mit geringeren Beeinträchtigungen von Natur und Landschaft zu erreichen. Nicht ein Verzicht auf den Eingriff ist deshalb Inhalt des Vermeidungsgebots, sondern die Bewältigung der Eingriffsfolgen in einer möglichst umweltschonenden Weise (Minimierungsgebot).[50] Insbesondere verpflichtet das Vermeidungsgebot nicht zur Wahl der ökologisch günstigsten Planungsalternative oder gar zu einem Verzicht auf das Vorhaben.[51] Das gilt auch für die Bauleitplanung. Da hier die Anwendung des Vermeidungsgebotes in die planerische Abwägung integriert ist, ergibt sich für die Bauleitplanung hieraus freilich eine Verpflichtung, plankonforme Ausführungsalternativen in den Abwägungsprozess einzubringen.[52] Das gilt insbesondere für die Flächennutzungsplanung. Das naturschutzrechtliche Vermeidungsgebot verlangt hier, Standortalternativen zu untersuchen, soweit hierfür im Rahmen der Ziele der Raumordnung und Landesplanung Möglichkeiten bestehen. Besonders bedeutsam ist dies deshalb, weil im Bebauungsplan lediglich planinterne Vermeidungsmaßnahmen festgesetzt werden können. Denn die Standortentscheidung ist in aller Regel bereits im Flächennutzungsplan getroffen worden. Die Ebene der Flächennutzungsplanung ist deshalb für die Anwendung des naturschutzrechtlichen Vermeidungsgebotes

---

50 Vgl. BVerwG, a. a. O. (Fn. 15), BVerwGE 104, 144, 146 f.; VGH Mannheim, Urt. v. 15.11.1994 – 5 S 1602/93 –, NuR 1995, 358, 359; OVG Münster, a. a. O. (Fn. 35), NVwZ-RR 1995, 10, 12. Koch, a. a. O. (Fn. 15), § 15 Rn. 5; Guckelberger, a. a. O. (Fn. 15), § 15 Rn. 15.

51 Vgl. BVerwG, a. a. O. (Fn. 15), NVwZ 1997, 914, 916; Louis, Das neue Bundesnaturschutzgesetz, NuR 2010, 77, 81; Guckelberger, a. a. O. (Fn. 15), § 15 Rn. 15; Scheidler, Die Naturschutzrechtliche Eingriffsregelung im BNatSchG 2010, UPR 2010, 134, 137. A. A. Gassner, in: Gassner/Bendomir-Kahlo/Schmidt/Räntsch (Hrsg.), Bundesnaturschutzgesetz Kommentar, 2. Aufl. 2003, § 19 Rn. 19.

52 Vgl. OVG Lüneburg, Urt. v. 12.01.2011 – 1 KN 28/10 –, juris Rn. 146; Lau, a. a. O. (Fn. 1), Rn. 255; Waechter, Flächensparsamkeit in der Bauleitplanung, DVBl 2009, 997, 999.

besonders bedeutsam.[53] Auf der Ebene des Bebauungsplanes ist insbesondere nach umweltschonenden Alternativen bei der Festlegung von Bauflächen zu suchen.[54] Zu prüfen ist, ob wertvolle Biotopstrukturen, wie Hecken, Einzelbäume oder Teiche, um einige Beispiele zu nennen, durch planerische Festsetzungen erhalten werden können und auf diese Weise eine Minimierung der Eingriffsfolgen möglich ist. Auch eine Minimierung der Versiegelung oder einer Regenwasserversickerung können hierzu beitragen.[55]

Keinesfalls jedoch stellt das Vermeidungsgebot das planerische Ziel der Gemeinde infrage. Sie ist nicht verpflichtet, wegen des Vermeidungsgebotes Abstriche hiervon zu machen. Selbstverständlich kann sie im Rahmen der planerischen Abwägung aus Gründen des Naturschutzes jedoch von ihrem Planungsziel insgesamt oder teilweise Abstand nehmen.

4.2 Maßnahmen zur Kompensation der Eingriffsfolgen

Gemäß § 18 Abs. 1 BNatSchG ist über die „Vermeidung, den Ausgleich und den Ersatz nach den Vorschriften des Baugesetzbuchs zu entscheiden“. In der Bauleitplanung ist dabei wegen § 200 a BauGB zwischen Ausgleichsmaßnahmen, die eine gleichartige Kompensation verlangen,[56] und Ersatzmaßnahmen, für die eine gleichwertige genügt[57], nicht zu unterscheiden: In der Bauleitplanung gilt ein einheitlicher Begriff der Kompensation, der Ausgleich und Ersatz umfasst. Ein Ersatzgeld nach § 15 Abs. 6 BNatSchG kann demgegenüber in der Bauleitplanung nicht festgesetzt werden. Denn § 200a BNatSchG lässt nur Ausgleichs- und Ersatzmaßnahmen, nicht aber das naturschutzrechtliche Ersatzgeld als Instrument einer Kompensationsmaßnahme zu.[58]

---

53 Dazu: Mitschang, a. a. O. (Fn. 1), 125, 134; Schink, Die Bedeutung umweltschützender Belange für die Flächennutzungsplanung, ZfBR 2000, 154, 165; Lau, a. a. O. (Fn. 1), Rn. 334; Schrödter, a. a. O. (Fn. 16), § 1a, Rn. 56.

54 Vgl. Schink, Die naturschutzrechtliche Eingriffsregelung, DVBl 1998, 609 ff.; Schrödter, a. a. O. (Fn. 16), § 1a Rn. 56.

55 Vgl. Schrödter, a. a. O. (Fn. 16), § 1a Rn. 56.

56 Vgl. BVerwG, a. a. O. (Fn. 43), NVwZ 2004, 1486; Gellermann, a. a. O. (Fn. 15), § 15 BNatSchG Rn. 10; Koch, a. a. O. (Fn. 15), § 5 Rn. 8 f.

57 Vgl. BVerwG, Urt. v. 09.06.2004, a. a. O. (Fn. 43), NVwZ 2004, 1486; Gellermann, a. a. O. (Fn. 15).

58 Ausführlich Lau, a. a. O. (Fn. 1), Rn. 278 ff. VGH Mannheim, Urt. v. 19.10.2010 – 3 S 1666/08 -, juris Rn. 40. Vgl. auch Schrödter, a. a. O. (Fn. 16), § 1a Rn. 60.

Bei der Festlegung von Ausgleichsmaßnahmen sind folgende Grundsätze zu beachten:

Ausgleichsflächen und -maßnahmen werden in aller Regel durch Darstellungen und Festsetzungen nach den § 5 und 9 BauGB festgelegt. Im Flächennutzungsplan können dabei regelmäßig nur Flächen dargestellt werden, während im Bebauungsplan nach § 9 Abs. 1 Nr. 20, 25a BauGB auch Maßnahmen festgesetzt werden können, die den Vorhabenträger verpflichten, den Ausgleich durchzuführen.[59]

Darstellungen und Festsetzungen über Kompensationsmaßnahmen müssen den allgemeinen Anforderungen an die Bestimmtheit planerischer Festsetzungen in der Bauleitplanung genügen.[60] Das Maß der erforderlichen Konkretisierung der Festsetzungen richtet sich dabei danach, was nach den Verhältnissen des Einzelfalls für die städtebauliche Entwicklung und Ordnung erforderlich ist.[61]

Die Kompensationsmaßnahmen müssen geeignet sein, zu einer Aufwertung des vorhandenen Zustandes von Natur und Landschaft zu führen, denn anderenfalls können sie die Eingriffsfolgen nicht durch mindestens gleichwertige Maßnahmen ausgleichen. Voraussetzung ist deshalb das Flächen für den Zweck des Ausgleichs überhaupt geeignet sind. Das sind nur solche, die aufwertungsbedürftig und -fähig sind, bei denen also ein ökologischer Zustand erreicht werden kann, der nach Durchführung von Maßnahmen höherwertiger ist als zuvor.[62] Bei landwirtschaftlich genutzten Flächen ist dies regelmäßig der Fall.[63] Üblicherweise bestehen Ausgleichsmaßnahmen in Maßnahmen zur ökologischen Aufwertung von Flächen, etwa durch Pflanzmaßnahmen, Entsiegelung oder Anlegung von Gewässern. Das bloße

---

A. A. OVG Münster, Urt. v. 07.02.1997 – 7 a D 134/95.NE –, NVwZ 1997, 697, 698; OVG Münster, Urt, v. 06.08.2003 – 7a D 100/01.NE –, NVwZ-RR 2004, 643, 647.

59 Vgl. Lau, a. a. O. (Fn. 1), Rn. 335; Schrödter, a. a. O. (Fn. 16), § 1a Rn. 64. A. A. für den Flächennutzungsplan Mitschang, a. a. O. (Fn. 1), 125, 130, der auch eine Maßnahmenfestsetzung im Flächennutzungsplan für zulässig hält.

60 Vgl. Schrödter, a. a. O. (Fn. 16), § 1a Rn. 65.

61 Vgl. OVG Koblenz, a. a. O. (Fn. 10), NuR 2014, 121 = BauR 2014, 673 = UPR 2014, 230 = juris Rn. 49.

62 Vgl. BVerwG, Urt. v. 23.08.1996 – 4 A 29/95 –, NVwZ 1997, 486, 488; BVerwG, Gerichtsbescheid v. 10.09.1998 – 4 A 35/97 –, NVwZ 1999, 532, 533.

63 Vgl. BVerwG, Urt. v. 24.03.2011 – 7 A 3/10 –, NuR 2011, 501, Rn. 47.

„Liegenlassen" von Flächen stellt demgegenüber keine Ausgleichsmaßnahme dar.[64] Bei einer Biotoppflege ist zu unterscheiden: Führt diese zu einer Aufwertung, kann sie eine Ausgleichsmaßnahme sein. Hat sie dagegen ein bloßes Erhaltungsziel, liegt keine Verbesserung, sondern lediglich die Abwehr einer Verschlechterung vor. Das genügt nicht.[65]

Nach § 1a Abs. 3 S. 5 BauGB ist bei der Festlegung von Kompensationsmaßnahmen § 15 Abs. 3 BNatSchG zu beachten. Nach dieser Vorschrift, die die Schonung von land- oder forstwirtschaftlich genutzten Flächen bezweckt, soweit diese für die Durchführung von Kompensationsmaßnahmen in Anspruch genommen werden, hat die Gemeinde bei der Strukturierung von Kompensationsmaßnahmen bei einer Inanspruchnahme von land- oder forstwirtschaftlich genutzten Flächen auf agrarstrukturelle Belange Rücksicht zu nehmen. Das gilt insbesondere für die landwirtschaftliche Nutzung besonders geeignete Böden. In Anwendung dieser Regelungen hat die Gemeinde zu prüfen, wie sich eine Inanspruchnahme landwirtschaftlich genutzter Flächen und insbesondere Flächen mit besonders geeigneten Böden für Kompensationsmaßnahmen auf die Bewirtschaftung der Flächen im Ausgleichsraum auswirkt.[66] Daraus folgt z. B., dass in der Regel für Ausgleichsmaßnahmen für die landwirtschaftliche Nutzung weniger geeigneter Böden (Grenzertragsböden) in Anspruch genommen werden sollten.[67] Darüber hinaus sollen landwirtschaftliche Flächen nur in notwendigem Umfang als Kompensationsflächen genutzt werden. Hieraus ergibt sich ein für die Abwägung nicht verbindliches, aber zu berücksichtigendes Gebot, landwirtschaftliche Flächen für Ausgleichsmaßnahmen nur in notwendigem Umfang in Anspruch zu nehmen.[68] Vorrangig sind auch in der Bauleitplanung gegenüber der Inanspruchnahme landwirtschaftlicher Flächen Maßnahmen der Entsiegelung und der Biotopvernetzung sowie bewirtschaftungsintegrierte Maßnahmen, die dauerhaft zu einer ökologischen

64 Vgl. VGH; Mannheim, Urt. v. 17.05.2001 – 8 S 2603/00 –, ZfBR 2002, 168, 169; OVG Lüneburg, Urt. v. 05.04.2001 – 1 K 2758/00 –, ZfBR 2001, 488, 490.

65 Vgl. OVG Lüneburg, a. a. O. (Fn. 64), BauR 2001, 1546, 1549.

66 Vgl. Mitschang, a. a. O. (Fn. 8), § 1a Rn. 314g.

67 Vgl. ebenda.

68 Vgl. ebenda, § 1a Rn. 314i.

Aufwertung des Naturraumes führen.[69] Produktionsintegrierte Maßnahmen können z. B. die Anlegung von Ackerrand- und Grünstreifen auf landwirtschaftlichen Flächen oder naturschonende und eine Erosion verhindernde Bewirtschaftungsmaßnahmen sein. Die bloße Einhaltung der Grundsätze der guten fachlichen Praxis nach § 5 Abs. 2 BNatSchG[70] genügt demgegenüber nicht. Hierzu sind die Landwirte rechtliche ohnehin verpflichtet. § 15 Abs. 3 BNatSchG unterliegt der bauleitplanerischen Abwägung.[71] Eine Inanspruchnahme landwirtschaftlich genutzter Flächen für Kompensationsmaßnahmen ist deshalb nicht ausgeschlossen. In der Planbegründung bzw. im Umweltbericht hat die Gemeinde allerdings zu begründen, warum sie von den Anforderungen des § 15 Abs. 3 BauGB abweicht.[72] Dazu bietet es sich an, im Einzelnen darzustellen warum alternative Maßnahmen nicht möglich und aus welchen Gründen mögliche nicht festgesetzt worden sind.[73]

Rechtlichen Grenzen unterliegt auch die Ausbringung von Pflanzen gebietsfremder Arten. Zu beachten ist hierbei § 40 Abs. 4 S. 1 BNatSchG, wonach hierfür eine Genehmigung der zuständigen Behörde erforderlich ist.[74] Der Regelung wird Rechnung getragen, wenn die Gemeinde die Verwendung regionaler Vorkommen festsetzt.[75] Dann ist eine Genehmigung

69 Vgl. ebenda, § 1a Rn. 314j. Zu den rechtlichen Anforderungen von Entsiegelungsmaßnahmen: Schink, Innenentwicklung und Eingriffsausgleich, BauR 2013, 861, 871.

70 Zu den hiernach zu beachtenden Anforderungen: Endres, in: Frenz/Müggenborg (Hrsg.), Bundesnaturschutzgesetz Kommentar, 2011, § 5 Rn. 8 ff.; Vagedes, a. a. O. (Fn. 15), § 5 Rn. 13 ff.; Ekardt, Die Privilegierung der Landwirtschaft im Umweltrecht, ZUR 2008, 169, 171 f.; Möckel, Land- und Forstwirtschaft im Umweltgesetzbuch, NuR 2008, 831, 833 f.

71 Vgl. Krautzberger/Wagner, a. a. O. (Fn. 10), § 1a Rn. 101a; Reidt, in: Bracher/Reidt/Schiller (Hrsg.), Bauplanungsrecht, 8. Aufl. 2014, Rn. 763; Mitschang, a. a. O. (Fn. 8), § 1a Rn. 314n.

72 Vgl. Mitschang, a. a. O. (Fn. 8), § 1a Rn. 314 n.; vgl. auch Lütkes, a. a. O. (Fn. 17), § 15 Rn. 51: Erhöhte Berücksichtigungspflicht landwirtschaftlicher Belange nach § 15 Abs. 3 BNatSchG.

73 Dazu Koch, a. a. O. (Fn. 15), § 15 Rn. 25, der die Abarbeitung eines umfänglichen Alternativprogramms verlangt. A. A. insoweit Schrödter, a. a. O. (Fn. 16), § 1a Rn. 86.

74 Dazu Lau, in: Frenz/Müggenborg (Hrsg.), Bundesnaturschutzgesetz Kommentar, 2011, § 40 Rn. 5 ff.; Lau, a. a. O. (Fn. 1), Rn. 274 ff.

75 Vgl. Lau, a. a. O. (Fn. 1), Rn. 275.

entbehrlich, die ohnehin für das Ausbringen, nicht jedoch für die planerische Festsetzung erforderlich ist.[76]

Bei der Festsetzung von Ausgleichsmaßnahmen ist weiter zu beachten, dass es Synergien zwischen verschiedenen Kompensationsmaßnahmen geben kann, die aus Rechtsgründen erforderlich sind. Solche Synergien können z. B. mit dem Waldausgleich nach § 9 BWaldG[77], der Kohärenzsicherung nach § 34 Abs. 5 S. 1 BNatSchG oder einem Ausgleich bei Beeinträchtigung von Überschwemmungsgebieten gemäß § 77 S. 2 WHG[78] bestehen mit der Folge, dass nur eine Kompensationsmaßnahme erforderlich ist, falls diese alle einschlägigen Kompensationszwecke abdeckt.[79] Dabei ist zu beachten, dass § 15 Abs. 2 S. 4 BNatSchG die Möglichkeit der Nutzung von Synergien erweitert auf Entwicklungs- und Wiederherstellungsmaßnahmen für Gebiete im Sinne des § 20 Abs. 2 Nr. 1 bis 4 BNatSchG und in Bewirtschaftungsplänen nach § 32 Abs. 5 BNatSchG, Maßnahmen nach § 34 Abs. 5 und § 44 Abs. 5 S. 3 BNatSchG sowie Maßnahmen in Maßnahmenprogrammen im Sinne des § 82 WHG. Insbesondere können deshalb in einem Maßnahmenprogramm nach § 82 WHG enthaltene Vorhaben der Fließgewässerrenaturierung zur Wiederherstellung eines guten ökologischen Zustandes oder Potentials eines Gewässers zugleich Kompensationsmaßnahmen im Sinne des § 200a BauGB sein. Dies kann sich die Gemeinde insbesondere zu Nutze machen, indem sie solche Maßnahmen durchführt und als vorgezogene Kompensationsmaßnahmen oder Ökokonto für die Bauleitplanung verwendet.

Im Hinblick auf Kohärenzsicherungsmaßnahmen für Natura 2000-Gebiete ist allerdings zu beachten, dass nach der Rechtsprechung des Europäischen Gerichtshofs zwischen Maßnahmen zur Vermeidung erheblicher Eingriffe und Kohärenzsicherungsmaßnahmen zu trennen ist.[80] Hiernach ist ein Gebiet auch dann beeinträchtigt ist, wenn im Rahmen eines Projekts

---

76 Vgl. ebenda, Rn. 277.

77 Bundeswaldgesetz v. 02.05.1975, BGBl. I S. 1037, zuletzt geändert durch Artikel 413 der Verordnung v. 31.08.2015, BGBl. I S. 1474.

78 Wasserhaushaltsgesetz v. 31.07.2009, BGBl. I S. 2585, zuletzt geändert durch Artikel 1 des Gesetzes vom 11.05.2016, BGBl. I S. 745.

79 Vgl. Lau, a. a. O. (Fn. 1), Rn. 272; Guckelberger, a. a. O. (Fn. 15), § 15 Rn. 48.

80 Vgl. EuGH, Urt. v. 15.05.2014 – Rs C-521/12 –, NuR 2014, 471; ausführlich hierzu Füßer/Lau, Maßnahmenpools im europäischen Gebietsschutzrecht, NuR 2014, 453 ff.

eine gleich große oder größere Fläche des gleichen Lebensraumtyps im Vorfeld geschaffen wird, solange das Projekt das in dem Gebiet vorhandene Areal eines geschützten Lebensraumtyps beeinträchtigt. Die Schaffung einer entsprechenden neuen Fläche sei keine Minderungsmaßnahme, die etwaige schädliche Auswirkungen auf das FFH-Gebiet verhindern oder verringern könne, sondern es handle sich um eine Ausgleichsmaßnahme im Sinne von Art. 6 Abs. 4 FFH-RL. Der Europäische Gerichtshof betont in seiner Entscheidung damit den Integritätsschutz der europäischen Schutzgebiete. Er stellt klar, dass Maßnahmen zum Ersatz beeinträchtigter oder zerstörter Lebensräume nicht im Rahmen der Prüfung nach Art. 6 Abs. 3 FFH-RL berücksichtigt werden dürfen, selbst wenn sie im betroffenen FFH-Gebiet selbst vorgenommen werden. Solche „abmildernden" Maßnahmen können also nicht genutzt werden, um die Voraussetzungen einer Ausnahmeprüfung nach Art. 6 Abs. 4 FFH-RL/§ 34 Abs. 4 BNatSchG zu umgehen. Für die Bauleitplanung folgt hieraus nicht, dass Maßnahmen zur Wiederherstellung von Lebensräumen, die zugleich dem Ausgleich von Eingriffen in Natur und Landschaft und der Koheränzsicherung dienen, nicht gegeneinander verrechnet werden können, weil insoweit synergetische Wirkungen bestehen. Die Gemeinde muss allerdings bei der Darstellung im Umweltbericht im Einzelnen darlegen, welche Maßnahmen zur Eingriffskompensation welche Funktion haben und dabei der Rechtsprechung des Europäischen Gerichtshofs Rechnung tragen.

Die Pflege von Ausgleichsmaßnahmen kann ebenfalls Gegenstand der Ausgleichsverpflichtung sein. Dabei ist zu unterscheiden zwischen der Herstellungs- und Entwicklungspflege und einer dauerhalten oder lang andauernden Unterhaltungspflege.[81] Das folgt aus § 15 Abs. 4 S. 1 BNatSchG. Danach sind Ausgleichs- und Ersatzmaßnahmen durch den Verursacher (vgl. § 15 Abs. 4 S. 3 BNatSchG) in dem jeweils erforderlichen Zeitraum zu unterhalten und zu sichern. Der Gesetzgeber geht nach dieser Regelung davon aus, dass regelmäßig eine Herstellungs- und Entwicklungspflege erforderlich ist, damit die Kompensationsmaßnahme überhaupt wirksam wird. Diese Pflege ist Gegenstand der Ausgleichsverpflichtung auch in der Bauleitplanung. Festsetzungen hierzu sind regelmäßig nicht erforderlich,

81 Zur begrifflichen Unterscheidung: Vgl. Guckelberger, a. a. O. (Fn. 15), § 15 Rn. 71.

da die Herstellungs- und Entwicklungspflege immanenter Bestandteil der Ausgleichsverpflichtung ist, wenn diese durch konkrete Maßnahmen, wie Pflanzungen oder Anlage eines Biotops umgesetzt wird und hierüber eine Festsetzung nach § 9 Abs. 1 Nr. 25a BauGB erfolgt. Bei der Unterhaltungspflege ist zu unterscheiden: Besteht die Ausgleichsmaßnahme aus Bewirtschaftungs- und Pflegemaßnahmen, muss auch eine Pflegeleistung dauerhaft angelegt sein. Sie kann als Ausgleichsmaßnahme nach § 9 Abs. 1 Nr. 25b BNatSchG als „Bindung für Bepflanzung" festgesetzt werden. Dabei richtet sich die Dauer der Unterhaltungspflicht nach der Dauer des Eingriffs.[82] Ein dauerhafter Eingriff muss auch dauerhaft ausgeglichen werden. Deshalb kann dann auch eine dauerhafte Unterhaltungspflicht festgesetzt werden, wenn der Ausgleich in einer Pflege- und Unterhaltungsmaßnahme besteht.[83] Überwiegend wird demgegenüber angenommen, dass eine dauerhafte Pflege und Unterhaltung von Ausgleichsmaßnahmen, die bloß erhaltend wirken, nicht dem Eingriffsausgleich dienen. Sie hätten keinen städtebaulichen Bezug; es handle sich um Maßnahmen, die dem Naturschutz zuzurechnen seien, wie auch aus § 135c Nr. 2 i. V. m. § 128 Abs. 1 S. 1 BauGB folge, denn danach müssten der Gemeinde nur die Kosten des Eingriffsausgleichs erstattet werden.[84] Angesichts der in § 15 Abs. 4 S. 1 BNatSchG vom Gesetzgeber getroffenen Regelung, wonach zur Kompensationsverpflichtung bei Eingriffen in Natur und Landschaft auch die Unterhaltung gehört, ist diese Auffassung abzulehnen. Zwar enthält das Baugesetzbuch einen eigenständigen Ausgleichsbegriff, indem zwischen Ausgleichs- und Ersatzmaßnahmen nicht unterschieden werden muss und auch eine räumlich und zeitliche Entkoppelung von Eingriff und Kompensation zulässig ist. Für die Frage, was eine Ausgleichs- oder Ersatzmaßnahme alles beinhaltet, enthält das Baugesetzbuch indessen keine eigenständige Definition. Hierfür ist auf das Bundesnaturschutzgesetz und damit auch auf § 15 Abs. 4 S. 1 BNatSchG

---

82 Vgl. VGH Kassel, Urt. v. 28.06.2005 – 12 A 8/05 –, NuR 2006, 42, 52; Fischer-Hüftle/Schumacher, a. a. O. (Fn. 15), § 15 Rn. 114.

83 Vgl. Lütkes, a. a. O. (Fn. 17), § 15 Rn. 56; Lau, a. a. O. (Fn. 1) Rn. 405.

84 Vgl. Lau, a. a. O. (Fn. 1), Rn. 404; Mitschang, Kompensation von Eingriffen in Natur und Landschaft durch städtebauliche Verträge, BauR 2003, 183, 193; Schmidt-Eichstaedt, Müssen Ausgleichsmaßnahmen vom Vorhabenträger dauerhaft gepflegt werden?, BauR 2010, 1865, 1867.

zurückzugreifen. Es muss mindestens eine gleichwertige Kompensation erfolgen.[85]

Die von der Gemeinde festgesetzten Ausgleichsmaßnahmen müssen mit einer geordneten städtebaulichen Entwicklung vereinbar sein. Sie müssen deshalb insbesondere dem Entwicklungsgebot des § 8 Abs. 2 S. 1 BauGB genügen und insbesondere aus Flächen nach § 5 Abs. 2 Nr. 10 BauGB entwickelt werden.[86] Mit den Zielen der Raumordnung sind sie vereinbar, wenn sie dem Anpassungsgebot des § 1 Abs. 4 BauGB entsprechen und z. B. Festlegungen von Gebieten zum Schutz von Freiräumen nach § 8 Abs. 5 S. 1 Nr. 2 ROG[87] nutzen, in denen Ausgleichsmaßnahmen festgesetzt werden können, oder Festlegungen nach § 8 Abs. 5 S. 2 Nr. 2 ROG der Regionalpläne über Gebiete beachten, in denen raumbedeutsame Ausgleichsmaßnahmen durchzuführen sind.[88] Den Zielen des Naturschutzes und der Landschaftspflege entsprechen Ausgleichsmaßnahmen insbesondere dann, wenn sie mit einer ggf. bestehenden Landschaftsplanung übereinstimmen. Allerdings setzt eine räumliche Flexibilisierung von Eingriff und Ausgleich nicht voraus, dass eine Landschaftsplanung vorliegt.[89] Eine derartige gesetzliche Vorgabe enthalten §§ 200a S. 2 und 1a Abs. 3 S. 3 BauGB nicht.[90]

4.3 Umsetzung der Ausgleichsverpflichtung

Der Gesetzgeber stellt den Gemeinden für die Umsetzung der Ausgleichsverpflichtung in § 1a Abs. 3 S. 2 bis 4 BauGB unterschiedliche planerische Möglichkeiten zur Verfügung. Die Gemeinde kann Ausgleichsmaßnahmen festsetzen

- auf dem vom Eingriff betroffenen Grundstücksflächen,
- auf Flächen im sonstigen Geltungsbereich des Bauleitplans, und zwar auch in einem getrennten räumlichen Teilgeltungsbereich eines Bebauungsplans,

85 Vgl. Schrödter, a. a. O. (Fn. 16), § 1a Rn. 59.
86 Vgl. ebenda, § 1a Rn. 80.
87 Raumordnungsgesetz v. 22.12.2008, BGBl. I S. 2986, zuletzt geändert durch Artikel 124 der Verordnung v. 31.08.2015, BGBl. I S. 1474.
88 Dazu Mitschang, a. a. O. (Fn. 8), § 1a Rn. 286; Schrödter, a. a. O. (Fn. 16) § 1a Rn. 80.
89 So aber Mitschang, a. a. O. (Fn. 1), 125, 130.
90 Vgl. Lau, a. a. O. (Fn. 1), Rn. 260.

- auf Flächen im Geltungsbereich eines gesonderten und räumlich getrennten Ausgleichs- oder Kompensationsbebauungsplanes,
- auf Flächen in der Region (Naturraum) und
- auf von der Gemeinde bereitgestellten Flächen.

Darüber hinaus kann ein Ausgleich auch durch vertragliche Regelungen vorgenommen werden.

4.3.1 Ausgleich im Bebauungsplan

Die Möglichkeiten der Wahl des Orts des Ausgleichs stehen gleichwertig nebeneinander und können miteinander kombiniert werden. Welche Möglichkeiten die Gemeinde nutzt, steht in ihrem planerischen Ermessen.

Die einfachste Möglichkeit der Festsetzung von Ausgleichsmaßnahmen für die Gemeinde stellt eine Festsetzung von Ausgleichsmaßnahmen auf den einzelnen Eingriffsgrundstücken dar. Über eine Nebenbestimmung in der Baugenehmigung kann der Vorhabenträger dann verpflichtet werden, diese Maßnahmen selbst und auf eigene Kosten durchzuführen. Allerdings hat eine solche Festsetzung den Nachteil, dass die Kompensation immer nur punktuell wirkt und häufig eher naturkosmetischen Charakter hat und deshalb nicht zu einer wirklichen Aufwertung des Zustandes von Natur und Landschaft in zumindest gleichwertiger Weise führt.

Sinnvoller ist es deshalb, die Ausgleichsmaßnahmen räumlich zusammenzufassen und die in § 1a Abs. 3 S. 2 bis 4 BauGB möglichen planerischen Festsetzungen zur räumlichen Entkoppelung von Eingriff und Ausgleich zu nutzen.

Anerkannt ist dabei, dass die Gemeinde zur Umsetzung der Kompensationsmaßnahmen einen Bebauungsplan mit zwei-geteiltem Geltungsbereich aufstellen kann[91]. Solche Pläne sind dadurch gekennzeichnet, dass in einem einheitlichen Planverfahren zwei räumliche Geltungsbereiche eines Bebauungsplanes festgesetzt werden. Dabei dient ein Teilgebiet des Plans zumindest ganz überwiegend der Festsetzung der Eingriffsgrundstücke, während der andere räumliche Teilbereich die Kompensationsmaßnahmen festsetzt.[92]

91 Vgl. BVerwG, Beschl. v. 09.05.1997 – 4 N 1/96 –, BVerwGE 104, 353, 359; Lau, a. a. O. (Fn. 1), Rn. 354.

92 Vgl. Schrödter, a. a. O. (Fn. 16), § 1a Rn. 79, § 9 Rn. 225.

Zulässig ist es auch, Maßnahmen in einem zweiten Ausgleichsbebauungsplan festzusetzen. In diesem Fall ist es erforderlich, dass der Eingriffs-Bebauungsplan und der Ausgleichs-Bebauungsplan gemeinsam aufgestellt und erlassen werden.[93] Denn beide Bebauungspläne stehen nicht losgelöst voneinander, sondern sind inhaltlich miteinander verknüpft, da die Ausgleichsanforderungen des Eingriffsbebauungsplanes im Kompensationsplan umgesetzt werden. Deshalb ist eine zeitliche Entkoppelung beider Pläne nur in der Weise möglich, dass der Maßnahmenbebauungsplan vorgezogen wird.[94] Zwischen beiden Bebauungsplänen besteht im Übrigen „eine planungsrechtliche Schicksalsgemeinschaft".[95] Der Ausgleichsbebauungsplan muss im Übrigen keine baulichen Nutzungen festlegen, sondern kann sich darauf beschränken, Festsetzungen nach § 9 Abs. 1 Nr. 20 BauGB zutreffen.[96]

Die Gemeinde ist nach § 1a Abs. 3 S. 3, 4 BauGB nicht verpflichtet, Ausgleichsmaßnahmen im Sinne des § 200a BauGB am Ort des Eingriffs festzusetzen. Auch besteht keine Verpflichtung, diese in einem Bauleitplan festzusetzen. Vielmehr kann die Gemeinde Ausgleichsmaßnahmen an anderer Stelle als am Ort des Eingriffs z. B. in der Region oder auch von ihr bereitgestellten Flächen auch ohne planungsrechtliche Verankerung durchführen.

Entscheidet sich die Gemeinde dazu, Ausgleichsmaßnahmen in der Region durchzuführen, bietet es sich an, hierbei die naturräumliche Gliederung zu berücksichtigen. Geboten ist dies jedoch nicht. Im Übrigen kommen solche Maßnahmen außerhalb des Gemeindegebietes nur dann in Betracht, wenn die Gemeinde einen Zugriff auf die Fläche hat und dort nach den Planungen der betroffenen Nachbargemeinde die Durchführung der vorgesehenen Ausgleichsmaßnahmen zulässig ist. Idealerweise ist dies dann der Fall, wenn der einschlägige Flächennutzungsplan der Nachbargemeinde oder ein von dieser aufgestellter Bebauungsplan eine entsprechende Festsetzung enthält. Sinnvoll ist es deshalb, die Festlegung von planexternen

93 Vgl. Söfker, a. a. O. (Fn. 8), § 9 Rn. 232; Lau, a. a. O. (Fn. 1), Rn. 355.

94 Vgl. OVG Saarlouis, Urt. v. 27.03.2001 – 2 N 9/99 –, juris Rn. 40; Battis/Krautzberger/Löhr, Die Neuregelungen des Baugesetzbuches zum 01.01.1998, NVwZ 1997, 1154, 1153 f.; Lau, a. a. O. (Fn. 1), Rn. 355.

95 Vgl. Lau, a. a. O. (Fn. 1), vgl. dazu auch Tophoven, Der Eingriffs- und Ausgleichsbebauungsplan in der Bauleitplanung, NVwZ 2004, 1052 ff.

96 Vgl. OVG Saarlouis, a. a. O. (Fn. 94), juris, Rn. 54.

Kompensationsmaßnahmen auf dem Gebiet anderer Gemeinden mit diesen abzustimmen.

4.3.2 *Kompensation auf von der Gemeinde bereitgestellten Flächen*

§ 1a Abs. 3 S. 4 BauGB lässt es zu, dass die Gemeinde den Ausgleich auch durch sonstige geeignete Maßnahmen auf von ihr bereitgestellten Flächen durchführt. Diese Möglichkeit steht gleichwertig neben einer Darstellung bzw. Festsetzung von Ausgleichsmaßnahmen in einem Bauleitplan oder einer vertraglichen Vereinbarung.[97] Zulässig ist ein solches Vorgehen allerdings nur dann, wenn zwei Voraussetzungen erfüllt sind:

- Die Ausgleichsflächen, die die Gemeinde zur Verfügung stellt, müssen der Gemeinde dauerhaft zivilrechtlich zur Verfügung stehen[98] und
- die Durchführung der Ausgleichsmaßnahmen muss rechtlich sichergestellt sein.

Die erste Voraussetzung ist jedenfalls dann erfüllt, wenn das Ausgleichsgrundstück im Eigentum der Gemeinde steht. Ausreichend ist es jedoch auch, wenn der Gemeinde ein dingliches, z. B. durch eine Dienstbarkeit oder ein Erbbaurecht gesichertes Nutzungsrecht zusteht.[99] Dabei genügt es. Wenn im Zeitpunkt der Beschlussfassung über den Bauleitplan eine Vormerkung für die Eigentumsumschreibung oder die Eintragung dinglicher Rechte zu Gunsten der Gemeinde besteht.[100] Demgegenüber reicht eine vorläufige Besitzeinweisung im Flurbereinigungsverfahren ebenso wenig aus[101]

97 Vgl. BVerwG, Urt. v. 19.09.2002 – 4 CN 1/02 –, BVerwGE 117, 58, 67.

98 Überblick bei Lau, a. a. O. (Fn. 1), Rn. 385; Schrödter, a. a. O. (Fn. 16), § 1a Rn. 92; Mitschang, a. a. O. (Fn. 8), § 1a Rn. 270 ff., 277 ff., 279 ff.

99 Vgl. OVG Lüneburg, a. a. O. (Fn. 64), BauR 2001, 1542, 1546; OVG Lüneburg, Urt. v. 30.05.2001 – 1 K 389/00 –, BRS 64 Nr. 12, OVG Lüneburg, Urt. v. 29.01.2003 – 1 KN 42/02 –, BRS 66 Nr. 28; VGH Mannheim, Urt. v. 14.09.2001 – 5 S 2869/99 –, BRS 64 Nr. 17; OVG Koblenz, Urt. v. 06.03.2002 – 8 C 11470/01 –, BauR 2002, 1205; OVG Koblenz, Urt. v. 17.01.2007 – 8 C 11088/06 –, BRS 71 Nr. 206; OVG Münster, Urt. v. 18.12.2009 – 7 D 124/07 NE u. a. –, BauR 2010, 1717, 1721.

100 Vgl. Schrödter, a. a. O. (Fn. 16), § 1a Rn. 92.

101 Vgl. OVG Koblenz, a. a. O. (Fn. 99), BRS 71 Nr. 206.

wie das Eigentum einer gemeindlichen Eigengesellschaft ohne gesichertes Nutzungsrecht.[102]

4.3.3 Anforderungen an die Sicherung der Durchführung von Kompensationsmaßnahmen

Nicht abschließend geklärt ist, unter welchen Voraussetzungen die Durchführung von Ausgleichsmaßnahmen auf von der Gemeinde zur Verfügung gestellten Flächen rechtlich gesichert ist. Eine rechtliche Sicherung ist deshalb erforderlich, weil Ausgleichsmaßnahmen eine dauerhafte Wirksamkeit entfalten sollen. Es muss deshalb gewährleistet sein, dass die Gemeinde von eine von ihr einseitig abgegebenen Erklärung, eine Kompensationsmaßnahme auf ihren Grundstücken durchzuführen, nicht später wieder Abstand nimmt.[103] Die Maßnahme muss vielmehr bei realistischer Betrachtung durchführbar sein.[104]

Diese Voraussetzungen sind bei einer bloß einseitigen Erklärung der Gemeinde in der Planbegründung nicht erfüllt. Als ausreichend ist demgegenüber eine Darstellung der Ausgleichsfläche im Flächennutzungsplan angesehen worden.[105] Unterschiedlich wird beurteilt, ob eine in die Planbegründung aufgenommene Aussage zu einer planexternen Kompensationsmaßnahme ausreicht.[106] Das OVG Koblenz hat dies unter der Voraussetzung bejaht, dass der Beschluss des Gemeinderates genau festlegt, auf welcher von der Gemeinde bereitgestellten Fläche mit welchen Maßnahmen die mit der Durchführung der Planung eintretenden Eingriffe auszugeglichen werden sollen.[107] Keinesfalls ausreichend ist es, wenn eine bloße Flächenbereitstellung

102 Vgl. OVG Lüneburg, Urt. v. 17.12.1998 – 1 K 4008/97 –, NuR 1999, 406 f.

103 Vgl. BVerwG, Beschl. v. 18.11.1979 – 4 BN 26/97 –, NVwZ-R 1998, 552; OVG Koblenz, a. a. O. (Fn. 12), UPR 2013, 393, 396.

104 Vgl. OVG Münster, Urt. v. 27.05.2013 – 2 D 37/12.NE –, BauR 2013, 1966, 1973.

105 Vgl. OVG Lüneburg, Urt. v. 22.03.2001 – 1 K 2294/99 –, BauR 2001, 1542; Mitschang, a. a. O. (Fn. 8), § 1a Rn. 280.

106 Ablehnend: OVG Berlin-Brandenburg, Urt. v. 25.02.2010 – OVG 2 A 18/07 –, juris Rn. 46.

107 Vgl. OVG Koblenz, a. a. O. (Fn. 12), DVBl 2013, 1051 = NuR 2013, 665 = UPR 2013, 393 = juris Rn. 66 unter Hinweis auf BVerwG, a. a. O. (Fn. 97), BVerwGE 117, 58 = juris Rn. 51 f.

ohne planerische Absicherung erfolgt.[108] Auch die Möglichkeit der Durchsetzung einseitiger Erklärungen der Gemeinde durch die Kommunalaufsicht genügt nicht.[109] Weiter reicht es nicht aus, wenn nur ungefähr beschrieben wird, welche Maßnahmen im Einzelnen durchgeführt werden sollen.[110] Nicht ausreichend ist es im Übrigen, wenn sich den Bebauungsplanakten nicht entnehmen lässt, dass sich der Gemeinderat mit der Frage der planerischen Sicherung befasst hat, auch wenn er Flächen hierzu bereitgestellt hat.[111] Als hinreichend wird es demgegenüber angesehen, wenn die Gemeinde mit der zuständigen Naturschutzbehörde eine vertragliche Regelung über Art und Umfang und Verpflichtung zur Durchführung der Ausgleichsmaßnahmen abgeschlossen hat.[112] Eine nur mündlich getroffene Abrede mit der Naturschutzbehörde genügt demgegenüber nicht.[113] Erforderlich ist vielmehr insgesamt eine rechtlich verbindliche und durchsetzbare Selbstverpflichtungserklärung der Gemeinde.[114]

4.4 Zuordnungsfestsetzungen

Insbesondere bei einem planexternen Ausgleich, aber auch bei Festsetzung von Sammelausgleichmaßnahmen im Bebauungsplan selbst oder in einem Ausgleichsbebauungsplan können die Gemeinden § 9 Abs. 1a S. 2 BauGB Zuordnungsfestsetzungen treffen. Eine Verpflichtung hierzu besteht zwar nicht,[115] sie ist jedoch sinnvoll, weil ohne sie von der Möglichkeit der Kostenerstattung nach § 135a Abs. 2 BauGB kein Gebrauch gemacht werden kann.[116] Zuordnungsfestsetzungen können auch nachgeholt werden,

---

108 Vgl. VGH München, Urt. v. 07.11.2006 – 14 N 04/107 –, juris Rn. 26 f.

109 Vgl. BVerwG, a. a. O. (Fn. 97), DVBl 2003, 204.

110 Z. B. „gelegentliche Entbuschung". Dazu OVG Koblenz, a. a. O. (Fn. 12), UPR 2013, 393, 396 = juris Rn. 67.

111 Vgl. VGH Mannheim, Urt. v. 30.03.2010 – 8 N 09/1861 u. a., NuR 2010, 505, 509 f.

112 Vgl. BVerwG, Beschl. v. 11.12.2002 – 4 BN 52/02 –, NVwZ 2003, 206, 207.

113 Vgl. OVG Koblenz, a. a. O. (Fn. 12), UPR 2013, 393, 397 = juris Rn. 67.

114 Vgl. OVG Koblenz, Urt. v. 01.10.2008 – 8 C 10611/08 –, LKRZ 2008, 477 = juris Rn. 45.

115 Vgl. BVerwG, a. a. O. (Fn. 21), BauR 2000, 242.

116 Vgl. BVerwG, a. a. O. (Fn. 21), BRS 70 Nr. 40; OVG Münster, Beschl. v. 20.01.2010 – 8 A 2285/09 –, juris, Mitschang, a. a. O. (Fn. 8), § 1a Rn. 289.

allerdings nur in dem Umfang, in dem sie im Zeitpunkt des Erlasses des Bebauungsplanes gesetzlich möglich gewesen wären.[117]

Durch Zuordnungsfestsetzungen können Maßnahmen und Flächen zum Ausgleich zugeordnet werden. Verhaltensanweisungen wie Düngemittel- und Pestizideinsatz, Pflegeregelungen und Betretungsverbote sind hierüber nicht zulässig.[118]

Zweck der Zuordnungsfestsetzung ist zweierlei: Zum einen kann die Gemeinde hierdurch schon auf der Planungsebene eine Strukturierung zur Umsetzung der festgesetzten Ausgleichsmaßnahmen vornehmen. Dem Vorhabenträger bzw. Grundstückseigentümer wird hierdurch verdeutlicht, in welchem Umfang durch sein Vorhaben Eingriffe in Natur und Landschaft verursacht werden und welche finanziellen Folgewirkungen sich hieraus ergeben. Zum anderen dienen Zuordnungsfestsetzungen der Kostenerstattung der Gemeinde gemäß § 185a BauGB.[119]

Damit sie diese Zwecke erfüllt, muss die Zuordnungsfestsetzung inhaltlich hinreichend bestimmt sein. Aus den Festsetzungen im Bebauungsplan muss ersichtlich sein, ob und für welche Flächen im Plangebiet ein naturschutzrechtlicher Ausgleich erfolgt.[120] Das Maß der erforderlichen Konkretisierung hängt dabei von den Verhältnissen des Einzelfalls ab. In der Regel wird eine Sammelzuordnung erfolgen, wodurch sämtliche Flächen, auf denen nach den Festsetzungen des Bebauungsplans Eingriffe in Natur und Landschaft zu erwarten sind, sämtlichen Flächen und Maßnahmen zugeordnet werden, durch die die Gesamtheit der Eingriffe ausgeglichen werden soll.[121] Solche Sammelzuordnungen sind insbesondere dann zulässig wenn die Eingriffsgrundstücke ohne weiteres bestimmbar sind und es sich hierbei um Grundstücke mit der gleichen Eingriffsintensität handelt, so dass sich die ökologische Wertigkeit der festgesetzten Ausgleichsmaßnahmen nicht

---

117 Einzelheiten: Mitschang, a. a. O. (Fn. 8), § 1a Rn. 290.

118 Vgl. Lau, a. a. O. (Fn. 1), Rn. 51., dort, Rn. 352, auch zur möglichen Art der Darstellung.

119 Vgl. OVG Münster, a. a. O. (Fn. 104), BauR 2013, 1966 = BRS 8130 = juris Rn. 96; Mitschang, a. a. O. (Fn. 8), § 1a Rn. 291.

120 Vgl. OVG Münster, a. a. O. (Fn. 104), BauR 2013, 1966, 1973 = juris Rn. 96; OVG Münster, Urt. v. 14.12.2012 – 2 D 100/11.NE –; OVG Koblenz, a. a. O. (Fn. 10), NuR 2014, 121 = BauR 2014, 673 = UPR 2014, 230 = juris Rn. 49.

121 Dazu Lau, a. a. O. (Fn. 1), Rn. 352.

wesentlich unterscheiden muss.[122] Unter den genannten Voraussetzungen sollte eine Sammelzuordnung getroffen werden, da dies das einfachere zu handhabende Verfahren darstellt.[123] Demgegenüber kommen Einzelzuordnungen insbesondere dann in Betracht, wenn sich der Kompensationsbedarf der einzelnen im Bauleitplan festgesetzten Nutzungen erheblich voneinander unterscheidet.[124]

4.5 Vertragliche Regelungen

§ 1a Abs. 3 S. 4 BauGB lässt einen Ausgleich anstelle von Darstellungen und Festsetzungen auch durch vertragliche Vereinbarungen nach § 11 BauGB zu. Vertragliche Vereinbarungen kommen insbesondere bei vorhabenbezogenen aber auch bei planfeststellungsersetzenden Bebauungsplänen in Betracht.[125] Sie stehen gleichberechtigt neben den anderen Möglichkeiten zum Ausgleich und haben eine festsetzungsersetzende Funktion.

Vertragspartner eines solchen städtebaulichen Vertrages muss in jedem Fall die Gemeinde sein; allein ein Vertrag zwischen dem Investor und den Eigentümern der Maßnahmengrundstücke genügt zur Sicherung der Maßnahme im Sinne des § 1a Abs. 3 S. 4 BauGB hingegen nicht.[126] Ebenso wie bei der Durchführung von Ausgleichsmaßnahmen auf von der Gemeinde bereitgestellten Flächen ist erforderlich, dass Finanzierung und Durchführung der dem Dritten übertragenen Ausgleichsmaßnahmen rechtlich und wirtschaftlich hinreichend sichergestellt sind.[127] Es ist deshalb zumindest eine dingliche Sicherung der Durchführung der Ausgleichsmaßnahmen erforderlich.[128]

Gewährleistet sein muss auch die tatsächliche Durchführbarkeit der Ausgleichsmaßnahmen. Sie müssen deshalb nach Art und Umfang den eingriffsrechtlichen Anforderungen genügen. Auch der Inhalt der durchzuführenden

---

122 Vgl. OVG Koblenz, a. a. O. (Fn. 10), NuR 2014, 121 = BauR 2014, 673 = UPR 2014, 230 = juris Rn. 49.

123 Vgl. Mitschang, a. a. O. (Fn. 8), § 1a Rn. 294; Lau, a. a. O. (Fn. 1), Rn. 352.

124 Vgl. ebenda.

125 Vgl. BVerwG, Beschl. v. 05.01.1999 – 4 BN 28/97 –, NVwZ-RR 1999, 426.

126 Vgl. OVG Koblenz, Urt. v. 15.11.2002 – 8 C 11470/01 –, BauR 2002, 1205, 1207.

127 Vgl. OVG Lüneburg, a. a. O. (Fn. 99), NVwZ-RR 2002, 89; OVG Münster, a. a. O. (Fn. 58), NVwZ-RR 2004, 643.

128 Hierzu Schrödter, a. a. O. (Fn. 16), § 1a BauGB Rn. 89.

Maßnahmen muss vertraglich im Einzelnen detailliert festgelegt sein. Nur so lässt sich eine auf Dauer angelegte Kompensation der Eingriffsfolgen sicherstellen.[129] Für den Zeitpunkt, zu dem der städtebauliche Vertrag abgeschlossen sein muss, enthält das Baugesetzbuch keine Regelung. Gemäß § 11 S. 1 BauGB müssen Durchführungsverträge jedoch zeitlich vor dem Satzungsbeschluss über einen vorhabenbezogenen Bebauungsplan abgeschlossen werden. Dies gilt deshalb auch für städtebauliche Verträge über den Ausgleich von Eingriffen in Natur und Landschaft.[130] Durch einen städtebaulichen Vertrag kann die gesamte Eingriffsbewältigung auf den Investor übertragen werden. Dazu gehören vor allem die Durchführung und die Finanzierung der Ausgleichsmaßnahmen. Auch Folgekostenverträge über von der Gemeinde durchgeführte Maßnahmen sind zulässig. Befristete schuldrechtliche Verträge genügen hierfür nicht.[131]

Erforderlich ist eine dingliche Sicherung der Ausgleichsmaßnahmen, die bis zum Inkrafttreten des Bauleitplans wirksam geworden sein muss. Dies ist gewährleistet, wenn die Gemeinde den Bauleitplan erst in Kraft setzt, wenn die vereinbarte dingliche Sicherung im Grundbuch eingetragen ist.[132]

5. Planerische Abwägung der Gemeinde

Über die Umsetzung der naturschutzrechtlichen Eingriffsregelung in der Bauleitplanung nach § 1a Abs. 3 BauGB entscheidet die Gemeinde in der planerischen Abwägung. Sowohl Vermeidungsmaßnahmen als auch der Ausgleich erheblicher Beeinträchtigungen von Natur und Landschaft unterliegen deshalb einem Abwägungsvorbehalt.[133] Eine 100 %-ige Kompensation oder die beste Möglichkeit zur Vermeidung und zum Ausgleich von Beeinträchtigungen in Natur und Landschaft muss die Gemeinde deshalb nicht festsetzen.[134] Die Belange des Naturschutzes haben in der planerischen Abwägung auch

---

129 Vgl. Mitschang, a. a. O. (Fn. 8), § 1a Rn. 313.

130 Vgl. OVG Koblenz, a. a. O. (Fn. 10), NuR 2014, 121 = BauR 2014, 673 = UPR 2014, 230 =juris Rn. 46.

131 Vgl. Schrödter, a. a. O. (Fn. 16), § 1a Rn. 90.

132 Vgl. Reidt, a. a. O. (Fn. 71), Rn. 7718; Schrödter, a. a. O. (Fn. 16), § 1a Rn. 89.

133 Dazu schon oben 2.

134 So mit Recht Schrödter, a. a. O. (Fn. 16), § 1a Rn. 67.

keinen abstrakten Vorrang vor anderen Belangen.[135] Die Behandlung der naturschutzrechtlichen Eingriffsregelung in der Bauleitplanung unterliegt allerdings nicht der planerischen Beliebigkeit der Gemeinde. Insbesondere aus der Staatszielbestimmung Umweltschutz des Art. 20a GG[136], die den Staat und die vollziehende Gewalt und damit auch die Gemeinden zum Schutz und zur Entwicklung der natürlichen Lebensgrundlagen verfassungsrechtlich als Staatsziel verpflichtet, folgt, dass die Belange des Naturschutzes und der Landschaftspflege bei der planerischen Abwägung ein erhebliches Gewicht haben.[137] Ein einfaches Wegwägen der Anforderungen an Vermeidung und Ausgleich von erheblichen Eingriffen in Natur und Landschaft ist deshalb in der Regel nicht möglich. Das folgt auch schon daraus, dass der Gesetzgeber den Gemeinden eine Fülle von Möglichkeiten zur Realisierung von Vermeidungs- und Ausgleichsmaßnahmen zur Verfügung stellt. Gerade wegen der Vielfalt dieser Möglichkeiten kommt ein Wegwägen von Vermeidungs- und Ausgleichsmaßnahmen im Rahmen der planerischen Abwägung regelmäßig nur ausnahmsweise in Betracht.[138] Ihre Zurückstellung bedarf in jedem Falle einer besonderen Rechtfertigung; die Gemeinden müssen die Belange, die sie für vorzugswürdig halten, präzise benennen.[139]

Beachtlich können insoweit insbesondere Belange betroffener Grundstückseigentümer sein. Werden Kompensationsmaßnahmen auf Privatgrundstücken festgesetzt, müssen sie den Grundstückseigentümer zumutbar sein. Die Ausgleichsverpflichtung muss verhältnismäßig mit der Folge sein, dass die Kompensationsverpflichtung ins Verhältnis zu den Auswirkungen der Flächeninanspruchnahme für den Betroffenen zu setzen und das mildeste Mittel zur Realisierung der Ausgleichsverpflichtung umzusetzen

135 Vgl. Mitschang, a. a. O. (Fn. 8), § 1 a Rn. 242; Krautzberger/Wagner, a. a. O. (Fn. 10), § 1a Rn. 74; Lau, a. a. O. (Fn. 1), Rn. 292; Schrödter, a. a. O. (Fn. 16), § 1a Rn. 67.

136 Grundgesetz für die Bundesrepublik Deutschland in der im Bundesgesetzblatt Teil III, Gliederungsnummer 100-1, veröffentlichten bereinigten Fassung, zuletzt geändert durch Artikel 1 des Gesetzes v. 23.12.2014, BGBl. I S. 2438.

137 Vgl. BVerwG, Beschl. v. 31.01.1997 – 3 NW 27/96 –, BVerwGE 104, 68; BVerwG, Beschl. v. 13.04.1995 – 4 B 70/95 –, DVBl 1995, 1008 = UPR 1995, 309; BVerwG, Beschl. v. 21.09.1995 – 4 B 263/94 –, Buchholz 406, 401 § 20g BNatSchG Nr. 1.

138 Vgl. Lau, a. a. O. (Fn. 1), Rn. 292; Schink, a. a. O. (Fn. 53), 154, 164.

139 Vgl. BVerwG, a. a. O. (Fn. 11), BVerwGE 104, 68, 78.

ist.[140] Ob hieraus eine Verpflichtung abzuleiten ist, vorrangig gemeindeeigene Grundstücke für Ausgleichsmaßnahmen in Anspruch zu nehmen, wenn diese hierzu geeignet sind,[141] ist zumindest in den Fällen zweifelhaft, in denen der durch das Vorhaben verursachte Eingriff ganz erhebliche Folgewirkungen zeitigt, weil er in besonders gravierender Weise besonders hochwertige Bestandteile des Naturhaushaltes erheblich beeinträchtigt. In diesen Fällen dürfte auch die von der Rechtsprechung angenommene Zumutbarkeitsgrenze der Kosten der Ausgleichsmaßnahmen von 10 % der voraussichtlichen Gesamtinvestitionskosten kaum eine tragfähige Zumutbarkeitsgrenze sein.[142] Nimmt die Gemeinde für den Ausgleich private Flächen in Anspruch, ist sie, um eine Verletzung der Eigentumsgarantie des Art. 14 Abs. 1 S. 1 GG zu vermeiden, verpflichtet, Planungsalternativen zu prüfen, um das dem Verhältnismäßigkeitsprinzip folgende Gebot des geringstmöglichen Eingriffs zu gewährleisten.[143]

140 Vgl. Lau, a. a. O. (Fn. 1), Rn. 294 unter Hinweis auf die Rechtsprechung des Bundesverwaltungsgericht zur Fachplanung, vgl. etwa BVerwG, a. a. O. (Fn. 63), NuR 2011, 501 Rn. 49; BVerwG, Beschl. v. 07.07.20190 – 7 VR 2/10 u. a. –, NuR 2010, 646 Rn. 28; BVerwG, a. a. O. (Fn. 43), NuR 2010, 41 Rn. 43.

141 Vgl. BVerwG, a. a. O. (Fn. 63), NuR 2011, 501 Rn. 48.

142 Vgl. OVG Lüneburg, Urt. v. 16.12.2009 – 4 LC 730/07 –, NuR 2010, 133, 138.

143 OVG Münster, a. a. O. (Fn. 104), BauR 2013, 1966 = BRS 81 Nr. 34 = juris Rn. 16.

Stefan Kobes

Zum Begriff des „Wohnens“

Abstract Unter Bezugnahme auf die aktuelle Rechtsprechung befasst sich der folgende Beitrag mit dem Begriff des Wohnens. Anschließend an eine begriffliche Ausdifferenzierung werden neue Wohnformen aufgezeigt und der Sonderfall der Ferienwohnung betrachtet.

In reference to the current jurisdiction the following article deals with the definition of habitation. After a differentiation of this term, the article pinpoints new dwelling forms, especially the new special case vacation home is been shown.

I. Einleitung

Der Wohnungsmarkt in Deutschland befindet sich im Wandel. Insbesondere in den großen Städten wächst die Bevölkerung. Ein Grund hierfür ist die Binnenwanderung von ländlichen Regionen in die Großstädte. Großstädte bieten interessante Beschäftigungsmöglichkeiten und ein vielfältiges kulturelles Angebot, was sie für viele, vor allem junge Menschen, attraktiv macht. Auch die Außenwanderung trägt zum Städtewachstum bei, da sich Einwanderer gerne in Ballungszentren niederlassen. Das vielseitige urbane Leben in den Großstädten zieht schließlich auch Besucher aus aller Welt an. Diese übernachten nicht nur in klassischen Hotels oder Pensionen, sondern nutzen vermehrt internetbasierte Wohnungsvermittlungen wie „airbnb“. Das macht es in Großstädten attraktiv, Wohnungen zu Ferienwohnungen umzunutzen. Die Folge dieser Gesamtentwicklung ist, dass Wohnraum in den Großstädten zunehmend knapp wird und die Mieten steigen.

Die Politik versucht mit unterschiedlichen Mitteln, dieser Entwicklung entgegenzuwirken. Eine Maßnahme ist die Förderung des sozialen Wohnungsbaus.[1] Da hiervon jedoch erst langfristig positive Effekte zu erwarten sind, wird diese Maßnahme von der Einführung der Mietpreisbremse[2] und

1 In Berlin beispielsweise durch Entwurf eines Wohnungsbaubeschleunigungsgesetzes, siehe Pressemitteilung der Senatskanzlei vom 15. September 2015.

2 Die Neuregelungen sehen vor, dass bei Wiedervermietung von Bestandswohnungen die zulässige Miete in Gebieten mit angespanntem Wohnungsmarkt

des Zweckentfremdungsverbots[3] flankiert. Auch die Immobilienwirtschaft hat Antworten entwickelt. So zeichnet sich ein neuer Bautrend hin zu platzsparenden Micro-Appartements ab. Auch das vorübergehende Wohnen in Boardinghäusern und „Long-Stay-Hotels" liegt im Trend.

Angesichts dieser Entwicklung stellt sich immer öfter die Frage, ob Ferienwohnungen und Boardinghäuser als „Wohnen" oder „Beherbergung" im Sinne der Baunutzungsverordnung (BauNVO)[4] einzustufen sind? Welche Rolle spielt hierbei das jeweilige Nutzungskonzept und gelten für Micro-Appartements Besonderheiten?

Die Baunutzungsverordnung kennt verschiedene Nutzungstypen, in die die neuen Wohnformen eingestuft werden können. Vor allem maßgeblich sind in diesem Zusammenhang die Begriffe des „Wohngebäudes", des „Betriebs des Beherbergungsgewerbes", des „Wochenendhauses", des „Ferienhauses" und des „sonstigen nicht störenden Gewerbebetriebes".

II. Begriffsklärung

1. Wohnen

Im Mittelpunkt der Diskussion steht der Begriff des Wohnens.[5] Das Bundesverwaltungsgericht hat diesen wie folgt umschrieben:

> *„Zum Begriff des Wohnens gehört eine auf Dauer angelegte Häuslichkeit, die Eigengestaltung der Haushaltsführung und des häuslichen Wirkungskreises sowie die Freiwilligkeit des Aufenthalts. Diese Definition ist aus der Abgrenzung zu anderen planungsrechtlichen Nutzungsformen (Beherbergung, Heimunterbringung, Formen der sozialen Betreuung und Pflege) entwickelt worden. Sie soll den Bereich*

---

höchstens auf das Niveau der ortsüblichen Vergleichsmiete zuzüglich 10 % angehoben werden darf.

3 Mit diesem Gesetz soll insbesondere eine nach Tagen oder Wochen bemessene Vermietung von Wohnraum als Ferienwohnung oder gewerblicher Zimmervermietung verhindert werden.

4 Baunutzungsverordnung in der Fassung der Bekanntmachung v. 23. Januar 1990 (BGBl. I S. 132), die zuletzt durch Art. 2 des Gesetzes v. 11. Juni 2013 (BGBl. I S. 1548) geändert worden ist.

5 Allgemeine Zulässigkeit von „Wohngebäuden" in den Gebieten nach §§ 2, 3, 4, 4a, 5 und 6 BauNVO, Zulässigkeit von Wohnungen für Aufsichts- und Bereitschaftspersonen sowie für Betriebsinhaber und Betriebsleiternach § 7 BauNVO.

des Wohnens als Bestandteil der privaten Lebensgestaltung kennzeichnen. Gemeint ist damit die Nutzungsform des selbstbestimmt geführten privaten Lebens „in den eigenen vier Wänden“, die auf eine gewisse Dauer angelegt ist und keinem anderen in der Baunutzungsverordnung vorgesehenen Nutzungszweck verschrieben ist, insbesondere keinem Erwerbszweck dient“[6]

Nach ihrer Zweckbestimmung dienen reine Wohngebiete dem Wohnen, allgemeine Wohngebiete überwiegend dem Wohnen. Damit soll eine Umgebung geschaffen werden, die durch Wohnunruhe und Homogenität der Nutzung geprägt ist.[7]

Ein Merkmal des Wohnens ist die auf Dauer angelegte Häuslichkeit. Vereinfacht lässt sich sagen, je länger die „gewisse Dauer“ der Häuslichkeit währt, desto eher liegt ein „Wohnen“ vor. Dabei kann das Kriterium der Dauerhaftigkeit durchaus flexibel zu handhaben sein.[8] Gleichwohl existieren äußerste Grenzen. So wird vertreten, dass etwa eine bloß tage- oder wochenweise Vermietung kein Wohnen mehr darstelle.[9] Die Gegenansicht meint, dass auch die Vermietung an Kurzzeitmieter für die Zuordnung zur Wohnnutzung unschädlich sei.[10] Im wesentlichen Einigkeit besteht darüber, dass jedenfalls ab einer Mietdauer von zwölf Wochen[11] oder zwei Monaten[12] eine Wohnnutzung vorliegt. Bei dem Merkmal der auf Dauer angelegten Häuslichkeit geht es aber nicht nur darum, einen konkreten Zeitraum zu benennen, ab welchem der Aufenthalt in einem Raum zum Wohnen wird. Vielmehr ist auch die „Häuslichkeit“ zu beachten. Hiermit soll die Wohnung als „Heimstatt im Alltag“[13] beschrieben werden. Dies verdeutlicht, dass das Leben in den „eigenen vier Wänden“ insbesondere keinem

---

6 BVerwG, Urt. v. 25. März 2004 – 4 B 15/04, Rn. 4, zitiert nach juris.
7 OVG Münster, Beschl. v. 14. August 2007 – 10 A 1219/06, Rn. 11, zitiert nach juris.
8 BVerwG, Beschl. v. 25. März 1996 – 4 B 302/95, Rn. 12, zitiert nach juris.
9 VGH München, Beschl. v. 4. September 2013 – 14 ZB 13/6, Rn. 16, zitiert nach juris.
10 OVG Berlin-Brandenburg, Beschl. v. 6. Juli 2006 – OVG 2 S 2/06, Rn. 14, zitiert nach juris.
11 VG Berlin, Beschl. v. 21. Februar 2014 – VG 13 L 274/13.
12 So etwa 7.1, 8.8 AV-ZwVb Berlin.
13 Stock, in: König/Roeser/Stock (Hrsg.), Baunutzungsverordnung Kommentar, 3. Aufl., München 2014, § 3, Rn. 17.

irgendwie gearteten Erwerbs-, Übernachtungs- oder temporären Erholungszweck dient.[14]

Ein weiteres notwendiges Merkmal des Wohnens ist die Eigengestaltung der Haushaltsführung und des häuslichen Wirkungskreises. Daher liegt eine Wohnung nur vor, wenn die Räume mit einer Kochgelegenheit mit Wasserversorgung und Ausguss sowie einer Toilette ausgestattet sind.[15] Daneben setzt die Eigengestaltung der Haushaltsführung ein Mindestmaß an Intimität voraus.[16] Eine Wohnung muss deshalb einen abgeschlossenen Raum als Rückzugsraum zur Verfügung stellen, um eine Privatsphäre zu ermöglichen.[17] Es muss die Möglichkeit bestehen, Dritte aus diesem privaten Rückzugsraum auszuschließen. Unter diesem Aspekt kann die Belegungsdichte einer Wohneinheit von Bedeutung sein. Einer Einstufung als Wohnnutzung steht es in der Regel entgegen, wenn sich mehrere Bewohner einen Raum teilen, ohne dass zwischen ihnen eine persönliche Bindung besteht oder sich diese nur in dem gemeinsamen Interesse an einer kostengünstigen Unterbringung erschöpft.[18] Jedem Bewohner einer Wohnung muss eine gewisse Eigengestaltung ermöglicht werden.

Schließlich wird das Wohnen durch die Freiwilligkeit des Aufenthalts gekennzeichnet. Dieses Kriterium dient hauptsächlich dazu, das Wohnen von anderen Formen der Unterbringung abzugrenzen. So wohnen Gefangene nicht selbstbestimmt, sondern werden in die Haftanstalten eingewiesen.[19] Auch die Unterbringung in Kasernen, Notaufnahmelagern und Asylunterkünften stellt danach in der Regel kein Wohnen dar.[20]

2. Zweitwohnung

Die Zweitwohnung unterscheidet sich von der Wohnung nur dadurch, dass die Räume nicht dauerhaft, sondern nur in (un-)regelmäßigen Abständen

14 VGH München, a. a. O. (Fn. 9), Rn. 12, zitiert nach juris.
15 BVerwG, Beschl. v. 23. Dezember 1981 – 4 B 196/81, Rn. 5, zitiert nach juris.
16 OVG Hamburg, Urt. v. 10. April 1997 – Bf II 72/96, Rn. 54, zitiert nach juris.
17 Stock, a. a. O. (Fn. 13), § 3, Rn. 19.
18 OVG Lüneburg, Beschl. v. 18. September 2015 – 1 ME 126/15 zu einem Arbeitnehmerwohnheim; a. M. Belegungsdichte unerheblich: Stock, a. a. O. (Fn. 13), § 3, Rn. 19.
19 Stock, a. a. O. (Fn. 13), § 3, Rn. 27.
20 Ebenda.

genutzt werden.[21] Entscheidend ist, dass über die Zweitwohnung eine Besitzherrschaft besteht und der Verfügungsberechtigte den Zweitwohnsitz als Häuslichkeit betrachtet.[22] Da die „Zweitwohnung“ keinen eigenständigen Nutzungstyp der Baunutzungsverordnung darstellt, handelt es sich um Wohnen im Sinne der Baunutzungsverordnung.[23]

3. Wochenendhaus

Bei einem Wochenendhaus[24] handelt es sich um ein eigengenutztes Gebäude, das jedoch nicht dem dauerhaften Wohnen dient und darauf auch nicht ausgelegt ist. Baulich sind Wochenendhäuser in der Regel durch einen geringeren Standard an technischen Installationen im Hinblick auf Küche, Bad und Toilette gekennzeichnet.[25] Auch bleibt die Bauweise von Wochenendhäusern in Hinblick auf Festigkeit, Dauerhaftigkeit und Isolierung häufig hinter der von Wohngebäuden zurück.[26] Wochenendhäuser liegen meist in landwirtschaftlich bevorzugter Gegend.[27] Dabei sind Wochenendhausgebiete keine Gebiete zum dauernden Wohnen. Sie dienen nur dem zeitweiligen Aufenthalt.[28] Wegen der nur zeitweisen und saisonalen Nutzung bleibt auch die Erschließung und Ausstattung solcher Gebiete in aller Regel hinter den üblichen Standards für Wohngebiete zurück.[29] Die vorhandene Infrastruktur ist für das Dauerwohnen häufig nicht geeignet.[30]

---

21 OVG Lüneburg, Urt. v. 12. Dezember 2013 – 1 LA 123/13, Rn. 13, zitiert nach juris; OVG Greifswald, Urt. v. 11. Juli 2007 – 3 L 74/06, Rn. 49, zitiert nach juris.

22 OVG Greifswald, Urt. v. 11. Juli 2007 – 3 L 74/06, Rn. 49, zitiert nach juris.

23 OVG Lüneburg, Beschl. v. 12. Dezember 2013 – 1 LA 123/13, Rn. 13, zitiert nach juris.

24 Zulässig nach § 10 Abs. 3 BauNVO.

25 BVerwG, Urt. v. 12. März 1982 – 4 V 59/78, Rn. 23, zitiert nach juris.

26 Ebenda.

27 BGH, Urt. v. 10. April 1986 – III ZR 209/84, Rn. 20, zitiert nach juris.

28 Söfker, in: Ernst/Zinkahn/Bielenberg/Krautzberger, Baugesetzbuch Kommentar, Loseblattsammlung, 115. EL 2014, § 10 BauNVO, Rn. 18.

29 OVG Lüneburg, Urt. v. 18. September 2014 – 1 KN 123/12, Rn. 26, zitiert nach juris.

30 Ebenda.

4. Ferienhaus

Eng mit dem Begriff des Wochenendhauses verbunden ist der Begriff des Ferienhauses.[31] Im Hinblick auf Lage und Ausstattung von Ferienhäusern gilt das zu den Wochenendhäusern Gesagte entsprechend.[32] Von einem Wochenendhausgebiet unterscheidet sich das Ferienhausgebiet zumeist nur durch den ständigen Wechsel der Nutzer, die dauernde (häufig ununterbrochene) Nutzung der Häuser und die deutlich höhere zulässige Nutzungsdichte (vgl. § 17 Abs. 1 BauNVO).[33] Die Vermietung von Ferienhäusern erfolgt meist in Abschnitten von Tagen und Wochen. In Abgrenzung zum Beherbergungsbetrieb fehlt den Ferienhäusern der hoteltypische Service.

5. Beherbergungsbetrieb

Von einem Beherbergungsbetrieb[34] spricht man, wenn Räume ständig wechselnden Gästen zum vorübergehenden Aufenthalt zur Verfügung gestellt werden, ohne dass diese dort ihren häuslichen Wirkungskreis unabhängig gestalten können.[35] Dies ist dann gegeben, wenn sich die Zimmervermietung auf eine reine Übernachtungsmöglichkeit beschränkt und der Gast ausstattungsbedingt auf die Inanspruchnahme weiterer Dienstleistungen angewiesen ist.[36] Bauliche Anhaltspunkte für einen Beherbergungsbetrieb sind das Vorhandensein von Speiseräumen, betriebsnotwendigen Neben- und Lager- sowie von Aufenthalts- und Sozialräumen für das Personal.[37] Im Hinblick auf den Service spricht für einen Beherbergungsbetrieb etwa ein Frühstücksservice, die tägliche Zimmerreinigung, ein Betten- und Wäscheservice, Hol- und Bringdienste sowie das Vorhandensein eines Portiers

31 Zulässig nach § 10 Abs. 4 BauNVO.

32 Vgl.: OVG Lüneburg, a. a. O. (Fn. 29).

33 Stock, a. a. O. (Fn. 13), § 10, Rn. 28.

34 Allgemein Zulässig nach §§ 4a Abs. 2 Nr. 2, 5 Abs. 2 Nr. 5, 6 Abs. 2 Nr. 3 und 7 Abs. 2 Nr. 2 BauNVO.

35 BVerwG, Beschl. v. 8. Mai 1989 – 4 B 78/89, Rn. 3, zitiert nach juris.

36 OVG Berlin-Brandenburg, Beschl. v. 6. Juli 2006 – OVG 2 S 2/06, Rn. 8, zitiert nach juris.

37 Ebenda, Rn. 10, zitiert nach juris.

und einer Rezeption. Auch dass der Preis pro Nacht berechnet wird, ist ein Anzeichen für einen Beherbergungsbetrieb.[38]

III. Neue Wohnformen

1. Micro-Apartments

Im Trend liegen die sogenannten Micro-Apartments. Es handelt sich hierbei in aller Regel um Einzimmerwohnungen, die ein Bad und eine Küchenzeile aufweisen. Die Grundfläche liegt dabei zwischen 18 bis 35 m^2. Zumeist werden diese Apartments möbliert vermietet und im Mietpreis sind die Kosten für Strom, Heizung und Internet häufig eingeschlossen.

Dieses Wohnen auf engstem Raum wirft die Frage nach den gesunden Wohnverhältnissen (§ 1 Abs. 6 Nr. 1 BauGB[39]) auf. Grundsätzlich gelten für Micro-Apartments die gleichen Anforderungen der Bauordnungen der Länder an Raumhöhe, Belüftung, Belichtung und das Vorhandensein von Küche, Bad und Toilette wie an „normale“ Wohnungen. Einige Bundesländer verlangen, dass die Grundfläche eines Aufenthaltsraums einer Wohnung neun m^2 nicht unterschreiten darf.[40] Nach Ansicht des Bayerischen Verwaltungsgerichtshofs sind 16 m^2 für eine Einraumwohnung mit Kochnische und Bad ausreichend.[41]

2. Boardinghäuser

Boardinghäuser sind eine Übergangsform zwischen Wohnung und Beherbergungsbetrieb.[42] Die vermieteten Räume sind oftmals größer als übliche Hotelzimmer und verfügen über eine Kochgelegenheit mit Kühlschrank.[43] Daneben werden in unterschiedlichem Umfang Dienstleistungen angeboten. Ein Boardinghaus ist vor allem für solche Personen gedacht, die meist

---

38 VGH Mannheim, Beschl. v. 11. Mai 2015 – 3 S 2420/14, Rn. 26, zitiert nach juris.

39 Baugesetzbuch in der Fassung der Bekanntmachung v. 23. September 2004 (BGBl. I S. 2414), das zuletzt durch Art. 6 des Gesetzes v. 20. Oktober 2015 (BGBl. I S. 1722) geändert worden ist.

40 So etwa § 4 Abs. 2 Nr. 5 des Wohnungsaufsichtsgesetzes Berlin.

41 VGH München, Urt. v. 25. Mai 2000 – 2 B 93/3969, Rn. 17, zitiert nach juris.

42 VG Aachen, Urt. v. 14. Juli 2011 – 5 K 802/10, Rn. 61, zitiert nach juris.

43 Hermanns/Hönig, Das „Boardinghouse“ – Wohnnutzung im Sinne des Bauplanungsrechts, BauR 2001, 1523 [1524].

geschäftlich über einen längeren Zeitraum am Ort verweilen müssen und denen eine gewisse Eigenständigkeit und Unabhängigkeit von hoteltypischen Serviceleistungen auch aus Kostengründen wichtig ist.[44] Da die bauliche Gestaltung der Räume ein „Wohnen“ zulässt, sich aber aus der Nutzung und dem angebotenen Service auch die Einstufung als Beherbergungsbetrieb ergeben kann, ist eine Abgrenzung notwendig.

Ob es sich bei einem Boardinghaus um eine Wohnnutzung oder einen Beherbergungsbetrieb handelt, kann nur im Einzelfall nach dem Schwerpunkt der Nutzung beurteilt werden.[45] Dabei geht es um die nach dem Nutzungskonzept typischerweise zu erwartende tatsächliche Nutzung.[46] Auf das individuelle und mehr oder weniger spontane Verhalten einzelner Nutzer kommt es nicht an.[47] Stehen hoteltypische Serviceleistungen im Vordergrund und sollen diese vom Nutzer typischerweise auch in Anspruch genommen werden, ist trotz der theoretischen Möglichkeit zur Eigengestaltung des häuslichen Wirkungskreises von einem Beherbergungsbetrieb auszugehen.

Eine Einstufung als Beherbergungsbetrieb kommt in Betracht, wenn neben der Überlassung von Räumen beherbergungstypische Dienstleistungen angeboten und auch typischerweise in Anspruch genommen werden, die einen nennenswerten Umfang erreichen und die Nutzung prägen.[48] Die theoretische Möglichkeit einer unabhängigen Gestaltung des häuslichen Wirkungskreises (etwa durch das Vorhandensein einer Kochgelegenheit) erschüttert die Einstufung dann nicht. Zu den beherbergungstypischen Dienstleistungen zählen etwa der Frühstücksservice, Wäscheservice und die tägliche Reinigung der Räume. Ferner spricht für einen Beherbergungsbetrieb, wenn der Service durch eigenes Personal erbracht wird. Bauliches Indiz für einen hoteltypischen Leistungsumfang ist das Vorhandensein von entsprechenden Nebenräumen wie etwa Lager und Personalräume. Diese müssen dabei nicht im selben Gebäude liegen. Maßgeblich ist, dass eine organisatorische Zusammenfassung

---

44 OVG Berlin-Brandenburg, Beschl. v. 6. Juli 2006 – OVG 2 S 2/06, Rn. 9, zitiert nach juris; Hermanns/Hönig, a. a. O. (Fn. 43), 1523 [1527].

45 OVG Berlin-Brandenburg, Beschl. v. 6. Juli 2006 – OVG 2 S 2/06, Rn. 9, zitiert nach juris.

46 BVerwG, a. a. O. (Fn. 8).

47 Ebenda.

48 OVG Greifswald, Urt. v. 19. Februar 2014 – 3 L 212/12, Rn. 45, zitiert nach juris.

von Betriebsanlagen und Betriebsmitteln zu einem bestimmten Betriebszweck vorliegt.[49] Ein weiteres Abgrenzungskriterium zur Wohnnutzung ist die Dauer der Nutzung. Eine nach Tagen bemessene Mietdauer schließt die Annahme einer auf Dauer angelegten Häuslichkeit regelmäßig aus.[50] Ein Indiz hierfür ist es, wenn der Preis – wie bei Beherbergungsbetrieben üblich – pro Nacht berechnet wird.[51]

Für eine Wohnnutzung spricht dagegen, wenn die Räume nicht nur geeignet sind, eine auf Dauer angelegte Häuslichkeit und die Eigengestaltung der Haushaltsführung zu gewährleisten, sondern auch zu diesem Zweck genutzt werden sollen. Baulich ist hierfür eine abgeschlossene Wohnung mit Kochgelegenheit und Bad notwendig.[52] Der Anschluss der Räume an eine Klingel- und Schließanlage verdeutlicht die intendierte Wohnnutzung.[53] Für eine Wohnnutzung spricht auch, wenn die Möglichkeit besteht, einen eigenen Briefkasten anzumieten und wenn das Gebäude Fahrradstellplätze sowie/ oder einen Gemeinschaftsraum mit zahlreichen Waschmaschinen und Trockner zur Verfügung stellt.[54] Für die Einstufung als Wohnnutzung ist weiterhin die typischerweise intendierte Dauer der Nutzung von entscheidender Bedeutung. Ist eine nur tage- oder wochenweise Vermietung der Räume geplant, spricht dies eher gegen eine Wohnnutzung.[55] Daneben ist für die Einordnung als Wohnnutzung notwendig, dass nach dem Nutzungskonzept kein nennenswerter Service angeboten wird. Allerdings wird die Eigengestaltung der Haushaltsführung etwa durch eine nur wöchentliche

49 BVerwG, Beschl. v. 27. November 1987 – 4 B 231/87, Rn. 2, zitiert nach juris, zum Begriff des „kleinen“ Beherbergungsbetriebes; Zu den Anforderungen an das Merkmal „klein“ auch: OVG Schleswig, Beschl. v. 24. Juli 2008 – 1 MB 11/08, Rn. 29, zitiert nach juris.

50 VGH Mannheim, a. a. O. (Fn. 38), Rn. 25, zitiert nach juris.

51 Ebenda, Rn. 26, zitiert nach juris.

52 OVG Berlin-Brandenburg, Beschl. v. 6. Juli 2006 – OVG 2 S 2/06, Rn. 13, zitiert nach juris.

53 Ebenda.

54 Ebenda.

55 VG Ansbach, Urt. v. 22. Januar 2014 – AN 9 K 13/01327, Rn. 40, zitiert nach juris.

Reinigung der Zimmer nicht in Frage gestellt.[56] Auch die bloße Vermittlung von Leistungen schließt eine Wohnnutzung nicht aus.[57]

Der Bauherr und Betreiber eines Boardinghauses hat es also in der Hand, durch die Gestaltung seines Nutzungskonzepts und die bauliche Umsetzung die Nutzungsart des Gebäudes zu bestimmen. Je kürzer die intendierte Verweildauer und je höher der angebotene Service sein soll, desto eher wird das Boardinghouse als Beherbergungsbetrieb eingestuft. Je länger dagegen die Mietdauer der Zimmer und je stärker die Eigengestaltung der Haushaltsführung der Nutzer im Vordergrund steht, desto eher wird das Boardinghouse als Wohngebäude eingestuft werden können. Um sicher zu gehen, dass das Boardinghaus in der gewünschten Nutzungsart genehmigt wird, sollte der Betreiber das Nutzungskonzept mit der zuständigen Behörde abstimmen.

3. Flüchtlingsunterkünfte

Ganz aktuell stellt sich die Frage, ob auch Flüchtlingsheime Wohngebäude im Sinne der Baunutzungsverordnung darstellen können. Hier ist zu differenzieren. Gemeinschaftsunterkünfte stellen in aller Regel kein Wohnen dar, sondern es handelt sich um Anlagen für soziale Zwecke.[58] Die begrenzte Verweildauer widerspricht der auf Dauer angelegten Häuslichkeit.[59] Auch die regelmäßig hohe Belegungsdichte steht der unabhängigen Gestaltung des häuslichen Wirkungskreises entgegen. Zum einen fehlt es regelmäßig an abgegrenzten Räumlichkeiten, die einen Rückzug in die Privatheit ermöglichen.[60] Zum anderen unterliegt der Aufenthalt in solchen Unterkünften einem nicht unerheblichen Maß an Reglementierung durch das Aufsichtspersonal.[61] Oft fehlt es auch an der Freiwilligkeit des Aufenthalts, da die

---

56 VG Aachen, a. a. O. (Fn. 42), Rn. 67 f., zitiert nach juris; OVG Berlin-Brandenburg, Beschl. v. 6. Juli 2006 – OVG 2 S 2/06, Rn. 13, zitiert nach juris.

57 OVG Berlin-Brandenburg, Beschl. v. 6. Juli 2006 – OVG 2 S 2/06, Rn. 17, zitiert nach juris.

58 VG Berlin, Beschl. v. 11. Dezember 2014 – 13 L 355/14, Rn. 20, zitiert nach juris.

59 VG Hamburg, Beschl. v. 22. Januar 2015 – 9 E 4775/14; So auch: Stock, a. a. O. (Fn. 13), § 3, Rn. 17.

60 OVG Hamburg, Beschl. v. 28. Mai 2015 – 2 Bs 23/15, Rn. 30 zitiert nach juris.

61 Ebenda.

Belegung durch öffentlich-rechtliche Einweisung erfolgt.[62] Dagegen kann die Unterbringung in „normalen“ Wohnungen durchaus dem Wohnbegriff unterfallen. So wird vertreten, dass die Unfreiwilligkeit in dem Fall, dass die Unterbringung in „normalen“ Wohnungen erfolgt, als nicht ausschlaggebend zu betrachten sei.[63]

IV. Sonderfall: Ferienwohnung

Ein aktuelles Problem stellen Ferienwohnungen dar. Ferienwohnungen sind Wohnungen, die zur Erzielung von Einkünften an einen wechselnden Personenkreis vermietet werden.[64] Diese sind über Jahrzehnte in den Feriengebieten – oftmals ohne Rücksicht auf den jeweiligen Gebietstypus – entstanden. Dies erschien auch unproblematisch.[65] In diese „praktische Ruhe“ platzte 2014 eine Entscheidung des OVG Greifswald.[66] Das Gericht kam darin zu dem Ergebnis, dass eine Ferienwohnung weder eine „Wohnung“ noch einen „Betrieb des Beherbergungswesens“ darstellt.

1. Kein Wohnen

Ferienwohnungen unterfallen nicht dem Wohnbegriff. Zwar teilen Ferienwohnungen durch ihre Kochgelegenheit die Unabhängigkeit des häuslichen Wirkungskreises mit dem allgemeinen Wohnen; der Unterschied zum Wohnen liegt jedoch darin, dass bei Ferienwohnungen nur ein zeitweiliges Wohnen zu Erholungszwecken und nicht eine auf Dauer angelegte Häuslichkeit vorliegt.[67] Da die Nutzer ständig wechseln, stellt der Aufenthalt in einer Ferienwohnung nur ein zeitweiliges, übergangsweises, nicht „alltägliches“

---

62 Ebenda; Dagegen Ablehnung der bodenrechtlichen Relevanz des Merkmals der Freiwilligkeit: Fugmann-Heesing, Der bauplanungsrechtliche Begriff des Wohngebäudes, DÖV 1996, 322 [324 f.].

63 Hornmann, in: Spannowsky/Hornmann/Kämper (Hrsg.), Baunutzungsverordnung Beck'scher Online-Kommentar, 3. Edition. Stand: 01.12.2015, § 3, Rn. 103.2.; Ablehnend: OVG Hamburg, a. a. O. (Fn. 60).

64 OVG Lüneburg, a. a. O. (Fn. 29), Rn. 22, zitiert nach juris.

65 So heißt es etwa beim OVG Lüneburg, Urt. v. 20. Mai 1987 – 1 A 124/86, 1. Leitsatz: „Der Begriff des Beherbergungsbetriebes im Sinne des § 3 Abs. 3 BauNVO umfasst auch das Vermieten von Ferienappartements für Feriengäste.“

66 OVG Greifswald, a. a. O. (Fn. 48).

67 OVG Lüneburg, a. a. O. (Fn. 29), Rn. 22, zitiert nach juris.

Wohnen dar.[68] Das Unterkommen ist nur provisorischer Natur und dient nur einem begrenzten Zweck, nämlich für den Mieter der Erholung und für den Vermieter der Erzielung von Einkünften.[69] Wörtlich erklärt das OVG Greifswald:

> *„Zu unterscheiden ist die im Wesentlichen an der Zweckbestimmung des Aufenthalts in den Räumen ausgerichtete (reine) Wohnnutzung von der Ferienwohnnutzung, in der der für das Dauerwohnen maßgebende eigenständige bzw. unabhängig zu gestaltende häusliche Wirkungskreis nicht angenommen werden kann. Zum Begriff des Wohnens gehört eine auf Dauer angelegte Häuslichkeit, zu der auch die Eigengestaltung der Haushaltsführung und des häuslichen Wirkungskreises gehört. Mit der Dauerhaftigkeit des Wohnens ist zunächst nicht der Gegensatz von längerer und kürzerer oder von unbestimmter und bestimmter Dauer zu verbinden. So schließt etwa eine auf Dauer angelegte Häuslichkeit als Inbegriff des Wohnens einen Zweitwohnsitz nicht aus. Ausgehend von der Zweckbestimmung des Aufenthalts in den Räumen unterscheidet sich Wohnen von anderen Nutzungsarten, die sich durch ein übergangsweises, nicht „alltägliches" Wohnen oder ein provisorisches, einem begrenzten Zweck dienendes Unterkommen auszeichnen. „Ferienwohnen" ist ebenso wenig auf Dauer angelegt wie das Unterkommen in Herbergen jeder Art. Vom Nutzungskonzept her bieten Ferienwohnungen den zumeist wochenweisen vorübergehenden Aufenthalt für ständig wechselnde Feriengäste, während reine (Dauer)Wohnungen – ungeachtet der Frage der Aufenthaltsdauer – von einem über einen längeren Zeitraum gleichbleibenden Bewohnerkreis genutzt werden. Gerade die daraus resultierenden unterschiedlichen bodenrechtlichen Auswirkungen der beiden Nutzungsarten rechtfertigen die bauplanungsrechtliche typisierende Unterscheidung."*[70]

2. Kein Betrieb des Beherbergungsgewerbes

Ferienwohnungen sind auch keine Beherbergungsbetriebe. Zwar haben Ferienwohnungen mit den Beherbergungsbetrieben gemein, dass sie an einen ständig wechselnden Personenkreis zum vorübergehenden Aufenthalt vermietet werden, um Einkünfte zu erzielen.[71] Im Gegensatz zu Beherbergungsbetrieben ermöglichen Ferienwohnungen jedoch eine unabhängige

68 Ebenda, Rn. 26, zitiert nach juris.

69 Ebenda, Rn. 22, zitiert nach juris.

70 OVG Greifswald, Beschl. v. 28. Dezember 2007 – 3 M 190/07, Rn. 10, zitiert nach juris; so auch OVG Greifswald, a. a. O. (Fn. 48), Rn. 39, zitiert nach juris.

71 OVG Lüneburg, a. a. O. (Fn. 29), Rn. 22, zitiert nach juris; OVG Lüneburg, a. a. O. (Fn. 23), Rn. 11, zitiert nach juris.

Gestaltung des häuslichen Wirkungskreises.[72] Sie sind aufgrund ihrer Größe und Ausstattung gerade auf eine Selbstversorgung der Feriengäste ausgerichtet.[73] Die Nutzung der Ferienwohnung wird also nicht dadurch geprägt, dass in nennenswertem Umfang beherbergungstypische Dienstleistungen angeboten und typischerweise in Anspruch genommen werden.[74] Die häufig zusätzlich angebotenen geringfügigen Serviceleistungen wie Housekeeping, Bettwäsche- und Handtuch- sowie Brötchenservice genügen jedenfalls nicht, um die Prägung als Ferienwohnung aufzuheben.[75]

Nach Ansicht des Bundesverwaltungsgerichts sind die allgemeine Wohnnutzung und die Ferienwohnnutzung als eigenständige Nutzungsarten in der Baunutzungsverordnung aufgeführt, die sich von einem Betrieb des Beherbergungsgewerbes unterscheiden:

> *„Auch ein Vermieten von Appartements ist schon nach allgemeinem Sprachgebrauch keine Beherbergung. In der BauNVO werden zudem die allgemeine Wohnnutzung und die Ferienwohnnutzung als eigenständige Nutzungsarten aufgeführt. Die damit vorgegebene Unterscheidung verbietet es, den Begriff der Beherbergung so weit zu fassen, daß er auch die mietweise Überlassung von selbständigen Wohnungen, sei es auch nur zu Ferienzwecken, einschließt. Ein Beherbergungsbetrieb liegt nur vor, wenn Räume ständig wechselnden Gästen zum vorübergehenden Aufenthalt zur Verfügung gestellt werden, ohne daß diese dort ihren häuslichen Wirkungskreis unabhängig gestalten können.“*[76]

3. Folge

Folge dieser Rechtsprechung ist, dass Ferienwohnungen in anderen Baugebieten als Sondergebieten generell unzulässig sind. Nur in sonstigen Sondergebieten nach § 11 Abs. 1 BauNVO ist es nicht ausgeschlossen, dass Wohnen und Ferienhausvermietung nebeneinander zugelassen werden.[77]

---

72 OVG Greifswald, a. a. O. (Fn. 48), Rn. 46 f., zitiert nach juris.

73 OVG Lüneburg, a. a. O. (Fn. 29), Rn. 22, zitiert nach juris; OVG Greifswald, a. a. O. Fn. 48), Rn. 46, zitiert nach juris.

74 OVG Greifswald, a. a. O. (Fn. 48), Rn. 47, zitiert nach juris.

75 Vgl. ebenda, Rn. 51, zitiert nach juris.

76 BVerwG, a. a. O. (Fn. 35); So auch schon BVerwG, Beschl. v. 7. September 1984 – 4 N 3/84, Rn. 21, zitiert nach juris.

77 So OVG Lüneburg, Beschl. v. 18. Juli 2008 – 1 LA 203/07, Rn. 8, zitiert nach juris. Doch auch § 11 BauNVO ermächtigt nicht zur Festsetzung von Mischgebieten besonderer Art. So widerspricht etwa eine Mischung von Wochenendhausgebieten

Dem Plangeber eines allgemeinen Wohngebiets ist es verwehrt (anders als bei der Festsetzung von Sondergebieten), den Begriff des Beherbergungsgewerbes abweichend von der Baunutzungsverordnung zu verwenden, um Ferienwohnungen in anderen als Sondergebieten zu erlauben. Die Begriffe der Baunutzungsverordnung dürfen nur nach Maßgabe von § 1 Abs. 3 ff. BauNVO variiert werden.

4. Kritik und Lösungsansatz

Die Rechtsprechung des OVG Greifswald ist in der Literatur auf zum Teil heftige Kritik gestoßen. Teilweise wird vertreten, Ferienwohnungen seien als Beherbergungsbetrieb einzuordnen.[78] Es wird darauf verwiesen, dass eine Beherbergung nach ihrem Wortlaut nicht zwingend eine zusätzliche Dienstleistung verlange. Vielmehr umfasse der Begriff des Beherbergungsgewerbes auch eine weitergehende Nutzung, welche über die einer Ferienwohnung hinausgehe. Beherbergungsbetriebe könnten auch störender sein als eine Ferienwohnung. Es sei widersprüchlich, wenn selbst in Misch- oder Kerngebieten, in denen Beherbergungsbetriebe zulässig seien, keine Ferienwohnungen genehmigt werden dürften.

Andere Autoren vertreten die Ansicht, Ferienwohnungen seien unter den Begriff des sonstigen Gewerbebetriebs zu subsumieren.[79] Dies wird damit begründet, dass eine Vermietung von Ferienwohnungen der Erzielung von Einkünften dient und sie daher, wenn sie nicht dem Begriff des Beherbergungsbetriebes unterfallen, jedenfalls einen sonstigen Gewerbebetrieb darstellten. Die Ferienwohnung sei eben keine eigenständige Nutzungsart wie das Ferienhaus gemäß § 10 Abs. 4 BauNVO. Dies ließe sich daran erkennen, dass beide Begriffe unterschiedliche Anforderungen an die Erschließung und Ausstattung des Gebäudes stellten.

---

und Wohngebieten der Zweckbestimmung der jeweiligen Gebietstypen, BVerwG, Urt. v. 11. Juli 2013 – 4 CN 7/12, Rn. 12, zitiert nach juris; so auch BVerwG, Urt. v. 11. September 2014 – 4 CN 3/14, Rn. 21, zitiert nach juris.

78 Pernice-Warnke, Ferienwohnungen in Wohngebieten, NVwZ 2015, 112 [113]; Fraatz-Rosenfeld, Die Verortung von Ferienwohnungen in der BauNVO, VR 2014, 37 [38]; Ablehnend: von Nicolai, Ferienwohnungen im unvermeidbaren Konflikt zu Dauerwohnen?, NordÖR 2015, 361 [362].

79 Reidt/von Landwüst, Die bauplanungsrechtliche Behandlung von Ferienwohnungen, UPR 2015, 12; Ablehnend: von Nicolai, a. a. O. (Fn. 78), 361 [363].

Die Rechtsprechung ist uneinheitlich. Teilweise wird die Einstufung von Ferienwohnungen als sonstige nicht störende Gewerbebetriebe abgelehnt.[80] Wenn die Ferienwohnnutzung schon nicht den Begriff eines Beherbergungsbetriebes erfülle, könne nicht über den Umweg des § 4 Abs. 3 Nr. 2 BauNVO zu den sonstigen Gewerbebetrieben erklärt werden.[81] Demgegenüber hat das VG Sigmaringen die Einordnung einer Ferienwohnung unter den Begriff eines sonstigen Gewerbebetriebes für ausnahmsweise zulässig erachtet.[82]

Einen anderen Weg zur Entschärfung dieser Problematik hat das OVG Lüneburg im September 2014 aufgezeigt.[83] Seines Erachtens ist es in einem sonstigen Sondergebiet für Fremdenbeherbergung gemäß § 11 Abs. 2 BauNVO erlaubt, Ferienwohnungen und Dauerwohnungen als Regelnutzung nebeneinander zuzulassen. § 10 BauNVO stehe dem nicht entgegen. Zwar sei dieser Vorschrift zu entnehmen, dass die Baunutzungsverordnung die allgemeine Wohnnutzung und die Wochenend- und Ferienhausnutzung als städtebaulich relevante eigenständige Nutzungsarten bewerte, die sich nicht ähneln, sondern „grundverschieden“ seien. Jedoch sollen diese Maßgaben nur für die in § 10 BauNVO explizit genannten Nutzungen als Wochenendhaus, Ferienhaus und Campingplatz im Verhältnis zum allgemeinen Wohnen gelten. Nicht gelten sollen sie dagegen für andere Formen des zeitweisen Erholungswohnens.[84] Einen vergleichbaren Idealtyp eines „Ferienwohngebietes“ mit entsprechend angepasster Infrastruktur gebe es nicht.[85] In den Ortskernen der Feriengebiete hätten sich traditionelle Nutzungsmischungen aus Dauer- und Erholungswohnen entwickelt. Insbesondere wiesen die Gebäude keine unterschiedliche Bauausführung zwischen Dauer- und Ferienwohnungen aus. Ferien- und Dauerwohnungen seien sogar häufig

80 OVG Lüneburg, Urt. v. 15. Januar 2015 – 1 KN 61/14, Rn. 25, zitiert nach juris, m. w. N.; VG Schwerin, Urt. v. 20. Dezember 2012 – 2 A 857/11, Rn. 35 ff., zitiert nach juris.

81 VG Schwerin, a. a. O. (Fn. 80), Rn. 37, zitiert nach juris.

82 VG Sigmaringen, Beschl. v. 17. Juli 2015 – 7 K 2123/14, Rn. 32, zitiert nach juris.

83 OVG Lüneburg, a. a. O. (Fn. 29).

84 Ebenda, Rn. 24, zitiert nach juris.

85 Ebenda, Rn. 27, zitiert nach juris.

in demselben Gebäude untergebracht.[86] Auch genüge die Erschließung der Ferienwohnungen den für das Dauerwohnen üblichen Standards. Ferner sei typischerweise der Außenwohnbereich der Ferienwohnungen begrenzt. Das Leben spiele sich also innerhalb der Häuser ab. Dadurch bestehe im Hinblick auf die Lärmbelastung kein Unterschied zum Dauerwohnen.[87]

5. Lösungsvorschlag der Bundesregierung

Auch die Bundesregierung hat sich zu dieser Problematik geäußert. Sie ist der Ansicht, dass Ferienwohnungen in den Baugebieten der §§ 2 bis 7 BauNVO als Ausnahme – jedenfalls in Form des (nicht störenden) Gewerbebetriebs – zugelassen werden sollten. Ziel des Gesetzgebers sei keine Verhinderung von Ferienwohnungen gewesen. So setze auch § 22 Abs. 1 Satz 4 BauGB die Zulässigkeit von Wohngebäuden mit Fremdenbeherbergung voraus, ohne diese Zulässigkeit an bestimmte Gebietstypen zu knüpfen.[88]

Als Reaktion auf die Diskussion um die richtige bauplanungsrechtliche Einstufung von Ferienwohnungen hat die Bundesregierung eine Länderumfrage zur Verwaltungspraxis in Bezug auf Ferienwohnungen gestartet. Zudem soll die Fachkommission Städtebau eine Handlungsempfehlung beschließen, nach der in einem sonstigen Sondergebiet Ferienwohnungen und Dauerwohnungen als Regelnutzung nebeneinander zugelassen werden können.

Derzeit sind die Fragen zur Aufnahme der Ferienwohnungen in die Baunutzungsverordnung, deren Begriffsdefinition sowie deren Zulässigkeit und Steuerungsmöglichkeiten Gegenstand einer Projektgruppe der Fachkommission Städtebau der Bauministerkonferenz.[89] Es wird überlegt, den Gemeinden aus Gründen der Rechtsklarheit mit einer Änderung der Baunutzungsverordnung die Möglichkeit zu geben, die Ferienwohnungen unter anderem in reinen und allgemeinen Wohngebieten ausnahmsweise und

86 Ebenda, Rn. 27, zitiert nach juris.
87 Ebenda, Rn. 28, zitiert nach juris.
88 BT-Drs. 18/5076 v. 18. Juni 2015, S. 2.
89 Niedersächsische Landtag, Unterrichtung v. 8. Oktober 2015, Drs. 17/4416, S. 4.

in besonderen Wohngebieten, Dorf-, Misch- und Kerngebieten allgemein zuzulassen.[90] Durch ein Planspiel soll geprüft werden, ob die beabsichtigten Änderungen auch praxistauglich sind.[91] Ergebnisse sollen noch vor der parlamentarischen Sommerpause 2016 vorliegen.[92]

90 Ebenda.
91 BT-Drs. 18/5076, a. a. O. (Fn. 88), S. 3 f.
92 So das Deutsche Institut für Urbanistik, Planspiel zur Städtebaurechtsnovelle 2016, http://www.difu.de/projekte/2015/planspiel-zur-staedtebaurechtsnovelle-2016.html, Stand: 20. Januar 2016.

Sören Claus

Festsetzungen zur Steuerung der Wohnnutzung

Abstract Im folgenden Beitrag wird der Konflikt zwischen dem Dauer- und dem Ferienwohnen thematisiert. Mithilfe planerischer Lösungsvorschläge, welche sich u. a. auf die durch die Baunutzungsverordnung zur Verfügung gestellten Steuerungs- und Gliederungsmöglichkeiten, aber auch das Baugesetzbuch beziehen, wird unter der Betrachtung neuer Tendenzen und Alternativen die Problematik erschlossen.

The following paper shows the conflict between the regular habitation and the habitation just for vacation. To crack this planning conflict, methods of resolution are demonstrated. These approaches have its seeds for example in the Land Use Ordinance and the Federal Building Code and its possibilities of regulation and classification. The subject is also examined under the inclusion of new tendencies and alternatives.

Einleitung

Städtebaulicher „Leidensdruck" entsteht vor allem durch Ferien- und Zweitwohnungen.

Ferienwohnungen sind Wohnungen, die zur Erzielung von Einkünften an einen wechselnden Personenkreis vermietet werden. Derartige Wohnungen haben mit dem **Beherbergungsbetrieb** gemeinsam, dass es sich um eine Nutzung zur Erzielung von Einkünften handelt. Sie unterscheiden sich von einem Beherbergungsbetrieb im Sinne der Baunutzungsverordnung dadurch, dass die Feriengäste in der Wohnung ihren häuslichen Wirkungskreis – insbesondere aufgrund der Ausstattung mit einer Küche bzw. Kochgelegenheit[1] – unabhängig gestalten können. Ein Beherbergungsbetrieb stellt demgegenüber Räume ständig wechselnden Gästen zum vorübergehenden Aufenthalt zur Verfügung, ohne dass sich die vorgenannte

1 Vgl. BVerwG, Beschl. v. 07.09.1984 – 4 N 3.84 –, juris Rn. 20 = NVwZ 1985, 338 = BRS 42 Nr. 55.

Möglichkeit bietet[2]. Die Unabhängigkeit des häuslichen Wirkungskreises teilen Ferienwohnungen demgegenüber mit dem „allgemeinen Wohnen"; der Unterschied liegt hier darin, dass ein nur zeitweiliges Wohnen zu Erholungszwecken und nicht eine auf Dauer angelegte Häuslichkeit vorliegt, die Nutzer ständig wechseln und die Räumlichkeiten zur Erzielung von Einkünften genutzt werden[3].

Zweitwohnungen erfüllen die Merkmale des „Wohnens". Dieses ist nach der Rechtsprechung des Bundesverwaltungsgerichts[4] gekennzeichnet durch eine auf Dauer angelegte Häuslichkeit, Eigengestaltung der Haushaltsführung und des häuslichen Wirkungskreises sowie Freiwilligkeit des Aufenthalts. Auch Zweitwohnende gestalten ihren häuslichen Wirkungskreis unabhängig, wenn auch nur vorübergehend. Anders als bei Ferienwohnungen werden die Räumlichkeiten nicht (in nennenswertem Umfang) zur Erzielung von Einkünften an wechselnde Feriengäste vermietet. Es handelt sich daher um Wohnen im Sinne der Baunutzungsverordnung und nicht um eine der Erzielung von Einkünften dienende Nutzung.

Nur en passant

Die Lebenswirklichkeit bereitet immer wieder Schwierigkeiten, in welche Typen-Schublade der Baunutzungsverordnung ein Projekt gesteckt werden kann/ muss, um zugelassen werden zu können. Die Zuweisung zum Typ „Beherbergungsbetrieb" setzt voraus, dass dort kein eigenständiger Haushalt geführt werden kann, wie dies in Haupt-, Zweit-, Wochenend- und Ferienwohnungen möglich ist. Der Betreiber muss Dienstleistungen erbringen, ohne die ein Aufenthalt nicht bewerkstelligt werden kann. Wie intensiv müssen diese sein, um ein Vorhaben trotz Kitchenette als Beherbergungsbetrieb

---

2 Vgl. BVerwG, Beschl. v. 08.05.1989 – 4 B 78.89 –, juris Rn. 3 = NVwZ 1989, 1060 = BRS 49 Nr. 66; OVG Lüneburg, Urt. v. 24.07.2013 – 1 LB 245.10 –, juris Rn. 19 = BauR 2014, 229; OVG Lüneburg, Beschl. v. 12.12.2013 – 1 LA 123.13 –, DVBl 2014, 254, juris Rn. 11.

3 Vgl. OVG Lüneburg, Beschl. v. 18.07.2008 – 1 LA 203.07 –, juris Rn. 12 = BauR 2008, 2022 = BRS 73 Nr. 168; OVG Lüneburg, Beschl. v. 22.11.2013 – 1 LA 49.13 –, juris Rn. 18 f. = NVwZ-RR 2014, 255.

4 BVerwG, Beschl. v. 25.03.1996 – 4 B 302.95 –, NVwZ 1996, 893; BVerwG, Beschl. v. 25.03.2004 – 4 B 15.04 –, BRS 67 Nr. 70; BVerwG, Beschl. v. 17.12.2007 – 4 B 54.07 –, juris.

ansehen zu können: Concierge, Wäscheservice, hauseigener Pizzadienst, Fitnessstudio und Begegnungsräume zum *workout* im *vertikalen Dorf*? Anlagen, die derlei bieten, werden zuweilen von recht betuchten Arbeitnehmern auf Zeit nachgefragt[5].

So könnte man sich auch für den Beschluss des OVG Lüneburg vom 11. Mai 2015[6] Sachverhaltsvarianten vorstellen, welche diesem Vorhaben dann doch (d. h. grundsätzlich; § 15 Abs. 1 BauNVO einmal ausgenommen) zur planungsrechtlichen Zulässigkeit hätten verhelfen können.

Problemschau

Es wird immer wieder gesagt: Die unterschiedliche Lebensrhythmen von „Dauer"- und Ferien-Wohnenden führten zu Nutzungskonflikten, und zwar nicht nur auf den friesischen Inseln, sondern auch in Berlin (Stichworte etwa: „Airbnb", Aktivierung des Zweckentfremdungs- und des Mietrechts[7]). Die Argumentation lautet: Dauerwohnende gingen zumindest tendenziell einer Arbeit nach, daher wochentags eher zu Bett und somit die Wände rauf, wenn in der Nachbarschaft „ferienwohnungstypisch" Abend und Nacht zum Tage gemacht würden. Sehr anschaulich legt das zum Verhältnis Wohnwagen - Dorfgebiet das OVG Koblenz in seinem Urteil vom 31. Januar 1980[8] dar: Unterschiedliche Lebensrhythmen seien städtebaurechtlich auch im Rahmen des § 34 BBauG/ BauGB relevant. Weil Ferienwohnungen einen städtebaurechtlich relevanten eigenständigen Nutzungstyp darstellten[9], seien sie nicht als „Wohnung" zulässig.

5 Vgl. z. B. Boardinghouse-Entscheidung des OVG Berlin-Brandenburg, Beschl. v. 06.07.2006 – 2 S 2.06 –, BauR 2006, 1711 = ZMR 2007, 407 = BRS 70 Nr. 67; OVG Greifswald, Urt. v. 19.02.2014 – 3 L 212.12 –, juris; BVerwG, Beschl. v. 08.05.1989 – 4 B 78.89 –, BRS 49 Nr. 66 „Aparthotel".

6 OVG Lüneburg, Beschl. v. 11.05.2015 – 1 ME 31.15 –, BauR 2015, 1317 = ZfBR 2015, 586; betrifft nicht mehr „kleinen" Beherbergungsbetrieb in einem reinen Wohngebiete als Unterkunft für Monteure mit Ein- und Mehrbettzimmern sowie Gemeinschaftsbädern und -küchen.

7 Vgl. dazu etwa BGH, Urt. v. 29.02.2012 – VIII ZR 155.11 –, NJW 2012, 1647 = ZMR 2012, 536.

8 OVG Koblenz, Urt. v. 31.01.1980 – 1 A 91.78 –, BRS 36 Nr. 74.

9 BVerwG, Beschl. v. 07.09.1984 – 4 N 3.84 –, DVBl 1985, 120 = BRS 42 Nr. 55, juris Rn. 24 a. E.

Lösungsversuche

Danach ist „eigentlich“ festzustellen, dass die Baunutzungsverordnung schon heute tüchtig „steuert“. Das sieht man allerdings nicht überall an Nord- und Ostsee gern. Wer dort in reinen oder allgemeinen Wohngebieten Ferienwohnungen errichtet (und finanziert!) hat, sieht sich durch „dauerwohnende Nachbarn“ gefährdet. Diese pochen auf den Gebietserhaltungsanspruch und machen jedenfalls derzeit unter Hinweis auf die grundlegende Entscheidung des Bundesverwaltungsgerichts vom 16. September 1993[10] im Ausgangspunkt mit Erfolg geltend, Ferienwohnungen widersprächen der festgesetzten Nutzungsart. Das hat nicht nur das in diesem Zusammenhang notorisch als vermeintlicher Vorreiter erwähnte OVG Greifswald so entschieden[11]. Schon weit früher war dies vom OVG Münster so angenommen worden[12]. Das OVG Lüneburg, das dem Verfasser besonders am Herzen liegt, steht dabei nicht abseits[13]. Die für das Gegenteil gerne zitierte Entscheidung des OVG Lüneburg vom 18. September 2014[14] wird zu Unrecht in den Zeugenstand gerufen. In juris Rn. 16 erörtert diese Entscheidung nur den Sonderfall, dass sich die Gemeinde bei den Festsetzungen eines Sondergebiets (was sie wohl darf) eines eigenen Sprachgebrauchs bedient und dabei (möglicherweise) mit dem Ausdruck „Beherbergungsbetrieben“ Ferienwohnungen zugelassen hatte[15].

Insgesamt ist daher festzustellen, dass nach bisher wohl überwiegender Rechtsprechung Ferienwohnungen in reinen und allgemeinen Wohngebieten „nichts zu suchen haben“. Als Lösung offeriert das OVG Lüneburg den

---

10 BVerwG, Urt. v. 16.09.1993 – 4 C 28.91 –, BVerwGE 94, 151 = BRS 55 Nr. 110.

11 OVG Greifswald, Beschl. v. 28.12.2007 – 3 M 190.07 –, NordÖR 2008, 169; OVG Greifswald, Urt. v. 19.02.2014 – 3 L 212.12 –, NordÖR 2014, 323 = BauR 2015, 81.

12 OVG Münster, Urt. v. 17.01.1996 – 7 A 166.96 –, juris.

13 OVG Lüneburg, Beschl. v. 18.07.2008 – 1 LA 203.07 –, BauR 2008, 2022 = BRS 73 Nr. 168; OVG Lüneburg, Urt. v. 13.01.2015 – 1 KN 61.14 –, DVBl 2015, 379 = BauR 2015, 630.

14 OVG Lüneburg, Urt. v. 18.09.2014 – 1 KN 123.12 –, ZfBR 2014, 767 = BauR 2015, 452.

15 Anders dann OVG Lüneburg, Urt. v. 18.09.2014 – 1 KN 123.12 –, juris Rn. 22.

Gemeinden die Möglichkeit umzuplanen. In der Annahme, damit der Meinung des Bundesverwaltungsgerichts[16] zu folgen, Ferienwohnungen seien als städtebaurechtlich eigenständige Nutzungsart anzusehen, die nicht in den §§ 2–9 BauNVO als Regel- oder Ausnahmenutzung genannt ist, empfiehlt das OVG Lüneburg den (namentlich: Insel-) Gemeinden den dornigen Weg der Sondergebietsplanung. Dieser Planungsfleiß wird an sich honoriert[17]. Danach darf die Gemeinde in einem Sondergebiet Kurgebiet/ Gebiet für Fremdenbeherbergung gemäß § 11 Abs. 2 Satz 2 BauNVO sogar Ferienwohnungen und Dauerwohnungen als Regelnutzungen nebeneinander zulassen. In argumentationsreicher Abgrenzung zum Urteil des Bundesverwaltungsgerichts vom 11. Juli 2013[18] kommt das OVG Lüneburg zum Schluss, § 10 BauNVO stehe dem nicht entgegen. In dieser Entscheidung „segnet" das OVG Lüneburg eine Festsetzung „ab", welche die in einem Sondergebiet zulässige Wohnnutzung auf eine Dauerwohnnutzung durch Personen beschränkt, die ihren Lebensmittelpunkt in der Gemeinde haben. Das schließe Zweitwohnungen hinreichend bestimmt aus. Vorausgesetzt sind allerdings stets städtebauliche Gründe. Diese Entscheidung ist zudem deshalb bemerkens- und lesenswert, weil sie den Begriff der Wohnung im Sinne des § 9 Abs. 1 Nr. 6 BauGB nicht in Anlehnung an §§ 3, 4 BauNVO bestimmt, sondern eigenständig nach dem Sinn und Zweck sowie der Entstehungsgeschichte dieser Vorschrift; er umfasse daher auch Ferienwohnungen. Auf der Grundlage des § 9 Abs. 1 Nr. 6 BauGB kann die Gemeinde dementsprechend die Zahl der Ferienwohnungen in Gebäuden festsetzen/ begrenzen, gleich ob dort nun Ferienwohnungen oder Wohnungen i. S. v. §§ 3, 4 BauNVO belegen sind. Dabei dürfe namentlich der gegenwärtige Wohnungsbestand festgeschrieben werden. Diese – stets städtebauliche Gründe erfordernde – Festsetzung sei ergänzend zu Satzungen nach den §§ 22, 172 BauGB möglich. Ein Spezialitätsverhältnis bestehe weder in die eine noch in die andere Richtung.

---

16 S. o.: BVerwG, Beschl. v. 07.09.1984 – 4 N 3.84 –; ebenso BVerwG, Urt. v. 11.07.2013 – 4 CN 7.12 –, BVerwGE 147, 138 = juris Rn. 11 a. E.

17 OVG Lüneburg, Urt. v. 18.09.2014 – 1 KN 123.12 –, ZfBR 2014, 767 = BauR 2015, 452.

18 BVerwG, Urt. v. 11.07.2013 – 4 CN 7.12 –, juris Rn. 12 = BVerwGE 147, 138 = BauR 2013, 1992.

Nun kostet Planung nicht nur Arbeit, sondern auch Zeit. Die „Dauerwohner" werden sich gegen die „Verwässerung" ihrer Grundstückssituation wehren. Sie werden flankierend zu Einwendungen im Planaufstellungsverfahren sowie Normenkontrollanträgen der Bauaufsichtsbehörde gegenüber auf Einschreiten bestehen. Diese sieht sich zwischen Skylla (auf Gebietserhaltungsinteresse gestützter Anspruch, gegen Ferienwohn-Nutzung bauaufsichtsbehördlich einzuschreiten) und Charybdis (um die Amortisation ihrer erheblichen Investitionen besorgte Ferienwohnungsbetreiber). Gelegentlich wird offenbar versucht, auf der Ebene der Ermessensausübung die Ansprüche der „Dauerwohner" mit der Begründung „herauszuschieben", es sei doch eine Umplanung im Gange; deren Ergebnisse sollten erst einmal abgewartet werden. Das steht möglicherweise im Widerspruch zu sonstigen Entscheidungen von Bauaufsichtsbehörden. Diesen gegenüber macht ein „gewöhnlicher" Schwarzbauer ab und an geltend, der Bürgermeister habe ihm eine Planung in Aussicht gestellt, deren Ergebnis den streitigen Schwarzbau legalisieren werde. Ein solcher Einwand hat in der Regel wenig Erfolg. Solch „ungefangenen Fische" können allenfalls in einem ganz späten Stadium einer erfolgversprechenden Planung zur Ermessenswidrigkeit bauaufsichtlichen Einschreitens führen. Ist damit eine Praxis zu vereinbaren, welche schon den Beginn eines Planänderungsverfahrens zum Anlass für behördliche Abstinenz nimmt?

Neuere Tendenzen, Alternativen

In die Diskussion ist Bewegung gekommen durch einen couragiert-listigen Aufsatz von Reidt/ von Landwüst[19]. Die Verfasser leugnen, dass sich aus § 10 BauNVO ein probates Ergebnis ableiten lasse. Der BauNVO-Geber habe diese Nutzungen nicht in entsprechende Ghettos verbannen wollen, wo er doch gewusst habe, dass seit Jahrzehnten diese Nutzungen auf den Inseln und Küstenstreifen in bunter Mischung mit anderen Nutzungen stattfänden[20]. Die Autoren favorisieren die Behandlung als sonstigen Gewerbebetrieb und legen dazu einen verlockenden Köder aus: Reine Wohngebiete

19 Reidt/von Landwüst, Die bauplanungsrechtliche Behandlung von Ferienwohnungen, UPR 2015, 12.

20 So auch die Beobachtung des OVG Lüneburg im Urt. v. 18.09.2014 – 1 KN 123.12 –, juris Rn. 26.

blieben von Ferienwohnungen weiterhin verschont. Statt tiefgestaffelte, nach Art von Patchwork gestaltete Sondergebiete mit saurem Planungsschweiß schaffen zu müssen, könnten die Gemeinden schon ab allgemeinen Wohngebieten (§ 4 Abs. 3 Nr. 2 BauNVO) Entstehung und Umfang von Ferienwohnungen weit unproblematischer im Wege des § 1 Abs. 4 BauNVO steuern.

Diese Ausführungen lassen nachdenklich werden. Es ist möglicherweise bereits mit einem Fragezeichen zu versehen, ob die vorstehend erwähnte Unverträglichkeit der Lebensrhythmen von „Dauerwohnern“ und „Ferienwohnern“ wirklich typischerweise, genauer: „baugebiets-typischerweise“ besteht. Es ließe sich hören, nächtlichen „Feierbiestern“ weniger mit Mitteln des Bau- denn mit denen des Polizeirechts zu begegnen. Auch unter der Spezies der „Dauerwohner“ gibt es nicht so ganz selten Exemplare, die sich regelmäßig so verhalten, als sei das Leben eine ewige Party.

Gegen die Annahme, die Baunutzungsverordnung weise Ferienwohnungen exklusiv Sondergebieten nach § 10 Abs. 1, Alt. 2 und Abs. 4 BauNVO zu, könnte jedenfalls § 22 BauGB sprechen. § 22 Abs. 1 Satz 4 letzte Alternative BauGB eröffnet die Möglichkeit, Begründung oder Teilung zu Wohnungseigentum für sonstige Gebiete „mit Fremdenverkehrsfunktionen, die durch Beherbergungsbetriebe und Wohngebäude mit Fremdenbeherbergung geprägt sind“, unter Genehmigungspflicht zu stellen. Das lässt sich als Fingerzeig des Gesetzgebers deuten, er habe es nicht als baunutzungsverordnungswidrigen Zustand angesehen, wenn in einem Gebiet Gebäude mit Wohn- und Fremdenbeherbergungsfunktion anzutreffen sind. Zu diesen lassen sich möglicherweise/ wohl auch Ferienwohnungen zählen. Auch diese dienen der Erholung in fremden Räumlichkeiten. Hinsichtlich von Wochenendhäusern mag sich dies angesichts verbreiteten „Eigengebrauchs“ möglicherweise anders darstellen.

Im Hinblick auf die Systematik der Baunutzungsverordnung ließe sich u. U. so argumentieren: Die im Laufe des Gesetzgebungsverfahrens zur Schaffung der Baunutzungsverordnung 1977 (vgl. BR-Drs. 261/77) in § 10 BauNVO konzentrierten Ferienhausgebiete sind möglicherweise nur insoweit Inhalt einer Sonderregelung geworden, wenn es um („ganze“) Gebiete geht, in denen diese Nutzungen konzentriert werden/ sind, nicht aber zu dem Zweck, diese Art der Nutzung auch dann – mit Exklusionswirkung – zu erfassen, wenn sie auf einzelnen Grundstücken außerhalb solcher Gebiete stattfindet. Das könnte eine Ursache in dem Bestreben sein, für diesem Zweck dienende Gebiete Vorschriften zum Grad der zulässigen Verdichtung sowie zu einer infrastrukturellen Ausstattung zu erlassen, welche hinter dem „normalen“ Standard zurückbleibt. Dann gälten die Regularien des § 10 BauNVO in seinen verschiedenen Fassungen nur für den Fall, dass („ganze“) Gebiete mit dieser Nutzungsbestimmung festgesetzt werden sollen.

Zu den Zweitwohnungen

Zweitwohnungen führen zu spür- und sichtbaren Leerständen („Rollladensiedlung“) und zu einer unterdurchschnittlichen Ausnutzung teuer hergestellter Infrastruktureinrichtungen. Sie okkupieren auf den Nord- und Ostsee-Inseln raren Platz, der anderenfalls vielen, d. h. viel mehr Erholungssuchenden rund ums Jahr zur Verfügung stünde. Gerade dort können die bebauten Bereiche nicht beliebig vermehrt werden.

Baugesetzbuch und Baunutzungsverordnung kennen keinen Begriff des Dauerwohnens. Es soll zwar eine Initiative geben, das zum Vorteil der Inselgemeinden zu ändern. Gesetz ist das aber noch nicht. Daher wird es nicht möglich sein, auf der Grundlage von § 1 Abs. 4 BauNVO Zweitwohnungen von „Dauerwohnungen“ zu scheiden.

Eine andere Frage ist, ob sich eine Zweitwohnungsnutzung als Unterart des Wohnens im Sinne des § 1 Abs. 9 BauNVO begreifen und regeln lässt. Die dafür erforderlichen besonderen städtebaulichen Gründe sind vorhanden (s. o.); Zweitwohnungen werden auch als Nutzungstyp zu begreifen sein, der in der Realität schon vorkommt. Er bildet schließlich den Hintergrund für § 22 BauGB.

Sollte das nicht möglich sein, wird es schwierig. Eine Quadratmeterbegrenzung zur Scheidung von Dauer- und Zweitwohnungen wird kaum möglich sein. Zwar wird man möglicherweise durch eine Mindestquadratmeterzahl wirtschaftlich nicht ganz so potente Zweitwohnungs-Interesssenten abschrecken können. Doch ist die Frage, ob eine Wohnung i. e. S. mit einer (in welcher Höhe eigentlich?) bestimmten Mindestfläche als eigener Nutzungstyp wird angesehen werden können. Solange der Gesetzgeber in Baugesetzbuch und Baunutzungsverordnung dies nicht anders bestimmt hat, darf die Gemeinde auf der Grundlage der § 1 Abs. 4 ff. BauNVO keinen Nutzungstyp erfinden. Dieser muss vielmehr in der Realität bundesweit oder zumindest in dieser Gemeinde vorkommen, d. h. in der sozio-ökonomische Realität schon vorhanden sein[21]. Die nötige Bestimmtheit der Festsetzung lässt sich allerdings über Melderecht erreichen. Wer in der Gemeinde nicht mit erstem Wohnsitz gemeldet ist, nutzt die Räume als Zweitwohnung. Das lässt sich feststellen[22].

Die soeben zitierte Entscheidung des OVG Lüneburg vom 18. September 2014 – 1 KN 123.12 – zeigt aber auch, dass Zweitwohnungen hinsichtlich ihrer Zahl reguliert werden können. § 9 Abs. 1 Nr. 6 BauGB erfasst danach Wohnungen aller Art: „Dauer"-, Zweit-, aber eben auch Ferienwohnungen. Zudem ist es zulässig, die Zahl der Wohnungen an Quadratmetermindestgrößen des Grundstücks zu knüpfen[23]. Damit dürften sich die Probleme erledigt haben, die mit dem Beschluss des Bundesverwaltungsgerichts vom 31. Januar 1995[24] entstanden waren (keine gemeindliche Erfindung durch Kombination dreier Festsetzungen, deren Ergebnis nicht das von der Gemeinde Gewünschte ergibt).

Die Wohnungszahl darf nicht mit jedweder städtebaulichen Erwägung reguliert werden. Die Festsetzung enthält einen recht erheblichen Eingriff in die Nutzungsbefugnisse. Daher muss das in Rede stehende Gebiet Besonderheiten aufweisen, welchen gerade durch die Einschränkung der Wohnungszahl Rechnung getragen werden soll: Fremdenverkehrsgebiet; anderenfalls drohende Überlastung von Infrastruktureinrichtungen; bauliche Verdichtung auf den Grundstücken; Erhalt einer Hanglage, etc. Städtebauliche Rechtfertigungen für die Steuerung von Ferien- und Zweitwohnungen können dementsprechend u. a. die Zahl der dann notwendigen Stellplätze; das Bedürfnis nach Folgenutzungen; die Dimensionierung von Straßen sein.

---

21 Vgl. BVerwG, Urt. v. 22.05.1987 – 4 C 77.84 –, BVerwGE 77, 317; st. Rspr.

22 Vgl. nochmals OVG Lüneburg, Urt. v. 18.09.2014 – 1 KN 123.12 –, ZfBR 2014, 767 = BauR 2015, 452 = BRS 82 Nr. 21.

23 BVerwG, Urt. v. 08.10.1998 – 4 C 1.97 –, BVerwGE 107, 256 = DVBl 1999, 238 = NVwZ 1999, 415 = BRS 60 Nr. 16.

24 BVerwG, Beschl. v. 31.01.1995 – 4 NB 48.93 –, ZfBR 1995, 143.

Weitere Steuerungsmöglichkeiten

§ 4a BauNVO

Hier hat die planende Gemeinde eine Gratwanderung zu vollziehen. Nach der Entscheidung des OVG Münster vom 18. Juni 1996[25] darf das Planungsziel nach § 4a Abs. 4 BauNVO nicht die Fortentwicklung der bereits vorhandenen wohnnutzungskonformen andersartigen Nutzungen sein, sondern nur Erhaltung und Fortentwicklung der Wohnnutzung. Dementsprechend müsse die Gemeinde gem. § 2 Abs. 3 BauGB den Bestand, namentlich sorgfältig ermitteln, ob und in welchem Umfangs eine gewerbliche Nutzung vorhanden sei, deren Emissionen die Wohnnutzung beeinträchtigen könne. Der Entscheidung des OVG Lüneburg vom 5. April 2000[26] zufolge dient § 4a BauNVO nicht dazu, das Gewerbe in einem Umfang zurückzudrängen, wie dies selbst in einem reinen oder allgemeinen Wohngebiet nicht möglich wäre, ohne die Zweckbestimmung des Gebiets zu verfehlen. Im besonderen Wohngebiet komme es gerade auf die besondere Nutzungsmischung von ausgeübter Wohnnutzung und von Betrieben/ Anlagen nach § 4a Abs. 2 Nrn. 2 und 3, Abs. 3 Nr. 2 BauNVO an.

§ 6 BauNVO

Es ist unzulässig, eine bestimmte Prozentzahl an Wohnungen planerisch bestimmen zu wollen[27]. Die Besonderheit des Mischgebiets besteht gerade in einer prozentual nicht festgelegten Durchmischung. Man wird in dieser Annahme möglicherweise einen weiteren Ausdruck der Abneigung des Bundesverwaltungsgerichts gegen jedwede „Mathematisierung“ des Planungsrechts erblicken dürfen. Weder die eine noch die andere der in § 6 Abs. 1 BauNVO genannten Nutzungsarten darf allerdings eindeutig überwiegen. Das Mischgebiet darf auch nicht so gegliedert werden, dass

---

25 OVG Münster, Urt. v. 18.06.1996 – 10a D 61.92.NE –, DÖV 1997, 39 = BRS 58 Nr. 25.

26 OVG Lüneburg, Urt. v. 05.04.2000 – 1 K 2245.99 –, BauR 2000, 1441 = NVwZ-RR 2001, 226 = BRS 63 Nr. 72.

27 BVerwG, Beschl. v. 12.12.1990 – 4 NB 13.90 –, BauR 1991, 169 = BRS 50 Nr. 16; s. a. VGH Mannheim, Urt. v. 06.02.1998 – 3 S 1699.97 –, BauR 1998, 976 = BRS 60 Nr. 27.

faktisch zwei selbständig lebensfähige Baugebiete entstehen, nämlich eines, das als reines oder allgemeines Wohngebiet anzusehen ist, sowie ein (und sei es: eingeschränktes) Gewerbegebiet. Die Quotierungsmöglichkeiten der §§ 4a Abs. 4 und 7 Abs. 4 BauNVO sind vielmehr Sondervorschriften, die im Umkehrschluss anderenorts derlei ausschließen.

§ 7 Abs. 4 BauNVO

Klingt einfacher als es ist. Da müssen die Folgenutzungen stimmen: Kindertagesstätten, Schulen, Nahversorgungseinrichtungen. § 7 Abs. 4 Nr. 2 BauNVO gestattet eine partielle Aufhebung des Gebietscharakters, Nummer 1 hingegen nicht.

Gliederungsmöglichkeiten im Übrigen

Vertikale Gliederung nach § 1 Abs. 7 BauNVO

Diese Gliederungsmöglichkeit stützt sich auf § 9 Abs. 3 Satz 2 BauGB. Anders als bei § 1 Abs. 9 BauNVO sind an die „besonderen städtebaulichen Gründe" bei § 1 Abs. 7 BauNVO nicht unbeträchtliche Anforderungen zu stellen. Bei der Unterdifferenzierung nach § 1 Abs. 9 BauNVO kann i. d. R. das ganze Grundstück mit den verbleibenden Möglichkeiten genutzt werden. Bei der vertikalen Gliederung nach § 1 Abs. 7 BauNVO ist dies namentlich dann anders, wenn sich keine wirtschaftlich vernünftige Nutzung für die Geschosse finden lässt, die nicht wohngenutzt werden sollen[28]. Es müssen daher vernünftige Gründe gerade dafür sprechen, ausgerechnet auf diese Weise die gewünschte städtebauliche Differenzierung zu erreichen. Nur so wird die besondere Qualität der Nutzungsbeschränkung erfasst und gerechtfertigt, welche mit § 1 Abs. 7 BauNVO verbunden sind.

Die vertikale Gliederung kann in zulässiger Weise begründet werden, wenn gerade damit die Durchmischung von Wohnen und nicht wesentlich störendem Gewerbe bewerkstelligt werden soll, gewachsene Strukturen erhalten werden sollen (das würde zeigen: die vertikale Gliederung funktioniert auch wirtschaftlich) oder der Gefahr der Verödung begegnet werden

---

28 BVerwG, Beschl. v. 04.06.1991 – 4 NB 35.89 –, BVerwGE 88, 268 = BauR 1991, 718 = BRS 52 Nr. 9.

soll. Kein für sich zureichender Grund ist allerdings das Bestreben, dort eine bestimmte Wohnungsanzahl sicherzustellen.

Vertikale Nutzungsregelungen sind solche der Nutzungsart, nicht des Nutzungsmaßes. Sie können nicht auf dem Wege des § 34 Abs. 2 BauGB oder durch eine Anwendung des § 15 BauNVO erreicht werden. Nach der Rechtsprechung des Bundesverwaltungsgerichts[29] kann dies vielmehr allein durch planerische Steuerung der Gemeinde entstehen. Das verdrießt Boeddinghaus[30]. Die vertikale Gliederung sei ein sehr altes Prinzip, das gerade nicht modern geprägte Städte beherrscht habe. Nun müssten die Gemeinden auf einmal doch planen.

Eine Subdifferenzierung nach Art des § 1 Abs. 9 BauNVO lässt § 1 Abs. 7 BauNVO jedenfalls dem VGH Mannheim[31] zufolge nicht zu. Nur „ganze" der in den Nutzungskatalogen aufgeführten Nutzungsarten (das ist nicht mit dem unzulässigen „Nummerndogma" zu verwechseln) dürften vertikal gegliedert werden. Und auch dann nur für die „ganze Ebene".

Horizontale Gliederung

Grundlegend ist hier das Urteil des Bundesverwaltungsgerichts vom 22. Mai 1987[32]: Kein Nummerndogma.

§ 1 Abs. 4 BauNVO lässt die Gliederung eines reinen Wohngebiets nicht zu. Der Gesetzgeber sieht dazu keinen Bedarf. Ob das noch immer ganz triftig ist, wäre ggf. diskussionsbedürftig. Je mehr Regelnutzungen (Kindertagesstätten, § 3 Abs. 2 Nr. 2 BauNVO n. F. mit der bemerkenswerten Überleitungsregelung in § 245a Abs. 1 BauGB) dort zulässig werden, umso eher ließe sich ein anderer Standpunkt rechtfertigen.

---

29 BVerwG, Beschl. v. 12.02.1990 – 4 B 240.89 –, ZfBR 1989, 157 = BauR 1990, 326 = BRS 50 Nr. 79.

30 Boeddinghaus, Bodenrechtlich relevante Merkmale im unbebauten Innenbereich, ZfBR 1991, 9, 11.

31 VGH Mannheim, Urt. v. 15.10.1993 – 3 S 335.92 –, BWVBl 1994, 353, juris Rn. 38.

32 BVerwG, Urt. v. 22.05.1987 – 4 C 77.84 –, BVerwGE 77, 317 = BRS 47 Nr. 58.

Eine weitere Möglichkeit, Wohnnutzungen zu steuern, enthält § 22 BauGB

Kur- und Fremdenverkehrsorte sollen dadurch vor Zweitwohnungen bewahrt werden, dass der zivilrechtliche Vorgang „Begründung oder Teilung Wohnungseigentum oder Teileigentum" der Genehmigungspflicht unterworfen wird. Das ist jedenfalls der Vorgang, an den das Gesetz bislang anknüpft. Es ist eine Spekulation wert, ob von diesem zivilrechtlichen Vorgang bei Schaffung der Vorschrift[33] die meiste Gefahr für die Umwandlung von „Dauer"- in Zweitwohnungen ausgeht oder ob in der damals regierenden schwarz-gelben Koalition Bedenken der FDP gegen eine weitergehende Beschneidung privatrechtlicher Befugnisse hätte Rechnung getragen werden sollen. Bislang jedenfalls knüpft der Gesetzgeber nur an diese, möglicherweise noch immer häufigste zivilrechtliche Form an, mit der eine Zweitwohnungsnutzung vorbereitet wird. § 22 BauGB bisheriger Fassung ermöglicht es damit nicht, der mit gleichem Nutzungsziel verfolgten Bildung von Bruchteilseigentum entgegenzutreten. Die Zivilgerichtsbarkeit verneint ein Umgehungsgeschäft[34], wenn dieses mit gleichem Nutzungsziel gebildet wird. § 22 BauGB bietet daher nur einen gewissen, nicht aber einen „flächendeckenden" Schutz gegen die Bildung von Zweitwohnungen[35]. Die Leiden (möglicherweise) nicht nur norddeutscher Gemeinden an „Rollladensiedlungen" sind Grundlage einer Initiative, mit § 22 BauGB auch Bruchteilseigentum zu erfassen, auf Bundesebene zwischen Dauer-, Ferien- und Zweitwohnen zu differenzieren und überhaupt den Gemeinden etwa durch Änderung Niedersächsischen Rechts Möglichkeiten zu geben, die Wohnnutzung besser steuern zu können[36].

Man muss aber wohl kein großer Prophet sein, um zu weissagen, findigen Anwälten/ Notaren würden weitere Mittel und Wege zu dem Ziel einfallen, Zweitwohnungsnutzung zivilrechtlich in einer Weise dauerhaft zu untermauern, die auch von der beabsichtigten Neufassung des § 22 BauGB nicht

---

33 Baugesetzbuch (BauGB) v. 08.12.1986, BGBl. I S. 2191.

34 Schleswig-Holsteinische OLG, Beschl. v. 19.07.2000 – 2 W 112.00 –, BRS 63 Nr. 129 = MDR 2000, 1185.

35 OVG Lüneburg, Urt. v. 18.09.2014 – 1 KN 123.12 –, ZfBR 2014, 767 = BauR 2015, 452; juris Rn. 31; so schon unveröff. OVG Lüneburg, Beschl. v. 11.05.2011 – 1 LA 77.10 –.

36 Nds LT, Drs. 17/1980 v. 11.09.2014.

erfasst wird. Möglicherweise bieten das Gesellschaftsrecht (§ 705 ff. BGB) oder Einrichtungen wie Nießbrauch und (beschränkte) Dienstbarkeiten hierfür eine Grundlage.

§ 172 BauGB

Milieuschutz kann durch § 172 Abs. 1 Satz 1 Nr. 2, Satz 4, Abs. 4 BauGB festgesetzt werden.

Das OVG Lüneburg[37] hat nunmehr klargestellt: § 172 BauGB ist Teil des besonderen Städtebaurechts, das auch im vereinfachten Genehmigungsverfahren als „Planungsrecht" (§ 63 Abs. 1 Satz 2 Nr. 1 NBauO 2012) zu beachten ist. In dieser Entscheidung wird zudem dargelegt, dass sich die Einvernehmensfiktion des § 173 Abs. 1 Satz 1 i. V. m. § 22 Abs. 5 Satz 4 BauGB nur bezieht auf diejenigen Fälle, in denen die Gemeinde selbst gemäß § 173 Abs. 1 Satz 1 BauGB die Genehmigung nach der Erhaltungssatzung erteilt. Entscheidet hingegen gem. § 173 Abs. 1 Satz 2 BauGB die Bauaufsichtsbehörde im Rahmen des Baugenehmigungsverfahrens über die Genehmigung nach Erhaltungssatzungsrecht mit, ist § 22 Abs. 5 Satz 4 BauGB weder direkt noch analog anzuwenden, selbst wenn sie dies nur im Einvernehmen mit der Gemeinde tun darf.

Als Ertrag der grundlegenden Entscheidung des Bundesverwaltungsgerichts vom 4. Dezember 2014[38] zum bewohnbaren Lärmschutzwall (Plattenbau) lässt sich festhalten: § 172 BauGB enthält kein Passepartout-Instrument, mit dem die Gemeinde eine nach ihrer Einschätzung nachhaltige bauliche Entwicklung sicherstellen kann, um sozialen oder wirtschaftlichen sowie Anforderungen des Umweltschutzes zu genügen.

Geklärt durch die Rechtsprechung des Bundesverwaltungsgerichts[39] ist ferner, dass der Genehmigungspflicht nach § 172 Abs. 1 Satz 2 Nr. 2, Abs. 4 BauGB auch nicht vermietete Wohnungen unterfallen. Diese zunächst

---

37 Nach dem unveröffentlichten OVG Lüneburg, Beschl. v. 22.01.2014 – 1 ME 207.13 – jetzt explizit im OVG Lüneburg, Beschl. v. 10.09.2015 – 1 LA 90.15 –, ZfBR 2015, 790, im Anschluss an OVG Lüneburg, Urt. v. 30.04.2014 – 1 LB 200.12 –, juris Rn. 17 = BauR 2014, 1455.

38 BVerwG, Urt. v. 04.12.2014 – 4 CN 7.13 –, BVerwGE 151, 27.

39 BVerwG, Urt. v. 30.06.2004 – 4 C 1.03 –, BVerwGE 1221, 169 = BRS 67 Nr. 230.

überraschende Wendung verdankt sich der zutreffenden Erkenntnis, Wohnungen in solchen, zuweilen liebevoll „Kiez“ genannten Gebieten seien begehrt und würden drum alsbald wieder vermietet werden. Daher ist es zum Schutz der angestammten Wohnbevölkerung gerechtfertigt, die Genehmigungspflicht entsprechend weit zu sehen.

Der Genehmigungstatbestand des § 172 Abs. 4 Satz 3 Nr. 6 BauGB gilt nach der soeben zitierten Entscheidung nicht für den, der die Wohnung mit Erwerbsabsicht anmietet. Da wird die Absicht der „Gentrifizierung“ offenbar vermutet.

Schwierig in seinen Auswirkungen ist § 172 Abs. 4 Satz 3 Nr. 1 BauGB. Milieuschutzrelevant sind alle Maßnahmen, die sich auf die Miethöhe aus- und daher bewirken können, so dass die angestammte Bevölkerung aus finanziellen Gründen weichen muss. Andererseits: Zille-Milieu muss es nicht gerade bleiben müssen. Rußige Kohleöfen und Einfachverglasung hat auch das Milieu nicht mehr verdient. Gasetagenheizung und Isolierverglasung dürfen es schon sein.

Schon streitig ist und gern verneint wird, ob der Einbau eines Aufzugs in unzulässiger Weise den Mietpreis in die Höhe treibt. Das klingt vermeintlich einsichtig. Nur: Familien mit kleinen Kindern und kleinem Geldbeutel hält die Verneinung des Genehmigungstatbestandes nach § 172 Abs. 4 Satz 3 Nr. 1 BauGB für den Einbau eines Aufzugs zuverlässig aus solchen attraktiven Gebieten mit günstigem Mietzins fern. Denn auch die Hausflure derartiger Gebäude werden nicht immer so ausreichend dimensioniert sein, dass Kinderwagen dort geparkt werden können, ohne dass Brandschutzinteressen oder mietvertragliches Freihaltungsinteresse nachteilig berührt sind. Bedenkenswert ist möglicherweise auch, dass selbst „Kiezbewohner“ zuweilen in die Jahre kommen. Billiger Wohnraum im Milieu ist schön. Lästig sind aber die Beschwernisse, nach Einsetzung einer neuen Hüfte ohne Aufzug in diesen Wohnraum zu gelangen.

Abschließender Exkurs zur Steuerung der Wohnnutzung

Steuerung der Schutzwürdigkeit von „Dauerwohnen“?

Klar ist: Mit der Zuweisung zu Baugebieten nach §§ 2 ff. BauNVO wird dort zulässigem Wohnen unterschiedlicher (insbesondere: Lärm-)Schutz zuerkannt.

Es stellt sich die Frage, in welchem Umfang die Gemeinde dieses Schutzniveau „korrigieren“ darf. Hintergrund solcher Überlegungen könnten zum einen Zeiten (mal wieder) knapperen Wohnraums, außerdem §§ 1a Abs. 2 Satz 1, 13a BauGB sein, welche die Aktivierung brachliegender stadtnaher Flächen nahelegen. Diese sind nicht immer idyllisch, sondern zuweilen in (vor allem: akustisch) prekärer Nachbarschaft gelegen. Unter anderem dann kann sich die Frage stellen, welchen Umfangs die Gemeinde bei Schaffung von Wohnraumquartieren das nach den §§ 2 ff. BauNVO an sich festgelegte Schutzniveau ändern, d. h. unterschreiten darf. Dass ihr dies grundsätzlich nicht verwehrt ist, zeigt die bemerkenswerte Entscheidung des Bundesverwaltungsgerichts vom 22. März 2007[40]. Diese hat den folgenden Leitsatz: „Weist ein Bebauungsplan ein neues Wohngebiet (WA) aus, das durch vorhandene Verkehrswege Lärmbelastungen ausgesetzt wird, die an den Gebietsrändern deutlich über den Orientierungswerten der DIN 18005 liegen, ist es nicht von vornherein abwägungsfehlerhaft, auf aktiven Schallschutz durch Lärmschutzwälle oder -wände zu verzichten. Je nach den Umständen des Einzelfalls, z. B. in dicht besiedelten Gebieten, kann es abwägungsfehlerfrei sein, eine Minderung der Immissionen durch eine Kombination von passivem Schallschutz, Stellung und Gestaltung von Gebäuden sowie Anordnung der Wohn- und Schlafräume zu erreichen.“

Das Abwägungsgebot kann es also rechtfertigen, allgemeine Wohnbebauung Lärmmengen auszusetzen, die als Regel-(Orientierungs-)Werte Quartieren zugewiesen sind, die nicht nur „um ein Baugebiet (= + 5 dB(A)) höher“ sind, sondern sogar eines „überspringen“ und damit „nur“ dem „zweitnächsten Baugebiet“ (+ 10 dB(A)) entsprechen. Das setzt allerdings voraus, es existierten städtebauliche Belange entsprechenden Gewichts, außerdem, dass die Gemeinde all die Möglichkeiten von passivem Schallschutz, Stellung und Gestaltung von Gebäuden sowie Anordnung der Wohn- und Schlafräume ausgenutzt hat, welche etwas salopp als „akustische Käfighaltung“ bezeichnet werden.

Dem Vernehmen nach soll der heutige Referent, Herr Prof. Dr. Schmidt-Eichstaedt, auf der Veranstaltung der Deutschen Richterakademie in Wustrau vom März 2015 „Entwicklungen im öffentlichen Baurecht“ in

40 BVerwG, Urt. v. 22.03.2007 – 4 CN 2.06 –, BVerwGE 128, 238 = DVBl 2007, 834 = NVwZ 2007, 831 = BRS 71 Nr. 5.

seinem Vortrag zum Thema „Möglichkeiten und Grenzen der Innenentwicklung von Gemeinden (unter besonderer Berücksichtigung des Vorrangs der Innenentwicklung nach § 1a Abs. 2 BauGB)" die These vertreten haben, in Angebotsbebauungsplänen könnten reine Wohngebiete mit der textlichen Maßgabe festgesetzt werden, sie genössen nur den akustischen Schutz eines allgemeinen Wohngebiets (wohl Gliederungspunkt 1.2 dieses Vortrags). Das soll dort kontrovers diskutiert worden sein.

Die Entscheidung des Bundesverwaltungsgerichts vom 22. März 2007[41] im Rücken könnte man die Frage aufwerfen, ob es die Lockerung, welche § 12 Abs. 3 Satz 2 BauGB dem vorhabenbezogenen Bebauungsplan hinsichtlich der Beachtung des Baugesetzbuchs und der Baunutzungsverordnung gewährt, rechtfertigt, mit ihm ein reines Wohngebiet festzusetzen, dem der Plangeber ausdrücklich nur den akustischen Schutz eines Mischgebiets zubilligt. Solche Planungsabsichten waren der Hintergrund für den Beschluss des OVG Lüneburgs vom 10. Dezember 2008[42]. Das dort projektierte Wohngebiet hätte nach Art einer Wurt, d. h. ringartig mit einem Wall umgeben werden sollen, welcher den insbesondere von einer nahen Spedition ausgehenden Lärm hätte abschirmen sollen. Die lärmdämpfende Wirkung des Walls reichte aber nur aus, auf den Bauflächen die für ein Mischgebiet geltenden Lärm-Orientierungswerte zu erreichen.

Natürlich wird man einwenden können, § 12 Abs. 3 Satz 2 BauGB suspendiere nicht von der Berücksichtigung der Leitlinien- und Ordnungsfunktion, welche das Baugesetzbuch und die Baunutzungsverordnung erfüllten[43]. Es soll ähnlich liegen wie bei der Ausgestaltung eines Sondergebiets. Auch hier darf die Gemeinde die in §§ 2–9 BauNVO verkörperten Ordnungsprinzipien nicht verlassen. Die Frage ist nur, wie elastisch man das handhaben, d. h. wie weit die Gemeinde den Bogen spannen darf, ohne diese Leitlinien zu verraten. Der Charme einer solchen Lösung (WR mit Lärm-Schutzanspruch eines MI) läge darin, dass das Baugebiet selbst kaum Lärmquellen enthält (Kindertagesstätten sollen nicht als solche gelten, § 3 Abs. 2 Nr. 2 BauNVO n. F.) und daher nur „außendeichs" erzeugtem Lärm ausgesetzt

---

41 ebenda.

42 OVG Lüneburg, Beschl. v. 10.12.2008 – 1 LA 150.06 –, ZfBR 2009, 274.

43 Vgl. BVerwG, Urt. v. 06.06.2002 – 4 CN 4.01 –, BVerwGE 116, 296 = NVwZ 2003, 98 = BRS 65 Nr. 78.

wird. Es ist die Frage, ob das *do ut des*, d. h. das Geflecht wechselseitiger Vor- und Nachteile eines Mischgebiets, gerade darin besteht, höhere Lärmfrachten als Preis für die Möglichkeit rentablerer Nutzungsmöglichkeiten hinnehmen zu müssen.

Christian-W. Otto

Die zunehmende Bedeutung des Planungsrechts für das Abstandsflächenrecht

Abstract Der Fokus dieses Beitrages liegt im Abstandsflächenrecht und insbesondere seiner steigenden Bedeutung für das Planungsrecht. Neben der grenzständigen Bebauung, der abweichenden Bebauung und der festsetzbaren Tiefe von Abstandsflächen werden jene ebenso im Kontext des planungsrechtlichen Innenbereichs betrachtet.

This article focuses on the legislation of distance space, in particular the rising meaning of it for the planning law. Beside the boundary development, the deviated development and the determinable depth of distance spaces, the article contemplates also the distance spaces in conjunction with the continuously built-up area, defined by planning law.

I. Allgemeines

Das Planungsrecht hat seit jeher auf das Abstandsflächenrecht eingewirkt. Die Landesgesetzgeber hatten bei der Normierung des Abstandsflächenrechts erkannt, dass die mit dem Abstandsflächenrecht zusammenhängenden Schutzziele von den planungsrechtlichen Vorgaben in der Weise abhängen, dass unter bestimmten Voraussetzungen die Ziele und Zwecke des Abstandsflächenrechts bei einer Verkürzung oder bei einem Wegfall von Abstandsflächen nicht beeinträchtigt werden und das Abstandsflächenrecht nicht das, was planungsrechtlich zulässig ist, in jedem Fall verhindern darf.[1] Umgekehrt finden sich im Bundesrecht Bezugnahmen auf das Abstandsflächenrecht bzw. das Bauordnungsrecht. Zu nennen ist etwa die Erleichterung in § 23 Abs. 5 Satz 2 BauNVO[2] oder die Anwendung des Vollgeschossbegriffes der Bauordnung für die Berechnung der Geschossfläche nach § 20

1 Vgl. BVerwG, Beschl. v. 11.03.1994 – 4 B 53/94 – ZfBR 1994, 192 ff.

2 Verordnung über die bauliche Nutzung der Grundstücke (Baunutzungsverordnung – BauNVO) in der Fassung der Bekanntmachung v. 23. Januar 1990 (BGBl. I S. 132), zuletzt geändert durch Art. 2 d. G. v. 11. Juni 2013 (BGBl. I S. 1548).

Abs. 3 BauNVO bzw. der Baumasse nach § 21 Abs. 2 BauNVO oder – betreffend das Abstandsflächenrecht – die Bestimmung dessen, was eine offene Bauweise im Sinne von § 22 Abs. 2 BauNVO ist.

Für die Beantwortung der Frage, welche Bedeutung das Planungsrecht für das Abstandsflächenrecht besitzt, lässt sich in Bezug auf die Erforderlichkeit von Abstandsflächen die bundeseinheitliche Antwort geben, dass es für die sonstige Beeinflussung des Bauordnungsrechtes einer Betrachtung der einzelnen Bauordnungen bedarf.

II. Grenzständige Bebauung

In allen Landesbauordnungen ist geregelt, dass bei einer grenzständigen Bebauung Abstandsflächen vor den Außenwänden nicht erforderlich sind, wenn die grenzständige Errichtung der Außenwand planungsrechtlich zulässig ist[3].

Diese Einflussnahme des Planungsrechts auf das Abstandsflächenrecht bei einer grenzständigen Bebauung ist jedoch nur auf den ersten Blick unproblematisch. Denn bei näherer Betrachtung stellt sich die Frage, unter welchen Voraussetzungen das Planungsrecht eine grenzständige Bebauung erlaubt. Grund dafür ist, dass im Planungsrecht eine grenzständige Bebauung als solche nur für die geschlossene Bauweise nach § 22 Abs. 3 BauNVO sowie bei der Festsetzung von Doppelhäusern und Hausgruppen ausdrücklich vorgesehen ist. Darüber hinaus können im Bebauungsplan weitere grenzständige Bebauungsmöglichkeiten bestimmt werden. Augenscheinlich gilt dies insbesondere für Baugrenzen oder Baulinien, die in Bebauungsplänen festgesetzt werden, wenn die Gemeinde eine Bebauung entlang von Verkehrsflächen beabsichtigt. Bei diesen Festsetzungen, die insbesondere in innerstädtischen Gebieten häufig getroffen werden, verläuft die Grundstücksgrenze regelmäßig entlang der Grenze der Verkehrsfläche, so dass die Festsetzung der Baugrenze oder Baulinie entlang der Verkehrsfläche zugleich auch eine grenzständige Bebauung vorschreibt oder ermöglicht.[4]

---

3 Vgl. etwa § 6 Abs. 1 Satz 2 Nr. 1 HessBO (Hessische Bauordnung v. 18. Februar 2011 (GVBl. I S. 46)).

4 Siehe dazu Hornmann, Hessische Bauordnung, 2. Auflage, § 6 Rn. 47; a. A. Breyer, in: Große-Suchsdorf (Hrsg.), Niedersächsische Bauordnung, 9. Auflage, § 5 Rn. 146.

Dadurch soll eine grenzständige Bebauung i. S. von § 6 Abs. 1 Satz 2 Nr. 1 MBO 2012[5] ermöglicht werden, so dass auch vor den Außenwänden dieser grenzständig stehenden Gebäude Abstandsflächen nicht erforderlich sind. Die Regelung, dass die Abstandsfläche sich bis zur Mitte der Verkehrsfläche erstrecken darf[6], ist in diesen Konstellationen nicht einschlägig.

III. Abweichende Bauweise

Eine Abstandsfläche ist auch dann nicht erforderlich, wenn bei Festsetzung einer abweichenden Bauweise Gebäude an die Nachbargrenze gebaut werden dürfen. Derartige Bebauungsmöglichkeiten kann der Plangeber etwa vorsehen, wenn er eine einseitige grenzständige Bebauung oder eine rückseitige grenzständige Bebauung beabsichtigt und in Ausrichtung auf vorhandene Grenzen im Bebauungsplan Baulinien oder Baugrenzen festsetzt. Auch in diesen Fällen, in denen die festgesetzten Baulinien oder Baugrenzen auf den vorhandenen Grundstücksgrenzen verlaufen, ist eine grenzständige Bebauung i. S. d. Abstandsflächenrechts planungsrechtlich vorgesehen. Dies gilt sowohl im Geltungsbereich eines Bebauungsplans, in dem die Gemeinde eine solche Bebauungsmöglichkeit festsetzt, als auch bei der Beurteilung des Vorhabens nach § 34 BauGB[7], wenn eine grenzständige Bebauung nach dem Kriterium der „überbaubaren Grundstücksfläche“ zulässig ist.

In diesen Fällen, in denen durch planungsrechtliche Festsetzungen auf die vorhandenen Grundstücksgrenzen Bezug genommen wird oder in denen nach der Eigenart der näheren Umgebung die überbaubare Grundstücksfläche sich an den Grundstücksgrenzen orientiert, wird nicht einzuwenden sein, dass die Bestimmung von Grundstücksgrenzen im Bebauungsplan nicht möglich ist oder die Grundstücksgrenze nach § 34 BauGB keine Bedeutung für die Zulässigkeit von Bauvorhaben besitzt. Denn es ist dem Plangeber unbenommen, die vorhandenen Grundstücksgrenzen zum Bestandteil seiner planerischen Abwägung und zur Grundlage seiner Planungsentscheidung zu

---

5 Musterbauordnung (MBO 2012) in der Fassung v. November 2002, zuletzt geändert durch d. Beschl. d. Bauministerkonferenz v. 21. September 2012.

6 Vgl. § 6 Abs. 2 Satz 2 MBO.

7 Baugesetzbuch (BauGB) in der Fassung der Bekanntmachung v. 23. September 2004 (BGBl. I S. 2414), zuletzt geändert durch Art. 6 d. G. v. 20. Oktober 2015 (BGBl. I S. 1722).

machen. Ebenso kann nach § 34 BauGB die vorhandene Grenzbebauung nach den in § 34 Abs. 1 BauGB genannten Kriterien für die Zulässigkeit einer weiteren Nachbargrenzbebauung bestimmend sein.

Anders ist die Situation zu beurteilen, wenn nach dem erkennbaren Willen der Gemeinde eine grenzständige Bebauung nicht gewollt ist. Ist eine offene Bauweise in Kombination mit der überbaubaren Grundstücksfläche in einer Weise festgesetzt, die erkennen lässt, dass mit einem Grenzabstand gebaut werden soll, ist es den Eigentümern nicht möglich, mit Hilfe einer geschickten Teilung der Grundstücke zu einer planungsrechtlich zulässigen Grenzbebauung i. S. d. Abstandsflächenrechts zu gelangen. Eine Abstandsfläche bleibt dann auch bei einer grenzständigen Bebauung erforderlich.

Anders verhält es sich hingegen, wenn die Gemeinde die Bauweise nicht festsetzt, so dass es planungsrechtlich möglich ist, die Grundstücke so zu teilen, dass die Gebäude grenzständig stehen. In diesen Fällen ist eine grenzständige Bebauung planungsrechtlich zulässig, so dass der Effekt des § 6 Abs. 1 Satz 3 Nr. 1 MBO 2012 eintritt und Abstandsflächen nicht erforderlich sind.

IV. Festgesetzte Tiefe der Abstandsfläche

Über die klassische Beeinflussung des Abstandsflächenrechts durch das Planungsrecht in Bezug auf das Erfordernis von Abstandsflächen besitzen planungsrechtliche Festsetzungen eine erhebliche Bedeutung für die Tiefe von Abstandsflächen. Auch insoweit ist zunächst auf die Bestimmungen der Landesbauordnungen abzustellen. Beispielgebend dafür, welche Regelungsmöglichkeiten sich den Landesgesetzgebern eröffnen, sind die Bauordnungen, in denen das Verhältnis zwischen Abstandsflächenrecht und Satzungsrecht geregelt ist. Der Berliner Landesgesetzgeber hat in § 6 Abs. 8 BauO Bln[8] eine Regelung getroffen, die die landesrechtlichen Bestimmungen über die Tiefe der Abstandsflächen hinter das Planungsrecht zurücktreten lassen. Danach gilt, *„dass, soweit sich durch Festsetzung der Grundflächen der Gebäude mittels Baulinien oder Baugrenzen in Verbindung mit der Festsetzung der Zahl der Vollgeschosse oder durch andere ausdrückliche Festsetzungen in einem Bebauungsplan geringere Abstandsflächen ergeben, es damit sein*

8 Bauordnung für Berlin (BauO Bln) v. 29. September 2005 (GVBl. S. 495).

Bewenden hat". Ähnliches gilt in Rheinland-Pfalz. Die Bauordnung ist mit Landtagsbeschluss vom 27.05.2015 geändert worden. Danach ist in § 8 Abs. 11 LBauO[9] bestimmt: „*Geringere Abstandsflächen sind zulässig, wenn durch sie aus zwingenden Festsetzungen der Grundflächen der Gebäude und der Zahl der Vollgeschosse oder durch andere zwingende Festsetzungen eines Bebauungsplans, aus der Sonderregelung zur sparsamen und effizienten Nutzung von Energie nach § 248 BauGB oder aus einer örtlichen Bauvorschrift nach § 88 folgen und die Beleuchtung mit Tageslicht, die Lüftung und der Brandschutz gewährleistet sind; entsprechendes gilt für größere Abstandsflächen.*" Der Gesetzgeber in Thüringen hat vergleichbares in § 6 Abs. 5 Satz 4 ThürBO[10] geregelt: „*Werden von einer städtebaulichen Satzung oder einer Satzung nach § 88 Außenwände zugelassen oder vorgeschrieben, vor denen Abstandsflächen größerer oder geringerer Tiefe als nach den Sätzen 1 bis 3 liegen müssten, finden die Sätze 1 bis 3 keine Anwendung, es sei denn, die Satzung ordnet die Geltung dieser Regelungen an.*" Ebenso bzw. ähnlich ist es in der Bauordnung Mecklenburg-Vorpommerns[11] und in der Hessischen Bauordnung[12] geregelt. Für die Sächsische Bauordnung ist in § 6 Abs. 5 Satz 4 SächsBO[13] eine solche Regelung vorgesehen.[14] Die Novellierungsvorschläge in Berlin und Brandenburg sehen eine solche Regelung ebenfalls vor[15].[16] Der Gesetzgeber in Schleswig-Holstein hat eine gleichlautende Änderung ebenfalls vorgeschlagen.[17] In Nordrhein-Westfalen ist ein Regelungsvorbehalt nur für örtliche Bauvorschriften vorgesehen.[18]

Die Landesgesetzgeber beabsichtigen mit diesen Regelungen, den satzungsrechtlichen Regelungen betreffend, der Tiefe der Abstandsfläche Vorfahrt vor den bauordnungsrechtlichen Regelungen zu geben. Motivation für diese Fortentwicklung des Abstandsflächenrechts ist zumeist das Bestreben,

---

9 Bauordnung Rheinland-Pfalz (LBauO) v. 24. November 1998 (GVBl. S. 365).
10 Thüringer Bauordnung (ThürBO) v. 13. März 2014 (GVBl. S. 49).
11 V. 15. Oktober 2015 (GVOBl. S. 344).
12 § 6 Abs. 11 HBO.
13 Sächsische Bauordnung (SächsBO) v. 1. Mai 2014 (GVBl. S. 227).
14 Vgl. Lt-Drucks. 6/2773 v. 21.09.2015.
15 Vgl. etwa § 6 Abs. 5 Satz 3 BbgBO.
16 Vgl. Referentenentwurf ggf. Aktenzeichen v. 05.05.2015.
17 Vgl. Lt-Drucks. 18/2778 v. 04.03.2015, S. 7.
18 Vgl. § 6 Abs. 5 Satz 1 BauO NRW.

sich der MBO 2012 anzupassen. In ihr ist das Verhältnis von Abstandsflächenrecht und Bauplanungsrecht zugunsten des Planungsrechts verschoben worden. Das Bauordnungsrecht tritt danach deutlich hinter das Planungsrecht zurück. Vorbild ist § 6 Abs. 5 Satz 4 MBO 2012. Dort heißt es: „*Werden von einer städtebaulichen Satzung oder einer Satzung nach § 86 Außenwände zugelassen oder vorgeschrieben, vor denen Abstandsflächen größerer oder geringerer Tiefe als nach den Sätzen 1 bis 3 liegen müssten, finden die Sätze 1 bis 3 keine Anwendung, es sei denn, die Satzung ordnet die Geltung dieser Vorschriften an.*“

Die Tiefenregelungen der Bauordnungen geraten damit, wie bereits seit langer Zeit in Berlin (§ 6 Abs. 8 BauO Bln), unter einen Satzungsvorbehalt. Es kommt also zu einer unmittelbaren Einwirkung des Planungsrechts auf das Abstandsflächenrecht. Der Satzungsgeber muss, wenn er mit seinen Festsetzungen die Tiefe der Abstandsfläche bestimmt, prüfen und abwägen, ob die veränderte Tiefe der Abstandsfläche unter der Zielstellung des Abstandsflächenrechts Ergebnis einer gerechten Abwägung im Sinne von § 1 Abs. 7 BauGB ist.[19] Da dem Satzungsgeber diese abstandsflächenrechtsspezifische Aufgabe zufällt, ist dieser Regelungsmechanismus aus der Sicht des Abstandsflächenrechts unbedenklich.

Anders verhält es sich offensichtlich in Brandenburg. In der Brandenburgischen Bauordnung finden sich keine Regelungen, die das Verhältnis zwischen den Regelungen über die Tiefe der Abstandsfläche und dem Planungsrecht ausgestalten. In Folge der Entscheidung des Landesgesetzgebers, das Abstandsflächenrecht nicht kraft Gesetzes hinter das Planungsrecht zurücktreten zu lassen, bedarf es einer Abweichung nach § 60 BbgBO[20], durch die die Regelungen des Abstandsflächenrechts mit denen des Planungsrechts kompatibel gemacht werden. Dies bedeutet für die plangebende Gemeinde, dass sie bei der Aufstellung des Bebauungsplanes oder örtliche Bauvorschriften darauf achten muss, ob ihre Festsetzungen in abstandsflächenrechtlicher Hinsicht verwirklicht werden können und ob ggf. eine Abweichung erforderlich

19 Vgl. OVG Berlin-Brandenburg, Urt. v. 18.12.2007 – OVG 2A 3/07: „Ergeben sich durch Festsetzungen eines Bebauungsplans geringere Abstandsflächen (§ 6 Abs. 8 BauO Bln), müssen deren Auswirkungen auf die Schutzgüter des Abstandsflächenrechts in der Abwägung berücksichtigt werden.“

20 Brandenburgische Bauordnung (BbgBO) v. 29. November 2010 (GVBl. Nr. 39).

ist. Sofern eine Abweichung erforderlich ist, muss in eine Abweichungslage hinein geplant werden.

Diesen Weg, in eine Abwägungslage hinein zu planen, hält das OVG Lüneburg nicht für erforderlich. Es hat in seinem Beschluss vom 22. Dezember 2014[21] entschieden, dass planungsrechtliche Festsetzungen über die Tiefe der Abstandsfläche nach § 9 Abs. 1 Nr. 2a BauGB den Regelungen des Abstandsflächenrechts vorgehen, ohne dass es dafür einer Entscheidung des Landesgesetzgebers bedarf. Denn § 9 Abs. 1 Nr. 2a BauGB bewirke dem Wortlaut der Vorschrift zufolge, dass im Geltungsbereich einer entsprechenden Festsetzung der rechtlich erforderliche Grenzabstand ein von der Landesbauordnung abweichendes Maß aufweist, also die Festsetzung zum Abstandsmaß die Vorschrift des § 5 Abs. 2 NBauO[22] verdrängt.[23] Sollte das OVG Lüneburg mit seiner Auslegung des Verhältnisses zwischen Bundesrecht und Landesrecht in grundsätzlicher Weise richtig liegen, so wären die oben vorgestellten Regelungen der Bauordnungen über die satzungsrechtliche Verkürzung oder Vergrößerung der Abstandsflächentiefe überflüssig. Die Existenz dieser Regelungen spricht vielmehr dafür, dass die Rechtsprechung in Niedersachsen nicht unbesehen auf andere Landesbauordnungen übertragen werden darf.

V. Abstandsflächen nach Maßgabe von § 34 BauGB

a) Erforderlichkeit von Abstandsflächen

Bauordnungsrechtlich äußerst bemerkenswert sind Regelungen der Landesgesetzgeber, die in Orientierung an § 6 Abs. 1 Satz 3 MBO 2012 die Erforderlichkeit von Abstandsflächen unter den Zulassungsvorbehalt des § 34 BauGB stellen.[24] Solche Neuregelungen finden sich in Thüringen und

---

21 Vgl. OVG Lüneburg, Beschl. v. 22.12.2014 – 1 MN 118/14.

22 Niedersächsische Bauordnung (NBauO) v. 23. Juli 2014 (GVBl. S. 206).

23 A. A. Gierke, in: Brügelmann (Hrsg.), Baugesetzbuch Kommentar, Loseblattsammlung, Stand: 69. Lfg., Januar 2009, § 9 BauGB Rn. 113ap ff.; Boeddinghaus, Zur planungsrechtlichen Regelung der bauordnungsrechtlich definierten Abstandsflächen, BauR 2007, 641, 648 f.

24 Dazu eingehen Otto, Geändertes Abstandsflächenrecht der Musterbauordnung 2012 (MBO) – Droht das Abstandsflächenrecht im Chaos zu versinken?, ZfBR 2014, 24 ff.

Mecklenburg-Vorpommern. In der Thüringer Bauordnung ist in § 6 Abs. 1 Satz 3 geregelt: *„Eine Abstandsfläche ist nicht erforderlich*

1. *vor Außenwänden, die an Grundstücksgrenzen errichtet werden, wenn nach planungsrechtlichen Vorschriften an die Grenze gebaut werden muss oder gebaut werden darf, oder*
2. *soweit nach der umgebenden Bebauung im Sinne des § 34 Abs. 1 Satz 1 BauGB abweichende Gebäudeabstände zulässig sind.“*

Gleiches ist in Mecklenburg-Vorpommern nach der Novelle der Bauordnung vom 15.10.2015[25] in § 6 Abs. 1 Satz 3 BauO M-V[26] geregelt. Die Gesetzgeber in Berlin, Brandenburg, Sachsen-Anhalt und Sachsen haben nach anfänglichen Überlegungen von dieser Änderung der Bauordnung abgesehen.

Diese Verknüpfung des Abstandsflächenrechts mit § 34 BauGB ist nur dann sinnvoll, wenn § 34 BauGB geeignet ist, den Wegfall der Abstandsfläche zu kompensieren. Fraglich ist, ob § 34 BauGB nach seinem Regelungsinhalt geeignet ist, als eine Ersatzabstandsflächenregelung zu dienen.

b) Abstandsflächenrechtliche Neutralität von § 34 BauGB

§ 34 Abs. 1 BauGB ist nicht ein Ersatzplan, sondern ein Planersatz.[27] Als Planersatzvorschrift wird in § 34 Abs. 1 BauGB auf die vorhandene Bebauung und ihre Eigenart abgestellt, um die Zulässigkeit eines Bauvorhabens zu bestimmen. Der sich aus der Eigenart der näheren Umgebung ergebende Zulässigkeitsmaßstab ist, so das Bundesverwaltungsgericht, *„notwendig grob und ungenau“*[28]

Die im Abstandsflächenrecht geregelten Abstände zwischen Gebäuden und baulichen Anlagen (Gebäudeabstand), zwischen den Außenwänden von Gebäuden (Wandabstand) und zwischen den baulichen Anlagen und den Grundstücksgrenzen (Grenzabstand) sind als solche für das Einfügungsgebot nach § 34 BauGB irrelevant. Die Lage baulicher Anlagen zueinander

25 GVOBl. S. 344.
26 Landesbauordnung Mecklenburg-Vorpommern (LBauO M-V) v. 20. Mai 2011 (GVBl. S. 323).
27 Vgl. BVerwG, Urt. v. 13.06.1969 – 4 C 234/65 – BVerwGE 32, 173; stRspr.
28 Vgl. BVerwG, Urt. v. 23.03.1994 – 4 C 18/92.

bestimmt sich nach der Eigenart der näheren Umgebung, nicht aber danach, ob und in welcher Tiefe ein Abstand bauordnungsrechtlich, also auch unter Berücksichtigung von Dachneigung und Vorbauten, zu wahren ist. Der Abstand einer baulichen Anlage zur Grundstücksgrenze ist bei § 34 BauGB vor allem in Bezug auf die Bauweise und die Stellung des Gebäudes auf dem Grundstück relevant. Darüber hinaus besitzt die Lage des Gebäudes in Bezug zur Grundstücksgrenze bei § 34 Abs. 1 Satz 1 BauGB grundsätzlich keine Bedeutung. Denn Grundstücksgrenzen prägen die Eigenart der näheren Umgebung nicht. Sie sind kein Einfügungsmerkmal.

Nach dem System des Planungsrechts ist die Planersatzvorschrift des § 34 BauGB weder dafür ausgelegt noch praktisch geeignet, die Zulässigkeit abweichender Gebäudeabstände zu beeinflussen. Die Zentimetergenauigkeit des Abstandsflächenrechts[29] ist dem § 34 BauGB fremd. Es findet sich in § 34 BauGB keine Regelung, die die Abstände von Gebäuden in Abhängigkeit von deren Wandhöhe zueinander bestimmt. Dies gilt auch für das Kriterium der Bauweise, weil dieses auf die Grundstücksgrenze bezogen ist, nicht aber auf andere Gebäude und bauliche Anlagen, die möglicherweise auf dem Baugrundstück selbst stehen. Zudem spielt auch bei § 34 BauGB die Wertung des § 23 Abs. 5 BauNVO eine Rolle.[30] Diese Vorschrift erlaubt eine starke Verdichtung auf dem Grundstück, so dass auch die Abstände zwischen den Gebäuden und zu den Nachbargrenzen verkürzt werden. Bei Anwendung dieser Vorschrift sind stark verkürzte Gebäudeabstände regelmäßig nach § 34 BauGB zulässig. Folglich kann es zu abweichenden Gebäudeabständen im Sinne der Neuregelung kommen. Das Abstandsflächenrecht, dass solche Verdichtungen bisher unterbunden hat, kann in Anwendung der Neuregelungen diese bauordnungsrechtliche Fehlentwicklung nicht mehr verhindern.

Bei § 34 BauGB handelt es sich um eine Regelung, bei deren Erlass das Abstandsflächenrecht nicht berücksichtigt wurde. Sie ist nicht dazu bestimmt, die Regelungszwecke und -ziele des Abstandsflächenrechts zu erreichen. Soweit mittels § 34 Abs. 1 Satz 1 BauGB Vorgaben für das Abstandsflächenrecht

---

29 Vgl. OVG Bautzen, Beschl. v. 12.06.2014 – 1 A 754/13.

30 Vgl. OVG Berlin-Brandenburg, Beschl. v. 18.12.2014 – OVG 10 N 47/14 – Grundeigentum 2015, 923; OVG Münster, Urt. v. 19.06.2008 – 7 A 2053/07 – ZfBR 2009, 165 f.

gemacht werden sollen, besteht regelmäßig die Gefahr, dass die Belange des Abstandsflächenrechts unberücksichtigt bleiben.

c) Rechtsfolge des § 6 Abs. 1 Satz 3 Nr. 2 ThürBO/BauO M-V

Die Gesetzgeber in Mecklenburg-Vorpommern und Thüringen haben die Erforderlichkeit von Abständen vom Einfügungsgebot des § 34 Abs. 1 Satz 1 BauGB abhängig gemacht. Die Rechtsfolge, dass Abstandsflächen nicht mehr erforderlich sind, wenn sich ein Vorhaben nach § 34 Abs. 1 Satz 1 BauGB einfügt, bedeutet zum einen, dass vor den Außenwänden der sich so einfügenden baulichen Anlage Abstandsflächen nicht von oberirdischen Gebäuden freizuhalten sind. Zum anderen bedeutet dies, dass die bauliche Anlage in beliebigem Abstand zur Grundstücksgrenze errichtet werden darf.

Bemerkenswert ist, dass dies für alle Seiten bzw. Außenwände der baulichen Anlage gilt. Während nach den Regelungen in § 6 Abs. 1 Satz 3 Nr. 1 ThürBO/BauO M-V dies bei grenzständigen Wänden nur für die grenzständige Wand gilt, sind bei einem nach § 34 BauGB zulässigen Vorhaben gem. § 6 Abs. 1 Satz 3 Nr. 2 ThürBO/BauO M-V Abstandsflächen vor allem Wände, also in jede Richtung nicht erforderlich. Es kann folglich ein abstandsflächenfreies Gebäude entstehen.

Dass diese in der Bauordnung klar formulierte Rechtsfolge möglicherweise nicht gewollt war, indiziert die Vollzugsbekanntmachung zur Thüringer Bauordnung. In ihr heißt es: *„Sind nach § 34 BauGB andere Abstände als die Regelabstandsfläche oder eine Grenzbebauung zulässig, ist eine entsprechend reduzierte Abstandsfläche ausreichend. Nicht erforderlich ist, dass sich aus der Umgebungsbebauung ein bestimmtes, von Absatz 4 abweichendes, Maß der Abstandsflächentiefe ergibt. Auch eine vorhandene Bebauung mit unterschiedlichen Gebäudeabständen kann eine Unterschreitung der Abstandsfläche erlauben. Schließlich ist eine Unterschreitung der sich aus der Umgebungsbebauung ergebenden Abstände auch möglich, soweit dadurch bodenrechtlich beachtliche Spannungen weder erzeugt noch verstärkt werden (vgl. BVerwG, 17.06.1993, 4 C 17/91).“* Diese Hinweise erstaunen, da in ihnen eine *„reduzierte“* Abstandsfläche angesprochen wird. Davon ist bei § 6 Abs. 1 Satz 3 ThürBO jedoch nicht die Rede. In dieser Regelung geht es um die Erforderlichkeit bzw. Nichterforderlichkeit einer

Abstandsfläche. Da die Stellung und Nummerierung dieses Hinweises in der Vollzugsbekanntmachung jedoch belegen, dass sich diese Ausführungen auf § 6 Abs. 1 Satz 3 ThürBO beziehen, könnte zu vermuten sein, dass das Ministerium korrigierend eingreifen wollte. Dies ist ihm wohl gelungen, denn nach dem, was zu hören ist, wird § 6 Abs. 1 Satz 3 Nr. 2 ThürBO in der Praxis nicht angewendet – aus gutem Grund.

d) Art. 6 Abs. 5 Satz 3 und 4 BayBO

Mit Art. 6 Abs. 5 Satz 3 und 4 BayBO[31] findet sich in der Bayerischen Bauordnung eine Regelung, die nicht auf die Zulässigkeit von baulichen Anlagen nach § 34 BauGB abhebt, sondern darauf abstellt, dass sich nach § 34 BauGB einheitlich andere Abstände ergeben. Es heißt dort: „*Werden von einer städtebaulichen Satzung oder einer Satzung nach Art. 81 Außenwände zugelassen oder vorgeschrieben, vor denen Abstandsflächen größerer oder geringerer Tiefe als nach den Sätzen 1 und 2 liegen müssten, finden die Sätze 1 und 2 keine Anwendung, es sei denn, die Satzung ordnet die Geltung dieser Vorschriften an; die ausreichende Belichtung und Belüftung dürfen nicht beeinträchtigt, die Flächen für notwendige Nebenanlagen nicht eingeschränkt werden. Satz 3 gilt entsprechend, wenn sich einheitlich abweichende Abstandsflächentiefen aus der umgebenden Bebauung im Sinn des § 34 Abs. 1 Satz 1 BauGB ergeben.*“

Der bereits mit dem Änderungsgesetz 2009[32] eingefügte Satz 4 soll nach der amtlichen Begründung[33] den Vorrang des Planungsrechts dann bewirken, wenn sich aus der Umgebung andere Tiefen des Abstands ergeben. Es sollen nach Maßgabe des Einfügungsgebotes größere oder geringere Tiefen gelten. Ob sich in diesem Sinne einheitlich abweichende Abstandsflächentiefen aus der umgebenden Bebauung im Sinn des § 34 Abs. 1 Satz 1 BauGB ergeben, bedarf einer sehr sorgfältigen Bestandsaufnahme der Umgebung. Dabei erweist sich als schwierig, die einheitliche Abstandflächentiefe zu ermitteln. Denn auch dabei ist zwischen dem Gebäudeabstand, dem Wandabstand und dem Grenzabstand zu unterscheiden. Hinzu kommt, dass unklar ist, ob eine einheitlich abweichende Abstandsflächentiefe nur dann vorliegen

31 Bayerische Bauordnung (BayBO) v. 24. Juli 2015 (GVBl. 296).
32 Vom 27.07.2009, GVBl S. 385.
33 S. LT-Drs. 16/375 v. 13.05.2009, S. 11.

kann, wenn die Gebäude die gleiche Wandhöhe, Dachhöhe und Dachneigung besitzen oder ob diese Maßvorgaben unbeachtlich sind. Auf diese Frage kommt es jedoch nur an, wenn die Abstände zwischen den Gebäuden und zu den Grundstücksgrenzen überhaupt einheitlich abweichend sind. Dies wird nur in Ausnahmefällen der Fall sein.

e) Gefährdung der Rechts- und Planungssicherheit

Da die Antworten auf die Fragen nach gem. § 34 Abs. 1 Satz 1 BauGB abweichenden Gebäudeabständen und einheitlich abweichenden Abstandsflächentiefen sehr umstritten sein können, dürfte die Anwendung dieser Regelung zahlreiche Nachbarrechtsstreitigkeiten provozieren. Diese kann auch für die Änderung oder den Umbau bestehender Gebäude gelten. Da bei diesen Baumaßnahmen die Abstandsflächenrechtsfrage regelmäßig neu zu stellen ist,[34] kann das zu ändernde Gebäude materiell illegal geworden sein, wenn sich zwischenzeitlich die Abstandsflächentiefen aus der umgebenden Bebauung geändert haben. Eine Änderung oder ein Umbau des Gebäudes wäre dann nicht mehr ohne weiteres möglich.

Zudem würden die Eigentümer benachbarter Grundstücke bei einer so schwierigen Ermittlung der maßgeblichen Abstandsflächentiefe geradezu herausgefordert werden, gegen erteilte Baugenehmigungen mit Widersprüchen und Klagen vorzugehen. Die Investitionssicherheit wäre dadurch stark gefährdet. Die Bautätigkeit würde eingeschränkt werden.

Auch die Gemeinden können vor die schwierige Aufgabe gestellt werden, wenn sie den unbeplanten Innenbereich überplanen wollen. Sie haben dabei die abstandsflächenrechtlichen Konsequenzen gerecht abzuwägen. Denn nach Inkrafttreten des Bebauungsplans gilt das von § 34 Abs. 1 Satz 1 BauGB beeinflusste Abstandsflächenrecht nicht mehr. Abstandsflächen, die wegen der Zulässigkeit des Vorhabens nach § 34 Abs. 1 Satz 1 BauGB nicht erforderlich waren, können wieder erforderlich werden. Ebenso kann sich die Tiefe der Abstandsfläche ändern, weil es auf einheitlich abweichende Abstandsflächentiefen nicht mehr ankommt. Werden den Eigentümern durch die Aufstellung des Bebauungsplans vormals bestehende Baumöglichkeiten

34 Vgl. OVG Berlin-Brandenburg, Beschl. v. 27.01.2012 – OVG 2 S 50/10.

entzogen, weil sich das Abstandsflächenrecht ändert, muss all dies abgewogen werden.[35]

VI. Zusammenfassung

Das Abstandsflächenrecht wird durch das Planungsrecht beeinflusst. Die Tiefe der Abstandsfläche unter den Regelungsvorbehalt kommunaler Satzungen zu stellen, ist unbedenklich. Die Gemeinde kann auf diese Beeinflussung des Abstandsflächenrechts in der Abwägung nach § 1 Abs. 7 BauGB sachgerecht reagieren.

Die Erforderlichkeit von Abstandsflächen oder die Tiefen der Abstandsflächen nach dem Einfügungsgebot in § 34 Abs. 1 Satz 1 BauGB zu bestimmen, überfordert das Planungsrecht. Diese Verknüpfung des Abstandsflächenrechts mit dem Planungsrecht erweist sich als unpraktisch und führt zu großer Rechtsunsicherheit.

35 Vgl. BVerwG, Beschl. v. 05.10.2015 – 4 BN 31/15 – juris, Rn. 5 m. w. N.

Guido Kohnen, Annette Leuckel

Geräuschkontingentierung in der Bauleitplanung – richtungsabhängige Schallemissionskontingente und flächenbezogene Schallleistungspegel in der praktischen Anwendung

Abstract Dieser Beitrag zeigt die Möglichkeiten einer Geräuschkontingentierung in der Bauleitplanung auf, unter anderen mit Bezug auf die Baugebiete nach der Baunutzungsverordnung. Des Weiteren wird auf die DIN 45691 in der Bebauungsplanung sowie auf Ebene der Genehmigung eingegangen.

The paper below identifies the possibilities of rationing noise in urban land use planning. That takes place with regard to the built use zones of the Land Utilisation Ordinance. Furthermore the article enlarges on the DIN-standard number 45691 for legally binding land use planning and also the level of permission.

1 Einleitung

Im Zuge der Aufstellung von angebotsorientierten Bebauungsplänen, die die Entwicklung eines Gewerbe- oder Industriegebiets zum Gegenstand haben, ist durch entsprechende Festsetzungen im Bebauungsplan und im Rahmen der Abwägung sicherzustellen, dass Auswirkungen der sich im Gebiet künftig ansiedelnden Betriebe „keine schädlichen Umweltauswirkungen, keine sonstigen Gefahren, keine erheblichen Nachteile und keine erheblichen Belästigungen“[1] bei umgebenden schutzwürdigen Nutzungen hervorrufen. Zu den schädlichen Umweltauswirkungen gehören u. a. die Geräuscheinwirkungen.

Der Begriff der „schädlichen Umweltauswirkungen“ ist im Baugesetzbuch[2] nicht weiter konkretisiert. Verbindliche Grenzwerte auf Ebene der Bauleitplanung in Bezug auf schalltechnische Auswirkungen existieren nicht.

---

1 Vgl. § 5 BImSchG.

2 Baugesetzbuch i. d. F. der Bek. v. 23.09.2004, BGBl. I S. 2414, zul. geänd. durch Gesetz v. 20.11.2014, BGBl. I S. 1748.

Bei städtebaulichen Aufgabenstellungen, wie der Aufstellung eines Bebauungsplans, ist für alle Geräuscharten originär die DIN 18005 Teil 1[3] in Verbindung mit dem Beiblatt 1 „Schalltechnische Orientierungswerte für die städtebauliche Planung“ die maßgebliche Beurteilungsgrundlage. Die Orientierungswerte haben jedoch keine bindende Wirkung, sondern sind ein Maßstab des wünschenswerten Schallschutzes im Sinne der Lärmvorsorge. Die Orientierungswerte sind, insbesondere bei Vorliegen einer Vorbelastung, in Grenzen abwägungsfähig.

Neben der DIN 18005 ist die TA Lärm[4] als allgemeine Verwaltungsvorschrift für die Beurteilung der Geräuscheinwirkungen gewerblicher Quellen auf Ebene der Bauleitplanung heranzuziehen. Sie wurde als sechste allgemeine Verwaltungsvorschrift zum Bundes-Immissionsschutzgesetz[5] erlassen und hat ihre rechtliche Grundlage in § 48 BImSchG. Die TA Lärm „dient dem Schutz der Allgemeinheit und der Nachbarschaft vor schädlichen Umwelteinwirkungen sowie der Vorsorge gegen schädliche Umwelteinwirkungen durch Geräusche“[6].

Die TA Lärm konkretisiert die Genehmigungsvoraussetzungen für genehmigungsbedürftige Anlagen und für nicht genehmigungsbedürftige Anlagen (§ 5 Abs. 1 Nr. 1, 2 BImSchG bzw. § 22 Abs. 1 BImSchG), soweit diese nicht ausdrücklich vom Anwendungsbereich der TA Lärm ausgenommen sind. Die TA Lärm ist nach gefestigter Rechtsprechung eine normkonkretisierende Verwaltungsvorschrift, die die Verwaltung und die Gerichte bindet. Sie legt die Grenze der Zumutbarkeit von Lärmimmissionen auch für das Baurecht allgemein fest. In der Bauleitplanung sind deshalb die Immissionsrichtwerte der TA Lärm zu beachten. Abweichungen von diesen Immissionsrichtwerten sind auch im Rahmen der Bauleitplanung nur nach Maßgabe der Regelungen der TA Lärm zulässig. Zur Konfliktlösung eignen

---

3 DIN 18005 „Schallschutz im Städtebau“, Deutsches Institut für Normung, Berlin, Ausgabe 1987.

4 Sechste Allgemeine Verwaltungsvorschrift zum Bundes-Immissionsschutzgesetz (Technische Anleitung zum Schutz gegen Lärm) v. 26.08.1998, GMBl S. 503.

5 Gesetz zum Schutz vor schädlichen Umwelteinwirkungen durch Luftverunreinigungen, Geräusche, Erschütterungen und ähnliche Vorgänge (Bundes-Immissionsschutzgesetz) i. d. F. der Bek. v. 17.05.2013, BGBl. I S. 1274, zul. geänd. durch Gesetz v. 20.11.2014, BGBl. I S. 1740.

6 Vgl. TA Lärm, 1. Anwendungsbereich.

sich auch im Rahmen der Bauleitplanung nur mit der TA Lärm vereinbare Gestaltungsmittel und bauliche Vorkehrungen[7].

Bei Überschreitung der Immissionsrichtwerte der TA Lärm ist im Zuge der Aufstellung bzw. Änderung eines Bebauungsplans ein Schallschutzkonzept zu erarbeiten, das gemäß § 1 Abs. 5 Satz 2 BauGB eine „menschenwürdige Umwelt" sichert und „die allgemeinen Anforderungen an gesunde Wohn- und Arbeitsverhältnisse der Wohn- und Arbeitsbevölkerung" nach § 1 Abs. 6 Nr. 1 BauGB sicherstellt. Die umweltbezogenen Auswirkungen auf den Menschen und seine Gesundheit sind auch Bestandteil der Umweltprüfung[8]. Die Auswirkungen einer Planung sind im Umweltbericht[9] darzulegen, der Teil der Begründung zu einem Bebauungsplan ist. Zur Bewältigung von möglichen schalltechnischen Konflikten können unterschiedliche planerische Maßnahmen in Betracht kommen.

1.1 Planerische Instrumente zur Konfliktbewältigung

Bei Gebietsentwicklungen mit gewerblichen oder industriellen Nutzungen im Einwirkungsbereich von schutzwürdigen Nutzungen, wie z. B. Wohngebieten, ist es gemäß dem Grundsatz der Vermeidung von Immissionen (§ 50 BImSchG) Aufgabe der kommunalen Bauleitplanung, im Sinne einer vorsorgeorientierten Planung Baugebiete zunächst räumlich so einander zuzuordnen, dass schädliche Umwelteinwirkungen soweit wie möglich vermieden werden. Dies wird in einem Bebauungsplan erricht; z. B. über:

die Einhaltung von Abständen zwischen dem emittierenden, geplanten Gebiet und der schutzwürdigen Nutzung auf der Grundlage des nordrhein-westfälischen Abstandserlasses[10],

---

7 Vgl. BVerwG, Urt. v. 29.11.212 – 4 C 8.11, [ECLI:DE:BVerwG:2012:2911 12U4C8.11.0].

8 Vgl. § 2 Abs. 4 BauGB.

9 Ebenda.

10 Vgl. „Immissionsschutz in der Bauleitplanung – Abstände zwischen Industrie- bzw. Gewerbegebieten und Wohngebieten im Rahmen der Bauleitplanung und sonstige für den Immissionsschutz bedeutsame Abstände", Runderlass des Ministeriums für Umwelt und Naturschutz, Landwirtschaft und Verbraucherschutz – V-3-8804.25.1 v. 06.06.2007.

die Zuordnung der unterschiedlichen Baugebietstypen nach Baunutzungsverordnung gemäß §§ 9–11 BauNVO[11],
die Gliederung von Industrie- und Gewerbegebieten gemäß § 1 Abs. 4 Nr. 1 und 2 BauNVO nach der Art der Betriebe und Anlagen und deren besonderen Bedürfnisse und Eigenschaften,
die Festsetzung von Bebauung freizuhaltenden Schutzflächen, von aktiven oder passiven Maßnahmen gemäß § 9 Abs. 1 Nr. 24 BauGB.

1.2 Einhaltung von Abständen

Durch die Novelle des Baugesetzbuches im Jahr 2013 sind die Anforderungen an die Bauleitplanung vor dem Hintergrund der Stärkung der Innenentwicklung verschärft worden. Ein wichtiges Ziel heutiger Bauleitplanung ist der sparsame und schonende Umgang mit Grund und Boden. Dabei sind zur Verringerung der zusätzlichen Inanspruchnahme von Flächen für bauliche Nutzungen die Möglichkeiten der Entwicklung der Gemeinde, insbesondere durch Wiedernutzbarmachung von Flächen, Nachverdichtung sowie andere Maßnahmen zur Innenentwicklung zu bevorzugen. Vor dem Hintergrund dieses Planungszieles ist jeweils zu prüfen, ob eine Konfliktlösung über die Einhaltung von ausreichenden Abständen städtebaulich verträglich ist.

1.3 Anordnung und Abstufung unterschiedlicher Baugebiete

Die räumliche Anordnung und somit die Abstufung unterschiedlicher Nutzungen/ Baugebiete innerhalb eines Plangebiets nach der Baunutzungsverordnung zielt auf ein verträgliches Nebeneinander unterschiedlich schutzbedürftiger bzw. emittierender Gebiete ab. Die Zulässigkeit von Anlagen und Betrieben in den Baugebieten der Baunutzungsverordnung basiert auf einer typisierenden Betrachtung nach Störgrad: nicht störend - nicht wesentlich störend - nicht erheblich belästigend - erheblich belästigend.

Durch eine typisierende Betrachtung kann im Einzelfall nicht immer gewährleistet werden, dass tatsächlich eine Verträglichkeit zwischen emittierender und schutzbedürftiger Nutzung gewährleistet wird. Dies gilt insbesondere für das unmittelbare Aufeinandertreffen an der Nahtstelle

11 Verordnung über die bauliche Nutzung der Grundstücke i. d. F. v. 23.01.1990, BGBl. I S. 132, zul. geänd. durch Gesetz v. 11.06.2013, BGBl. I S. 1548.

unterschiedlicher Gebietsarten. Darüber hinaus besteht bei der typisierenden Festsetzung die Problematik, dass ein erster Betrieb, der sich ansiedelt, bereits so viel Lärm emittiert, dass jeder weitere Betrieb unter Berücksichtigung der schutzwürdigen Nachbarschaft unzulässig wäre und somit eine weitere Gebietsentwicklung blockiert wäre.

Um diesem „Windhundprinzip" vorzubeugen und eine „gerechtere Verteilung" der Schallemissionen auf die in einem Gebiet niederlassungswilligen Betriebe zu gewährleisten, wird im Rahmen der Aufstellung von Bebauungsplänen, die der Realisierung von Industrie- und Gewerbegebieten dienen, häufig eine Geräuschkontingentierung zur Konfliktbewältigung der schalltechnischen Auswirkungen gewählt.

1.4 Gliederung von Baugebieten nach der Art der Betriebe und Anlagen und deren besondere Bedürfnisse und Eigenschaften

Gemäß § 1 Abs. 4 BauNVO können die in den §§ 4–9 BauNVO bezeichneten „Baugebiete nach der Art der Betriebe und Anlagen und deren besondere Bedürfnisse und Eigenschaften" gegliedert werden.

Über eine Gliederung der Art der Betreibe und Anlagen von Baugebieten können bestimmte Nutzungen ausgeschlossen werden. So kann z. B. festgesetzt werden, dass an den sensiblen Nahtstellen nur solche Arten von Nutzungen, Betrieben oder Anlagen in einem künftigen Gewerbegebiet zulässig sind, die benachbarte Gebiete anderer Nutzungsart nicht oder nicht wesentlich stören. Lärmintensivere Betriebe und Anlagen können in Teilgebieten mit z. B. größerem Abstand zugelassen werden.

Nach § 1 Abs. 4 Nr. 2 BauNVO besteht die Möglichkeit, ein Gebiet nach den Eigenschaften von Betrieben und Anlagen zu gliedern. Zu diesen Eigenschaften von Betrieben gehört auch die Schallabstrahlung von künftigen Betriebsflächen. Somit ist eine Gliederung von Gewerbe- und Industriegebieten hinsichtlich der zulässigen Schallabstrahlung von den unterschiedlichen Baugebieten mit den Festsetzungsmöglichkeiten der Baunutzungsverordnung umsetzbar. Ein Beschluss des Bundesverwaltungsgerichts[12] von 1998 bestätigt bereits die rechtliche Zulässigkeit der Festsetzungen von Emissionswerten in Bebauungsplänen schon vor Bestehen der DIN 45691.

12 Vgl. BVerwG, Beschl. v. 27.01.1998 – 4 NB 3.97.

Um das Emissionsverhalten von Betrieben und Anlagen in Kontingente zu fassen, wurden in der Vergangenheit bereits verschiedene Verfahren entwickelt. Ausgehend von dem flächenbezogenen Schallleistungspegel (FSP) und dessen Konkretisierung, dem immissionswirksamen flächenbezogenen Schallleistungspegel (IFSP), wurde im Dezember 2006 mit der Veröffentlichung der DIN 45691[13] das Emissionskontingent (L_{ek}) eingeführt.

Die DIN 45691 definiert jedoch erstmals einheitliche Begriffe und ein eindeutiges Verfahren zur Geräuschkontingentierung.

1.5 Festsetzung von Bebauung freizuhaltenden Schutzflächen, von aktiven oder passiven Maßnahmen gemäß § 9 Abs. 1 Nr. 24 BauGB

§ 9 Abs. 1 Nr. 24 BauGB enthält drei alternative Festsetzungsmöglichkeiten für Schallschutzmaßnahmen. Zunächst die „von der Bebauung freizuhaltenden Flächen und ihre Nutzung“[14]. Durch diese Festsetzung besteht die Möglichkeit, einen vorhandenen oder potenziellen Geräuschkonflikt mittels Einhaltung eines ausreichenden Abstandes zu bewältigen. Für die freizuhaltenden Flächen ist sicherzustellen, dass die festgesetzte Nutzung weder schutzbedürftig noch emittierend ist, da sonst eine Lösung des Geräuschkonflikts nicht erreicht wird. Denkbare Nutzungen für diese Abstandsflächen sind z. B. Grünflächen oder Versickerungsflächen, beide ohne Aufenthaltsfunktion für den Menschen. In Anbetracht der besonderen Anforderungen an den sparsamen und schonenden Umgang mit Grund und Boden steht die Ausweisung von „reinen“ Abstandsflächen insbesondere im Zuge der Innenentwicklung und der Wiedernutzung von brachgefallenen Flächen in Konflikt zu der beschriebenen Planungsleitlinie. Aus diesem Grund ist die Lösung von Geräuschkonflikten über Abstände im Zuge der Innenentwicklung nur in Einzelfällen eine geeignete Schallschutzmaßnahme.

Eine weitere Alternative ist die Festsetzung von „Flächen für besondere Anlagen und Vorkehrungen zum Schutz vor schädlichen Umwelteinwirkungen“[15].

13 DIN 45691 „Geräuschkontingentierung“, Deutsches Institut für Normung, Berlin, Ausgabe Dezember 2006.

14 § 9 Abs. 1 Nr. 24 BauGB, Teilsatz 1.

15 Ebenda, 2. Teilsatz.

Ziel dieser Festsetzung ist die räumliche Sicherung der Flächen, auf denen Schallschutzmaßnahmen durchgeführt werden sollen.

Hinsichtlich der räumlichen Sicherung von Flächen für Schallschutzmaßnahmen ist zu unterscheiden nach:

Flächen, auf denen die gewerblichen Nutzungen stattfinden sollen, wie z. B. Gewerbegebiete oder Teile von Gewerbegebieten,
Flächen, auf denen Schallschutzmaßnahmen in Form von Schallschutzwänden und Erdwällen errichtet werden sollen,
Flächen, auf denen künftig Gebäude mit schutzbedürftigen Nutzungen realisiert werden sollen.

Die dritte Möglichkeit ist die Festsetzung von „zum Schutz vor solchen Einwirkungen oder zur Vermeidung oder Minderung solcher Einwirkungen zu treffenden baulichen und sonstigen technischen Vorkehrungen“[16].

Durch diese Alternative werden die konkreten „aktiven“ oder „passiven“ Schallschutzmaßnahmen auf den im Bebauungsplan nach Alternative 2 planungsrechtlich gesicherten Flächen festgesetzt. Hieraus ergibt sich, dass häufig Festsetzungen nach Alternative 2 und 3 in Kombination erforderlich werden.

Unter „aktiven“ Schallschutzmaßnahmen werden diejenigen Schallschutzmaßnahmen verstanden, die entweder an der Schallquelle (im vorliegenden Fall gewerbliche Schallquellen) oder auf dem Ausbreitungsweg in Form von Schallschutzwänden und Erdwällen umgesetzt werden. So können z. B. auf Flächen für gewerbliche Nutzungen die Anforderungen an die Schalldämmung der Außenbauteile von Produktionsgebäuden definiert werden. Im Falle von Schallschutzwänden erfolgen z. B. die Festlegung der notwendigen Mindesthöhe sowie die Definition der Anforderungen an das Absorptionsverhalten der Schallschutzwände.

Als „passive“ Schallschutzmaßnahmen werden häufig diejenigen Schallschutzmaßnahmen bezeichnet, die an den schutzbedürftigen Nutzungen durchgeführt werden. Im Zusammenhang mit dem Gewerbelärm sollte der Begriff „passive“ Schallschutzmaßnahmen jedoch nicht undifferenziert benutzt werden, da im Zusammenhang mit der Bewältigung des Gewerbelärms nur diejenigen „passiven“ Schallschutzmaßnahmen an

16 Ebenda, 3. Teilsatz.

einer schutzbedürftigen Bebauung zulässig sind, die mit der TA Lärm konform sind. Vereinfachend kann festgehalten werden, dass nach derzeitiger Rechtsprechung TA Lärm-konform nur diejenigen „passiven“ Schallschutzmaßnahmen sind, die sicherstellen, dass an den von Überschreitungen der jeweiligen Immissionsrichtwerte der TA Lärm betroffenen Fassadenseiten keine maßgeblichen Immissionsorte entstehen. Daher ist die im Zusammenhang mit dem Verkehrslärm zulässige „passive“ Schallschutzmaßnahme – Einbau von zu öffnenden Schallschutzfenstern mit entsprechender Zwangsbelüftung – keine TA Lärm-konforme Schallschutzmaßnahme und damit zur Bewältigung des Gewerbelärms unzulässig. Aus diesem Grunde ist besondere Sorgfalt bei der Festsetzung von baulichen Schallschutzmaßnahmen oder Vorkehrungen an den geplanten schutzbedürftigen Gebäuden zum Schutz gegen den Gewerbelärm erforderlich.

Die Festsetzung von „aktiven“ oder „passiven“ Schallschutzmaßnahmen zum Schutz gegen den Gewerbelärm wird deutlich seltener angewendet, als dies im Bereich des Verkehrslärms der Fall ist.

Die Gründe hierfür liegen darin:

dass häufig zum Zeitpunkt der Aufstellung des Bebauungsplans noch nicht feststeht, welche konkreten Betriebe sich künftig ansiedeln werden und daher Festsetzungen bezüglich baulicher Anforderungen an die künftigen Gewerbebetriebe häufig ins Leere laufen bzw. die Entwicklung der Gewerbegebiete erschweren,

dass aktive Schallschutzmaßnahmen, wie z. B. Schallschutzwände oder Erdwälle bezüglich der Abschirmung von Flächenschallquellen, wie z. B. Gewerbe- und Industriegebiete, nur eingeschränkt wirksam sind. Die Wirksamkeit der Abschirmung ist deutlich geringer als im Zusammenhang mit Linienschallquellen, wie z. B. Straßen oder Schienenwegen. Hinzu kommt, dass sich die emittierenden Anlagen bei gewerblichen Nutzungen, wie Lüftungs- und Kühlungsgeräte, häufig auf den Dächern der künftigen gewerblichen Anlagen befinden. Aufgrund der Höhenlage der Schallquellen müssten somit in der Regel sehr hohe Schallschutzwände errichtet werden, um diese entsprechend abzuschirmen,

dass „passive“ Schallschutzmaßnahmen an den schutzbedürftigen Gebäuden rechtlich nur eingeschränkt zulässig sind.

2 Geräuschkontingentierung nach DIN 45691[17]

2.1 Ziel

Die Geräuschkontingentierung zielt darauf ab, sicherzustellen, dass an den Immissionsorten in der Nachbarschaft außerhalb von geräuschkontingentierten Flächen die zulässigen Immissionsrichtwerte der TA Lärm für den Gewerbelärm eingehalten werden, bzw. dass die Geräuscheinwirkungen aufgrund der kontingentierten Gebiete keinen relevanten Beitrag zu den Geräuschimmissionen an den maßgeblichen Immissionsorten leisten.

Um dieses Ziel zu erreichen, begrenzt die Geräuschkontingentierung die zukünftige Schallabstrahlung für gewerbliche Nutzungen in Gewerbe- und Industriegebieten, in Sondergebieten und in Ausnahmefällen auch in Mischgebieten durch die Festsetzung der zulässigen Schallabstrahlung pro Quadratmeter des künftigen Baulands.

2.2 Handlungsebenen

Im Zusammenhang mit einer Geräuschkontingentierung sind zwei Handlungsebenen zu unterscheiden, zum einen die Ebene der Bauleitplanung und zum anderen die Ebene der Vorhaben- und Anlagengenehmigung.

Auf Ebene des Bebauungsplans werden die Geräuschkontingentierung erarbeitet und die ermittelten Kontingente im Bebauungsplan festgesetzt. Im Rahmen der nachgeordneten Vorhaben- und Anlagengenehmigung ist der Nachweis zu erbringen, dass der ansiedlungswillige Betrieb das im Bebauungsplan festgesetzte Emissionskontingent einhält.

2.3 Die DIN 45691 in der verbindlichen Bauleitplanung

2.3.1 Anwendungsbereich der DIN 45691

Im Zuge der Aufstellung eines Bebauungsplans kann die Geräuschkontingentierung entweder bei der Neuplanung von Gewerbe- und Industriegebieten oder bei der Überplanung bestehender Gebiete (Gemengelage)

---

17 Hinweis: Die aus der DIN 45691 in Kapitel 2 zitierten Stellen sind durch kursiven Druck kenntlich gemacht. Dies betrifft insbesondere Formeln und Begriffsdefinitionen.

zur Anwendung kommen. Schwieriger ist die Geräuschkontingentierung üblicherweise bei der Überplanung von bestehenden Gebieten.

Unabhängig davon, ob es sich um eine Neuplanung oder um die Überplanung einer gewerblichen oder industriellen Nutzungen handelt, müssen auf der Ebene der Bauleitplanung im Rahmen der Konfliktbewältigung folgende drei zentralen Fragen beantwortet werden:

Wie viel Lärm darf von der Fläche des geplanten Gebietes abgestrahlt werden, sodass an den maßgeblichen Immissionsorten in den schutzwürdigen Gebieten außerhalb des Geltungsbereichs des Bebauungsplans, unter Berücksichtigung der Vorbelastung durch vorhandene Betriebe und Anlagen, die Immissionsrichtwerte der TA Lärm eingehalten werden? Bzw. wie viel Lärm darf von der Fläche des geplanten Gebietes abgestrahlt werden, sodass die Geräuscheinwirkung an den maßgeblichen Immissionsorten in den schutzwürdigen Gebieten außerhalb des Geltungsbereichs des Bebauungsplans im Sinne der TA Lärm als irrelevant eingestuft werden kann?

Wie kann die für das Plangebiet zulässige Schallabstrahlung auf die gewerblich nutzbaren Baugebietsflächen im Bebauungsplan verteilt werden?

Wie ist sicherzustellen, dass künftige Betriebe und Anlagen die festgesetzte zulässige Schallabstrahlung einhalten?

2.3.2 Vorgehensweise

Die Durchführung einer Emissionskontingentierung nach der DIN 45691 im Rahmen der Erarbeitung eines Bebauungsplans umfasst acht Arbeitsschritte:

1. Abgrenzung des Untersuchungsraums.
2. Auswahl von geeigneten Immissionsorten.
3. Festlegung der Gesamt-Immissionswerte.
4. Ermittlung der Planwerte.
5. Abgrenzung von Teilflächen.
6. Berechnung der Emissionskontingente.
7. Berechnung der Zusatzkontingente.
8. Festsetzung der Emissionskontingente im Bebauungsplan.

2.3.2.1 *Schritt 1: Abgrenzung des Untersuchungsraums*

Die Erarbeitung einer Emissionskontingentierung beginnt mit der Festlegung des räumlichen Untersuchungsraums. Bei der Abgrenzung sind sowohl die relevanten emittierenden Nutzungen als auch die ggf. betroffenen schutzbedürftigen Nutzungen zu bestimmen. Der Untersuchungsraum ist in den meisten Fällen nicht deckungsgleich mit dem Geltungsbereich des Bebauungsplans, da die schalltechnischen Auswirkungen der Planungen und die Bestandssituation in der Nachbarschaft zum Plangebiet zu berücksichtigen sind.

Der Ausgangspunkt ist die Bestimmung der zu kontingentierenden Flächen. Dies geschieht in aller Regel durch die Festlegung der künftigen Gebietsarten, wie z. B. Gewerbe- (GE), Industrie- (GI) und Sondergebiete (SO) im Geltungsbereich eines neu aufzustellenden Bebauungsplans.

Anschließend ist abzuschätzen, welche schutzbedürftigen Gebiete, wie z. B. Wohngebiete und Mischgebiete oder einzelne schutzbedürftige Nutzungen, wie z. B. Wohnnutzungen im Außenbereich, durch die Schallabstrahlung von der zu kontingentierenden Fläche betroffen sein können.

Als schutzbedürftige Nutzungen sind grundsätzlich zu berücksichtigen:

vorhandene schutzbedürftige Nutzungen (insbesondere Wohn- und Mischgebiete, aber auch Gewerbegebiete, Wohnen und sonstige sensible Nutzungen im Außenbereich),

rechtskräftige, jedoch baulich noch nicht umgesetzte Bebauungspläne für Wohn-, Misch- und Gewerbegebiete sowie Sondergebiete mit schutzbedürftigen Nutzungen;

gegebenenfalls auch städtebauliche Entwicklungsabsichten (Darstellungen im Flächennutzungsplan, städtebauliche Entwicklungsplanung) und

gegebenenfalls sonstige Satzungen der planenden Gemeinde.

Nur die planende Gemeinde kann vorgeben, welche künftigen, derzeit noch nicht vorhandenen schutzbedürftigen Gebiete bei der Geräuschkontingentierung zu berücksichtigen sind. Erfolgt dies nicht, so werden lediglich die vorhandenen schutzbedürftigen Nutzungen und die durch Bebauungsplan festgesetzten, jedoch noch nicht bebauten schutzbedürftigen Gebiete in die Betrachtung eingestellt. Dies kann zur Folge haben, dass in Richtung der kontingentierten Flächen zukünftig keine Siedlungsentwicklung in Form der Ausweisung schutzbedürftiger Nutzung mehr möglich sein wird.

Um die räumliche Ausdehnung der möglichen künftigen schalltechnischen Betroffenheiten durch das neue Plangebiet belastbar festzulegen, sind gegebenenfalls überschlägige Ausbreitungsrechnungen für die zu kontingentierende Fläche auf Basis der DIN 45691 unter Zugrundelegung der Planungswerte (Emissionswerte) nach Nr. 5.2.3 DIN 18005 Teil 1 für Industriegebiete von tags/ nachts 65 dB(A)/m² oder für Gewerbegebiete von tags/ nachts 60 dB(A)/m² durchzuführen. Dabei ist zu beachten, ob in der „2. Reihe“ stärker schutzbedürftige Gebiete als in der „1. Reihe“ vorhanden sind, wie z. B. ein Mischgebiet (MI) in der 1. Reihe und ein reines Wohngebiet (WR) in der 2. Reihe.

Nach der Festlegung der relevanten schutzbedürftigen Nutzungen gilt es abzuschätzen, ob und wenn ja, welche vorhandenen bzw. planungsrechtlich zulässigen gewerblichen Nutzungen an diesen schutzbedürftigen Nutzungen neben dem zu kontingentierenden Gebiet derzeit bereits einwirken. Auch bei der Festlegung der zu berücksichtigenden emittierenden Nutzungen ist die Gemeinde gefordert, eine Aussage bzw. Festlegung hinsichtlich ihrer künftigen Siedlungsentwicklung zu treffen. Insofern künftige emittierende Gebiete zu berücksichtigen sind, muss die Gemeinde entsprechende Vorgaben formulieren, da anderenfalls möglicherweise keine Spielräume für die künftige Entwicklung von emittierenden Gebieten mehr gegeben sind.

Als emittierende Nutzungen sind zu berücksichtigen:

das zu kontingentierende Gebiet,

vorhandene gewerbliche und industrielle Anlagen,

rechtskräftige, jedoch noch nicht baulich umgesetzte Bebauungspläne für Gewerbe- (GE), Industrie- (GI) und Sondergebiete (SO) mit emittierenden gewerblichen Nutzungen,

nur im Einzelfall geplante, gemischt genutzte Gebiete (Dorf-, Misch- und Kerngebiete), da weder ihre Nutzungsstruktur, d. h. der Anteil von gewerblichen und Wohnnutzungen, noch die Lage künftiger gewerblicher Nutzungen konkret festzulegen sind und diese Gebiete meist nur geringe schalltechnische Auswirkung auf schutzbedürftige Nutzungen außerhalb haben,

ungenutzte Flächen in gewerblich-industriell geprägten Bereichen (§§ 34, 35 BauGB),

gegebenenfalls städtebauliche Entwicklungsabsichten im gewerblichen Bereich (Darstellungen gewerblicher/ industrieller Bauflächen im

Flächennutzungsplan, gewerbliche Entwicklungsflächen in Stadtentwicklungskonzepten),
gegebenenfalls sonstige Satzungen der planenden Gemeinden.

2.3.2.2 *Schritt 2: Auswahl geeigneter Immissionsorte zur Bestimmung der Emissionskontingente*

Die Definition der Immissionsorte ergibt sich aus der Festlegung in Anhang 1.3 der TA Lärm. Demnach befindet sich der maßgebliche Immissionsort:

„bei bebauten Flächen 0,5 m außerhalb vor der Mitte des geöffneten Fensters des vom Geräusch am stärksten betroffenen schutzbedürftigen Raumes nach DIN 4109[18],
bei unbebauten Flächen oder bebauten Flächen, die keine Gebäude mit schutzbedürftigen Räumen enthalten, an dem am stärksten betroffenen Rand der Fläche, wo nach dem Bau- und Planungsrecht Gebäude mit schutzbedürftigen Räumen erstellt werden dürfen."

Die DIN 4109 bestimmt in Nr. 4.1, Anmerkung 1 die schutzbedürftigen Räume wie folgt:

„Wohnräume, einschließlich Wohndielen,
Schlafräume, einschließlich Übernachtungsräume in Beherbergungsstätten und Bettenräume in Krankenhäusern und Sanatorien,
Unterrichtsräume in Schulen, Hochschulen und ähnlichen Einrichtungen,
Büroräume (ausgenommen Großraumbüros), Praxisräume, Sitzungsräume und ähnliche Arbeitsräume."

Die Emissionskontingentierung wird ausschließlich für Immissionsorte außerhalb der zu kontingentierenden Fläche und nicht für Immissionsorte innerhalb der zu kontingentierenden Fläche erarbeitet.

Für die Immissionsorte innerhalb der zu kontingentierenden Flächen gelten die Anforderungen der TA Lärm. Die Einhaltung dieser Anforderungen ist im Zuge des Genehmigungsverfahrens separat vom Nachweis der Einhaltung der Emissionskontingente zu erbringen.

---

18 DIN 4109 „Schallschutz im Hochbau", Deutsches Institut für Normung, Berlin, Ausgabe November 1989.

Es existieren inhaltliche Wechselwirkungen zwischen der Emissionskontingentierung und der Schutzbedürftigkeit der Immissionsorte auf zu kontingentierenden Flächen. Für die künftige Betriebstätigkeit kann unter Umständen die Schutzbedürftigkeit der Nutzungen auf den zu kontingentierenden Flächen eine höhere Beschränkung darstellen, als die Schutzbedürftigkeit der Nutzungen außerhalb der zu kontingentierenden Flächen. Dies kann vor allem dann der Fall sein, wenn die zu kontingentierende Fläche als Gewerbegebiet ausgewiesen und eine ausnahmsweise zulässige Wohnnutzung nach § 8 Abs. 3 Nr. 1 BauNVO ermöglicht wird. Daher ist es sinnvoll, in geplanten Gewerbegebieten derartige Wohnnutzungen auszuschließen. Hiermit ist sichergestellt, dass in der Nacht keine besondere Schutzbedürftigkeit dieser Nutzungen gegeben ist und somit für den Tag und die Nacht die gleiche Schutzbedürftigkeit besteht, nämlich die Schutzbedürftigkeit des Tags.

Für die zu berücksichtigenden schutzbedürftigen Gebiete bzw. Nutzungen außerhalb der zu kontingentierenden Fläche ist eine ausreichende Zahl von Immissionsorten zu wählen. Gleichzeitig ist jedoch darauf zu achten, dass nicht zu viele Immissionsorte gewählt werden, da hierunter die Übersichtlichkeit leiden würde. Die Auswahl der geeigneten Immissionsorte sollte sinnvollerweise in Abstimmung zwischen einem schalltechnischen Gutachter und der immissionsschutzrechtlichen Fachbehörde erfolgen.

Ziel sollte es sein, für jedes schutzbedürftige Gebiet wenige kennzeichnende Immissionsorte festzulegen. Das Prinzip ist: so viele Immissionsorte wie nötig, jedoch so wenige wie möglich. Je geringer die Abstände zwischen den schutzbedürftigen Nutzungen und dem zu überplanenden Gebiet sind, umso mehr Immissionsorte können erforderlich werden.

Vorbelastung an den Immissionsorten

Sind die zu schützenden Gebiete durch Geräusche vorhandener Anlagen bzw. durch geplante Gebiete für emittierende Nutzungen vorbelastet, so kann es vorkommen, dass nicht die zu den zu kontingentierenden Flächen nächstgelegenen Immissionsorte die kritischsten sind. Aufgrund eines bereits weitgehend ausgeschöpften, zulässigen Immissionsrichtwerts der TA Lärm an entfernteren Immissionsorten können diese Immissionsorte für die zu kontingentierenden Flächen die stärksten Restriktionen darstellen. Dies kann auch dann der Fall sein, wenn in 2. Reihe gewerbliche Nutzungen vorhanden sind, die zu hohen Vorbelastungen an den Immissionsorten in der 2. Reihe führen können. Diese Situation tritt mitunter in Mischgebieten auf, in denen im größeren Umfang auch gewerbliche Nutzungen zulässig sind.

Prüfung des Vorhandenseins von Immissionsorten im gesamten Umfeld der zu überplanenden Fläche

Relevante Immissionsorte können sich auf allen Seiten der zu kontingentierenden Fläche befinden, auch wenn vermeintlich die kritischsten Immissionsorte häufig leicht und eindeutig zuzuordnen sind. Da die Emissionskontingentierung die zulässige Schallabstrahlung in alle Richtungen, ggf. unter Erteilung von Zusatzkontingenten definiert, ist sicherzustellen, dass keine relevanten Immissionsorte bei dieser Festlegung unbeachtet bleiben.

Relevante Immissionsorte können sich in allen Gebietsarten, auch in Gewerbegebieten und im Einzelfall in Industriegebieten befinden.

Den Berechnungen zur Emissionskontingentierung nach DIN 45691 liegt die Schallabstrahlung in die Vollkugel zugrunde. Weitere Korrekturterme werden nicht berücksichtigt. In den Berechnungen findet lediglich die Pegelminderung über den Abstand (Abstandsmaß) Berücksichtigung. Daher wird zu den Berechnungen der Emissionskontingentierung die Höhenlage (Geschossigkeit und Höhe über Gelände) einer vorhandenen bzw. einer zulässigen Bebauung an den Immissionsorten nach Anhang 1.3 a) und b) TA Lärm nicht berücksichtigt.

Anders verhält es sich jedoch bei der Ermittlung der an den Immissionsorten einwirkenden Vorbelastung sowie beim Nachweis der Einhaltung der festgesetzten Emissionskontingente im Zuge eines Genehmigungsverfahrens für eine gewerbliche Nutzung. Im Zuge dieser Berechnungen findet eine detaillierte Prognose nach Anhang 2.3 TA Lärm statt. Bei diesen Berechnungen werden die Höhe der Gebäude und die Höhenlage der Immissionsorte berücksichtigt.

2.3.2.3 Schritt 3: Festlegung des Gesamt-Immissionswertes L_{GI}

Bei dem Gesamt-Immissionswert handelt es sich um den insgesamt zulässigen Immissionsbeitrag aller vorhandenen und geplanten gewerblichen Betriebe und Anlagen, auch außerhalb des Geltungsbereichs des Bebauungsplans.

Die Ableitung der Gesamt-Immissionswerte erfolgt anhand der von der Gebietsart abhängigen Immissionsrichtwerte der TA Lärm. Die Festlegung der Gesamt-Immissionswerte erfolgt im Regelfall sinnvollerweise auf ganze dB(A).

Die Immissionsrichtwerte der TA Lärm dürfen im Regelfall nicht überschritten werden.

An Immissionsorten, an denen bereits die einwirkende Vorbelastung zu einer Ausschöpfung bzw. Überschreitung des Immissionsrichtwerts der TA Lärm führt, ist zu prüfen, ob die Anwendungsvoraussetzungen von Nr. 6.7 TA Lärm (Gemengelagen) vorliegen. Ist eine Gemengelage gegeben, so ist für diese Immissionsorte ein geeigneter Mittelwert als Gesamt-Immissionswert im Einzelfall festzulegen.

Darüber hinaus steht es der planenden Gemeinde frei, geringere Gesamt-Immissionswerte festzulegen, als die nach Nr. 6.1 TA Lärm zulässigen gebietsabhängigen Immissionsrichtwerte. Eine solche Vorgehensweise kann dann sinnvoll sein, wenn die Berücksichtigung der Entwicklungsmöglichkeiten für künftige gewerbliche Nutzungen nicht über die Berücksichtigung einer plangegebenen Vorbelastung für künftige Entwicklungsgebiete erfolgt.

2.3.2.4 Schritt 4: Festlegung des Planwerts $L_{pl,j}$

Wie der Berechnungsvorschrift der DIN 45691 zu entnehmen ist, ist für die Festlegung des Planwerts von zentraler Bedeutung, ob eine Vorbelastung durch gewerbliche Nutzungen vorliegt. Wirkt eine solche Vorbelastung auf relevante Immissionsorte der Emissionskontingentierung ein, ist vor der Festlegung der Planwerte die Ermittlung der Vorbelastung erforderlich. Nur so kann ermittelt werden, welche noch nicht „aufgebrauchten" zulässigen Geräuscheinwirkungen an den relevanten Immissionsorten für die zu kontingentierende Fläche zur Verfügung stehen. Insofern an den maßgeblichen Immissionsorten zur Emissionskontingentierung keine Vorbelastung durch vorhandene Betriebe und Anlagen oder geplante Gebiete für emittierende Betriebe und Anlagen vorhanden ist, entspricht der Planwert dem Gesamt-Immissionswert.

Die Definition der Vorbelastung bedarf einer Konkretisierung. Nach DIN 45691 sind zu berücksichtigen:

Vorhandene Vorbelastung:

> Aufgrund bereits vorhandener Betriebe und Anlagen außerhalb der zu kontingentierenden Fläche.

Planerische Vorbelastung:

Immissionskontingente für noch nicht bestehende Betriebe und Anlagen außerhalb der zu kontingentierenden Fläche.

Der Grundgedanke, dem die DIN 45691 an dieser Stelle folgt, ist sicherzustellen, indem die Belange der vorhandenen Betriebe und Anlagen dadurch angemessen berücksichtigt werden, dass deren zulässige Immissionsbeiträge an den Immissionsorten nicht durch das Plangebiet aufgebraucht werden dürfen.

Gleichermaßen ist es sinnvoll, bei der Festlegung der für das Plangebiet zur Verfügung stehenden Planwerte die Entwicklungsmöglichkeiten für künftige gewerbliche Nutzungen auch außerhalb der zu kontingentierenden Fläche aufrecht zu erhalten, zumindest dann, wenn diese durch Bebauungspläne gesichert sind.

In der praktischen Anwendung stellen sich jedoch häufig verschiedene Fragen, z. B. wie die vorhandene und die planerische Vorbelastung fachlich zutreffend ermittelt werden soll, sodass dieser Vorgang zu einer fehlerfreien Abwägung im Bebauungsplanverfahren führt und im ungünstigsten Fall einem Normenkontrollverfahren zu einem Bebauungsplan standhält.

2.3.2.5 Schritt 5: Abgrenzung von Teilflächen des zu kontingentierenden Gebiets

Die Erarbeitung einer Emissionskontingentierung für Industrie- und Gewerbegebiete macht eine Gliederung dieser Gebiete erforderlich, d. h. es müssen unterschiedliche Teilflächen gebildet werden. Diese Teilflächen sind eindeutig zu bezeichnen. Die rechtlichen Vorgaben zur Gliederung ergeben sich aus § 1 Abs. 4 Satz 1 Nr. 2 BauNVO. Danach ist bei einer Emissionskontingentierung in den Gebieten nach §§ 4 - 9 BauNVO eine Gliederung erforderlich. Diese Gliederung ist nicht erforderlich, wenn für das gesamte Gemeindegebiet Gewerbe- und Industriegebiete im Verhältnis zueinander gegliedert werden.

Für Sondergebiete ist eine Gliederung nicht zwingend erforderlich. Hier ist es zulässig, eine Kontingentierung für eine einzige Teilfläche vorzunehmen. Die Festlegung der Emissionskontingente erfolgt dann über die Bestimmung der Art der baulichen Nutzung gemäß § 11 Abs. 2 BauNVO.

Für die Abgrenzung der Teilflächen gibt es keine zwingenden Vorgaben. Die zu berücksichtigenden Aspekte zur Abgrenzung ergeben sich im jeweiligen Einzelfall. Mögliche Kriterien zur Abgrenzung können örtliche Gegebenheiten wie z. B. vorhandene Straßen, Wege und Gewässer, vorhandene

Gewerbebetriebe oder schalltechnische Aspekte, wie z. B. die Anordnung stärker emittierender Gebiete in größerer Entfernung zu den schutzbedürftige Nutzungen, mit dem Ziel, eine möglichst hohe Betriebstätigkeit auf den zu kontingentierenden Flächen zu ermöglichen, sein.

Die Notwendigkeit der Gliederung hat somit keinen fachtechnischen, sondern einen planungsrechtlichen Hintergrund, durch den die Rechtssicherheit der Bauleitplanung gewährleistet wird.

2.3.2.6 Schritt 6: Berechnung der Emissionskontingente ($L_{EK,i}$)

Die Bezugsfläche für die Emissionskontingentierung und damit auch für die Abgrenzung der Teilflächen ist diejenige Fläche des Baugrundstücks, die nach § 19 Abs. 3 BauNVO herangezogen wird, um die zulässige Grundfläche zu ermitteln. Die Fläche ist nicht zu verwechseln mit der überbaubaren Grundstücksfläche, die durch Baugrenzen und Baulinien festgesetzt wird. In die Emissionskontingentierung werden folglich keine öffentlichen Verkehrsflächen und keine privaten Grundstücksflächen, wie z. B. private Grünflächen, einbezogen.

Die Berechnung erfolgt mittels schalltechnischer Berechnungsverfahren nach den Vorgaben der DIN 45691. Die notwendigen Eingangsdaten sind:

Teilflächen, für die eine Emissionskontingentierung zu erarbeiten ist und maßgebliche Immissionsorte mit deren Schutzbedürftigkeit.

Die Berechnungen werden getrennt für die Beurteilungszeiträume Tag (06.00–22.00 Uhr) und Nacht (22.00–06.00 Uhr) durchgeführt. Im Berechnungsmodell wird eine kontinuierliche Schallabstrahlung von allen Teilflächen im jeweiligen Beurteilungszeitraum unterstellt.

Das in der DIN 45691 definierte Berechnungsverfahren berücksichtigt als Größen lediglich:

die Flächengröße der unterschiedlichen Teilflächen,
das Emissionskontingent der unterschiedlichen Teilflächen,
den Abstand der unterschiedlichen Teilflächen zum Immissionsort.

Im Zuge der Ausbreitungsberechnungen wird lediglich die Schallausbreitung in die Vollkugel berücksichtigt, d. h. es wird ausschließlich die Dämpfung aufgrund der geometrischen Ausbreitung (das so genannte Abstandsmaß) zwischen Schallquelle und Immissionsort berücksichtigt. Weitere Dämpfungen, wie z. B. aufgrund von Luftabsorption, Bodeneffekte, Abschirmung, werden nicht einbezogen. Auch werden im Zuge der Berechnung der Emissionskontingente keine Zuschläge für Impulshaltigkeit, Ton- und Informationshaltigkeit sowie für Tageszeiten mit erhöhter Empfindlichkeit in Ansatz gebracht. Die DIN 45691 definiert somit ein physikalisch denkbar einfaches Berechnungsmodell zur Festlegung der zulässigen Emissionskontingente unterschiedlicher Teilflächen.

Der Vorteil dieses Berechnungsverfahrens liegt in der Einfachheit und Eindeutigkeit der Berechnungsvoraussetzungen sowie der wenigen, leicht zu erhebenden Berechnungsparameter (Flächengröße und Abstand der Flächenmittelpunkte zu den Immissionsorten). Somit ist die Komplexität der Berechnungen auf Ebene der Bauleitplanung gering. Außerdem wird durch dieses einfache Berechnungsverfahren die Formulierung von eindeutigen und bestimmten Festsetzungen im Bebauungsplan zur Umsetzung der Emissionskontingentierung vereinfacht.

Für die praktischen Berechnungen bedeutet dies, dass lediglich ein zweidimensionales Modell des Untersuchungsraums zu erarbeiten ist. Außerhalb der Lage sowie der räumlichen Ausdehnung der Teilflächen und der Lage der Immissionsorte sind keine weiteren Eingaben in die Berechnungsprogramme erforderlich. Somit ist der Umfang der Grundlagenermittlung gering und die Überprüfbarkeit der Eingaben ohne weiteres möglich.

Die spezifischen topografischen und baulichen Gegebenheiten im Untersuchungsraum sowie die spezifischen organisatorischen, betrieblichen und baulichen Gegebenheiten auf den künftigen Betriebsgrundstücken werden im Zuge der schalltechnischen Untersuchungen zum Nachweis der Einhaltung der Emissionskontingente auf Ebene des Genehmigungsverfahrens berücksichtigt.

Die Ermittlung und schalltechnische Optimierung der Verteilung der Emissionskontingente ist ein interaktiver Prozess. Dabei gibt es keine fachtechnisch bzw. immissionsschutzrechtlich zwingenden Vorgaben.

Ein Aspekt bei der Festlegung der Emissionskontingente kann die Bereitstellung möglichst hoher Emissionskontingente auf den unterschiedlichen Teilflächen sein, ohne dass an den maßgeblichen Immissionsorten die zulässigen Planwerte überschritten werden.

Bestimmend für die Verteilung der Emissionskontingente können aber auch planerische Überlegungen sein, wie z. B. die Emissionen von auf speziellen Teilflächen vorgesehenen Anlagen, die Emissionen vorhandener Anlagen und betriebliche Anforderungen, wie z. B. die Zuordnung von künftigen Logistiknutzungen zu vorhandenen und geplanten Straßen.

2.3.2.7 Schritt 7: Berechnung der Zusatzkontingente ($L_{EK,zus}$)

Die ermittelten Emissionskontingente werden häufig durch nur einen besonders kritischen Immissionsort bestimmt, während an anderen Immissionsorten die Planwerte nicht ausgeschöpft werden.

Um die Teilflächen künftig entsprechend der vorgefundenen Planungssituation intensiver nutzen zu können, ist es möglich, in Richtung der weniger kritischen Immissionsorte Zusatzkontingente zu den Emissionskontingenten zu erteilen. Die zulässigen Planwerte für die zu kontingentierenden Flächen müssen jedoch stets eingehalten werden.

Zur Festlegung der Zusatzkontingente sind folgende Verfahren möglich:

Erhöhung der Emissionskontingente für einzelne Richtungssektoren,
Erhöhung der Emissionskontingente für einzelne Immissionsorte,
Erhöhung der Emissionskontingente für einzelne Gebiete.

Das gängigste Verfahren ist die Erhöhung der Emissionskontingente für einzelne Richtungssektoren.

Die Erhöhung der Emissionskontingente für einzelne Immissionsorte und für einzelne Gebiete birgt die Gefahr, dass mit einer solchen Vorgehensweise und der Umsetzung in einen Bebauungsplan Festsetzungen getroffen werden, unter Bezugnahme von Immissionsorten bzw. Gebieten außerhalb des Geltungsbereichs des Bebauungsplans. Um von vorneherein rechtliche Probleme auszuschließen, wird die Festsetzung der Zusatzkontingente mittels Richtungssektoren empfohlen.

Mit dem Begriff Zusatzkontingent sind in der Praxis mitunter große Unsicherheiten verbunden, da die verschiedenen Beteiligten mit diesem Begriff unterschiedliche Dinge verbinden. Daher nachfolgend einige Klarstellungen:

Die Möglichkeit der Erteilung von Zusatzkontingenten zielt darauf ab, den künftigen Betrieben eine zulässige Betriebstätigkeit bis zum Erreichen der Planwerte zu gewährleisten. Würden diese Zusatzkontingente nicht erteilt, wären die Betriebe mitunter deutlich schlechter gestellt, als es bei einer Genehmigung in einem Gebiet ohne Emissionskontingentierung der Fall wäre. Die Erteilung von Zusatzkontingenten ist somit quasi erforderlich, um die zulässigen betrieblichen Möglichkeiten der künftigen Betriebe nicht über Gebühr einzuschränken. Zusatzkontingente sind somit keine „Geschenke“ an gewerbliche Nutzungen zum Nachteil einer Wohnnutzung.

Im schalltechnischen Sinne teilen die Zusatzkontingente allen Teilflächen eine höhere Schallabstrahlung in Richtung der in den jeweils bezeichneten Richtungssektoren gelegenen Immissionsorte zu. Es ist auch möglich, für unterschiedliche Teilflächen unterschiedliche Zusatzkontingente zu gewähren. Wird dieser Weg gewählt, ist jedoch darauf zu achten, dass die Übersichtlichkeit der fachlichen Aussagen und insbesondere der darauf aufbauenden Festsetzungen gewährleistet bleibt.

Die Möglichkeit Zusatzkontingente zu gewähren, resultiert aus zwei Phänomenen:

Unterschiedliche Schutzbedürftigkeit von Gebieten bzw. Immissionsorten

> In einem solchen Fall ist es bei gleichem Abstand der schutzwürdigen Gebiete zu den zu kontingentierenden Flächen möglich, für die Immissionsorte der weniger schutzbedürftigen Nutzungen, z. B. in einem Mischgebiet neben einem allgemeinen Wohngebiet, ein Zusatzkontingent zu erteilen.

Unterschiedliche Abstände der schutzbedürftigen Gebiete zu der zu kontingentierenden Fläche

> In einem solchen Fall ist es zulässig, für die Immissionsorte in zwei allgemeinen Wohngebiete in unterschiedlicher Entfernung ein Zusatzkontingent für die vorhandenen Immissionsorte in dem weiter entfernt liegenden Gebiet zu erteilen.

Die Festlegung von Richtungssektoren erfolgt durch:

die Festlegung eines Bezugspunkts innerhalb des Geltungsbereichs des Bebauungsplans und

den von diesem ausgehenden Strahlen, welche den Anfang und das Ende der jeweiligen Richtungssektoren begrenzen.

Die Lage des Bezugspunkts kann im Geltungsbereich des Bebauungsplans frei gewählt werden. Er ist so festzulegen, dass eine eindeutige Zuordnung der Richtungssektoren zu den unterschiedlichen Immissionsorten bzw. schutzbedürftigen Gebieten gewährleistet ist. Die Koordinaten des Bezugspunkts sind eindeutig zu definieren (z. B. Gauß-Krüger-Koordinaten oder UTM-Koordinaten).

2.3.2.8 Schritt 8: Festsetzung einer Emissionskontingentierung im Bebauungsplan

Die für die planungsrechtliche Umsetzung der Emissionskontingentierung im Bebauungsplan erforderlichen Grundlagen aus dem schalltechnischen Gutachten sind:

die festgelegten Teilflächen,
die für diese Teilflächen ermittelten Emissionskontingente,
die ermittelten Zusatzkontingente für die unterschiedlichen Richtungssektoren,
der Bezugspunkt für die Richtungssektoren der Zusatzkontingente,
der Anfangs- und der Endwinkel der Richtungssektoren.

Ausgehend von diesen fachlichen Grundlagen erfolgt die Ausarbeitung der zeichnerischen und textlichen Festsetzung im Bebauungsplan.

Die rechtlichen Grundlagen zur Festsetzung der Emissionskontingentierung im Bebauungsplan finden sich in der Baunutzungsverordnung.

Die Festsetzung einer Emissionskontingentierung für Baugebiete nach §§ 4–9 BauNVO über die Gliederung der Gebiete nach der Art der Betriebe und Anlagen und deren besonderen Bedürfnissen und Eigenschaften findet hier über die besondere Eigenschaft „Schallabstrahlung" statt. Eine Gliederung setzt voraus, dass zumindest zwei unterschiedlich laute Teilflächen im Geltungsbereich des Bebauungsplans vorhanden sind, bzw. dass das zu kontingentierende Gebiet im Verhältnis zu sonstigen Gebieten im Gemeindegebiet gegliedert wird.

Für Sondergebiete ist eine solche Gliederung nicht erforderlich, für diese erfolgt die Festsetzung der zulässigen Emissionskontingente über die Definition der Art der zulässigen Nutzung.

Für beide Arten der Umsetzung der Emissionskontingentierung ist es erforderlich, dass die entsprechenden Festsetzungen hinreichend bestimmt sind. Diese Bestimmtheit betrifft insbesondere:

die verwendeten Begriffe,
die Teilflächen der Emissionskontingentierung,
die Eindeutigkeit des Berechnungsverfahrens für die Ermittlung der Emissionskontingente,
den Nachweis der Einhaltung der Emissionskontingente im Genehmigungsverfahren.

Durch die Erarbeitung der DIN 45691 wurde ein wichtiger Schritt in Richtung Bestimmtheit geleistet. In der DIN 45691 werden sowohl die Begriffe definiert als auch die Berechnungsverfahren eindeutig beschrieben.

Nr. 5 der DIN 45691 enthält zwei Vorgaben, die bereits für die Festsetzungen im Bebauungsplan hinsichtlich der Geräuschkontingentierung von Bedeutung sind:

Die Relevanzgrenze

> Hintergrund dieser Regelung ist es, insbesondere Betrieben mit kleinen Baugrundstücken und somit geringen Gesamtkontingenten zu ermöglichen, eine Genehmigung trotz Überschreitung der Emissionskontingente zu erhalten, wenn die aus der Betriebstätigkeit resultierenden Immissionsbeiträge an den maßgeblichen Immissionsorten schalltechnisch vollkommen irrelevant sind. Die Relevanzgrenze von minus 15 dB ist deutlich strenger gefasst als die entsprechenden Regelungen in der TA Lärm.
>
> Die Festsetzung einer Relevanzgrenze verhindert die schalltechnischen Anforderungen für die künftigen Betriebe strenger als fachlich notwendig zu formulieren.

Übertragung von Emissionskontingenten

> Durch die Übertragung von Emissionskontingenten von einem Grundstück, dessen Anlagen und Betriebe nicht das gesamte dem Grundstück zur Verfügung stehende Emissionskontingent benötigen, auf ein anderes Grundstück, dessen Anlagen und Betriebe mehr als das dem Grundstück zur Verfügung stehende Emissionskontingent benötigen, können die zur Verfügung stehenden Emissionskontingente optimal genutzt werden. Hierdurch ergeben sich für potentiell lautere Betriebe bessere Ansiedlungs- und Entwicklungsmöglichkeiten, ohne dass hierdurch für die schutzbedürftigen Nutzungen ein Nachteil entsteht. Diese Möglichkeit der Übertragung von Emissionskontingenten von einer Teilfläche auf eine andere Teilfläche kann im Bebauungsplan festgesetzt werden. In die entsprechende Festsetzung ist aufzunehmen, dass öffentlich-rechtlich (z. B. durch Baulast oder öffentlich-rechtlichen Vertrag) sicherzustellen ist, dass das übertragene Emissionskontingent nur einmal in Anspruch genommen wird.

2.4 Die DIN 45691 in der Genehmigung

2.4.1 Anwendungsbereich der DIN 45691

Bei der Emissionskontingentierung nach DIN 45691 ist neben der Ebene Bauleitplanung auch die Ebene der Genehmigung zu berücksichtigen. Auf der Ebene der Genehmigung sind die aus der Emissionskontingentierung und deren Umsetzung in den Bebauungsplan resultierenden planungsrechtlichen schalltechnischen Anforderungen im Zuge von Baugenehmigungen und immissionsschutzrechtlichen Genehmigungsverfahren für die jeweiligen Vorhaben nachzuweisen.

Auf der Ebene der Bauleitplanung werden abstrakte planungsrechtliche Aussagen zu den zulässigen Emissionskontingenten der einzelnen Teilflächen bzw. der im Bebauungsplan festgesetzten Baugebiete getroffen. Hierbei wird planungsrechtlich festgelegt, welche Schallabstrahlung pro m^2 der jeweiligen Baugebiete zulässig ist. Im Genehmigungsverfahren hat der einzelne Betrieb den Nachweis zu erbringen, dass die planungsrechtlichen schalltechnischen Anforderungen aus dem Bebauungsplan erfüllt werden. D. h. die künftigen Betriebe und Anlagen auf dem jeweiligen Baugrundstück dürfen an den maßgeblichen Immissionsorten keinen höheren Beurteilungspegel hervorrufen, als die aus den festgesetzten Emissionskontingenten für das Baugrundstück resultierenden Immissionskontingente. Im Gegensatz zur abstrakten Betrachtung auf Ebene der Bauleitplanung sind auf Ebene der Genehmigung die betrieblichen und baulichen Gegebenheiten auf dem Baugrundstück sowie die topografischen und baulichen Gegebenheiten im Untersuchungsraum von Bedeutung. Die Bezugsgröße für die Emissionskontingentierung auf Ebene der Genehmigung ist das Baugrundstück.

Insofern jeder künftige Betrieb nachweist, dass die Schallabstrahlung aufgrund der künftigen Betriebstätigkeit das für sein Baugrundstück zur Verfügung stehende Emissionskontingent einhält und dies durch entsprechende Genehmigungen auf Dauer gewährleistet ist, wird sichergestellt, dass auch bei vollständiger Aussiedlung der kontingentierten, gewerblich nutzbaren Flächen an den maßgeblichen Immissionsorten die zulässigen Planwerte nach DIN 45691 durch die Summe der Immissionsbeiträge aller einwirkenden Betriebe eingehalten werden.

Wichtig an dieser Stelle ist, dass der Bebauungsplan mit der Festsetzung einer Emissionskontingentierung ausschließlich eine planungsrechtliche Festsetzung für Immissionsorte außerhalb der kontingentierten Flächen betreffend den Beurteilungspegel nach TA Lärm festlegt. Zu sonstigen schalltechnischen Anforderungen nach TA Lärm, wie z. B. zulässige Immissionsbeiträge an den maßgeblichen Immissionsorten auf den kontingentierten Flächen selbst, zulässige kurzzeitige Geräuschspitzen, seltene Ereignisse, tieffrequente Geräusche, Berücksichtigung von Verkehrsgeräuschen auf öffentlichen Verkehrsflächen, nachträgliche Anordnungen bei genehmigungsbedürftigen Anlagen und Anordnungen im Einzelfall bei nicht genehmigungsbedürftigen Anlagen, trifft der Bebauungsplan keine Aussagen. Daher werden auf Ebene des Genehmigungsverfahrens über den Nachweis der Einhaltung der Emissionskontingente hinaus schalltechnische Untersuchungen zum Nachweis der sonstigen schalltechnischen Anforderungen der TA Lärm erforderlich.

Im Zuge des Genehmigungsverfahrens stellen sich hinsichtlich der Emissionskontingentierung folgende zentrale Fragen:

Welches Immissionskontingent steht an den maßgeblichen Immissionsorten für das jeweilige Vorhaben aufgrund der Lage und Größe des Baugrundstücks sowie dem bzw. den für das Baugrundstück festgesetzten Emissionskontingenten zur Verfügung?

Welche topografischen und baulichen Gegebenheiten sind bei der Berechnung des Beurteilungspegels an den maßgeblichen Immissionsorten zu berücksichtigen?

Welcher Beurteilungspegel wird an den maßgeblichen Immissionsorten aufgrund der künftigen Betriebstätigkeit des zu genehmigenden Vorhabens (Betriebe und Anlagen) hervorgerufen?

Welche Schallschutzmaßnahmen sind möglich, um zu gewährleisten, dass der Beurteilungspegel die zulässigen Immissionskontingente nicht überschreitet?

Welche Genehmigungsinhalte, Auflagen und Nebenbestimmungen sind erforderlich, um sicherzustellen, dass die Emissionskontingente des Baugrundstücks und die daraus resultierenden Immissionskontingente an den maßgeblichen Immissionsorten auf Dauer eingehalten werden?

2.4.2 *Vorgehensweise*

1. Ermittlung der zulässigen Immissionskontingente des Baugrundstücks an den massgeblichen Immissionsorten
2. Immissionsprognose für das beantragte Vorhaben (Betriebe und Anlagen) auf dem Baugrundstück
3. Vergleich des Beurteilungspegels (L_r) mit dem zulässigen Immissionskontingent ($L_{IK,BG,j}$) für das Baugrundstück
4. Dimensionierung von Schallschutzmaßnahmen
5. Erteilung einer Baugenehmigung oder immissionsschutzrechtlichen Genehmigung

2.2.4.1 *Schritt 1: Ermittlung der zulässigen Immissionskontingente des Baugrundstücks an den maßgeblichen Immissionsorten*

Ausgehend von der Größe und Lage des Baugrundstücks, dem für diese Fläche festgesetzten Emissionskontingents ($L_{K,i}$) und ggf. unter Berücksichtigung von Zusatzkontingenten ($L_{EK,zus,k}$), erfolgt die Berechnung des zulässigen Immissionskontingents des Baugrundstücks ($L_{IK,BG,i}$) an den maßgeblichen Immissionsorten nach Nr. 4.5 DIN 45691.

Zur korrekten Ermittlung des zulässigen Immissionskontingents des Baugrundstücks an den maßgeblichen Immissionsorten ist es zwingend erforderlich, dass genau das gleiche Berechnungsverfahren zur Anwendung kommt, das auch der Ermittlung der Emissionskontingente auf Ebene des Bebauungsplans zugrunde gelegt wurde. Bei dieser Ausbreitungsberechnung wird lediglich die Schallausbreitung in die Vollkugel berücksichtigt, d. h. es wird ausschließlich die Dämpfung aufgrund der geometrischen Ausbreitung (das so genannte Abstandsmaß) zwischen Schallquelle und Immissionsort berücksichtigt. Weitere Dämpfungen, wie z. B. aufgrund von Luftabsorption, Bodeneffekte, Abschirmung, sind nicht zu berücksichtigen.

Das für das Baugrundstück an den maßgeblichen Immissionsorten berechnete zulässige Immissionskontingent entspricht dem zulässigen Immissionsbeitrag nach TA Lärm, den die Anlagen auf dem Baugrundstück zulässigerweise ausschöpfen dürfen. Eine Vorgabe dieses Wertes, abgeleitet von der TA Lärm durch die Genehmigungsbehörde oder die immissionsschutzrechtliche Fachbehörde, ist nicht mehr erforderlich.

2.2.4.2 *Schritt 2: Immissionsprognose für das beantragte Vorhaben (Betriebe und Anlagen) auf dem Baugrundstück*

Der Beurteilungspegel ist durch eine detaillierte Immissionsprognose nach Anhang 2.3 TA Lärm unter Berücksichtigung der DIN ISO 9613-2[19] zu ermitteln. Der Beurteilungspegel ist nach Nr. 2.10 TA Lärm wie folgt definiert:

> *„Der Beurteilungspegel L_r ist der aus dem Mittelungspegel L_{Aeq} des zu beurteilenden Geräusches und gegebenenfalls aus Zuschlägen gemäß dem Anhang für Ton- und Informationshaltigkeit, Impulshaltigkeit und für Tageszeiten mit erhöhter*

---

19 DIN ISO 9613-2 „Akustik Dämpfung des Schalls bei der Ausbreitung im Freien" Teil 2 „Allgemeines Berechnungsverfahren", Deutsches Institut für Normung, Berlin, Ausgabe 1996.

Empfindlichkeit gebildete Wert zur Kennzeichnung der mittleren Geräuschbelastung während jeder Beurteilungszeit. Der Beurteilungspegel L_r ist diejenige Größe, auf die sich die Immissionsrichtwerte nach Nummer 6 beziehen.“

Gemäß der Berechnungsvorschrift nach Nr. 4.5 DIN 45691 ist der unter Berücksichtigung der Schallausbreitungsverhältnisse zum Zeitpunkt der Genehmigung nach TA Lärm berechnete Beurteilungspegel mit dem zulässigen Immissionskontingent am Immissionsort zu vergleichen.

Dabei sind die zum Zeitpunkt der Genehmigung vorhandenen Schallausbreitungsverhältnisse zu berücksichtigen und es ist folgendermaßen vorzugehen:

Anders als bei der Berechnung der Emissionskontingente werden bei einer detaillierten Prognose nach TA Lärm alle auftretenden Dämpfungen berücksichtigt. Hierbei handelt es sich gemäß DIN ISO 9613-2 insbesondere um die Dämpfung aufgrund der geometrischen Ausbreitung, aufgrund der Luftabsorption und des Bodeneffekts. Außerdem kann die meteorologische Korrektur in Ansatz gebracht werden.

Für die einzelnen Schallquellen sind gemäß DIN ISO 9613-2 der mittlere Schallleistungspegel, das Frequenzspektrum, die Einwirkzeit, Richtwirkungskorrekturen sowie Angaben zur Ton-, Informations- und Impulshaltigkeit der Geräusche zu berücksichtigen.

Darüber hinaus ist für Immissionsorte in Wohngebieten sowie in Kurgebieten, an Krankenhäusern und an Pflegeanstalten ein Zuschlag für Tageszeiten mit erhöhter Empfindlichkeit in Ansatz zu bringen, sofern in diesen Zeiten durch das Vorhaben Geräuscheinwirkungen verursacht werden.

Die detaillierte Prognose macht die Berücksichtigung der topografischen und baulichen Gegebenheiten im Untersuchungsraum erforderlich. Hierzu ist in aller Regel unerlässlich, ein dreidimensionales digitales Berechnungsmodell des Untersuchungsraums zu erstellen. In diesem Modell sind die topografischen Verhältnisse im Bereich der Schallquellen, des Ausbreitungswegs und der maßgeblichen Immissionsorte zu berücksichtigen. Außerdem sind die vorhandenen Gebäude und baulichen Anlagen auf dem Ausbreitungsweg und im Bereich der maßgeblichen Immissionsorte nach Lage und Höhe in das Modell einzuarbeiten. Gleiches gilt hinsichtlich der geplanten Gebäude auf dem Baugrundstück. Durch die Berücksichtigung der Gebäude und sonstiger baulicher Anlagen werden sowohl die Abschirmungswirkungen als auch die Reflexionswirkungen in die Berechnungen eingestellt.

Somit ist insbesondere die bauliche, betriebliche und organisatorische Situation auf dem Baugrundstück des beantragten Vorhabens detailliert zu berücksichtigen.

Die notwendige Basis für eine belastbare Ermittlung des Beurteilungspegels sind verlässliche Grundlagendaten. Hierbei handelt es sich zum einen um geometrische Daten hinsichtlich der Ausbreitungsbedingungen auf dem Ausbreitungsweg und an den Immissionsorten. Diese Daten lassen sich in aller Regel ohne große Schwierigkeiten beschaffen.

Von großer Bedeutung sind aber zum anderen gerade auch Angaben zur künftigen baulichen, betrieblichen und organisatorischen Situation auf dem Baugrundstück. Hierbei handelt es sich neben Bauplänen und technischen Anlagenplanungen um Angaben zur Art, zum Umfang, zum Zeitpunkt und zur Intensität der schalltechnisch relevanten Betriebsvorgänge. Hierzu wird in der Regel die Ausarbeitung eines Betriebsmodells erforderlich, damit ein schalltechnisches Modell der Betriebstätigkeit erstellt werden kann. Hierzu ist eine enge Abstimmung zwischen Gewerbebetrieb und schalltechnischem Gutachter sowie nicht selten auch der zuständigen immissionsschutzrechtlichen Fachbehörden erforderlich.

Die Angaben zur baulichen, betrieblichen und organisatorischen Situation auf dem Baugrundstück haben zum einen Bedeutung für das schalltechnische Gutachten zur Ermittlung des Beurteilungspegels und sind zum anderen wichtige Parameter, die ihren Niederschlag in der Genehmigung mit Nebenbestimmungen und Auflagen finden sollen. Durch die Festlegung der relevanten Parameter in den Genehmigungen soll die dauerhafte Einhaltung der im Bebauungsplan festgesetzten Emissionskontingente gewährleistet werden.

Anhand der vorstehenden Erläuterungen wird klar, dass der künftige Betrieb insbesondere durch eine Optimierung der baulichen, betrieblichen und organisatorischen Situation auf dem Baugrundstück die Schallabstrahlung in Richtung der maßgeblichen Immissionsorte vermindern kann, um so eine Verträglichkeit mit den zulässigen Immissionskontingenten zu erreichen und im besten Fall Reserven für künftige Betriebserweiterungen offenzuhalten.

2.2.4.3 *Schritt 3: Vergleich des Beurteilungspegels (L_r) mit dem zulässigen Immissionskontingent ($L_{IK,BG,j}$) für das Baugrundstück*

Nach Nr. 5 DIN 45691 ist für das beantragte Vorhaben im Genehmigungsverfahren vereinfacht ausgedrückt folgender Nachweis zu erbringen:

$L_{r,j} \leq L_{IK,j}$

Demnach darf der Beurteilungspegel ($L_{r,j}$) am Immissionsort aufgrund der Schallabstrahlung der Anlagen auf dem Baugrundstück das Immissionskontingent ($L_{IK,j}$) aufgrund der für das Baugrundstück festgesetzten Emissionskontingente einschließlich der ggf. erteilten Zusatzkontingente nicht überschreiten.

„*Ein Vorhaben erfüllt auch dann die schalltechnischen Festsetzungen des Bebauungsplans, wenn der Beurteilungspegel $L_{r,j}$ den Immissionsrichtwert an den maßgeblichen Immissionsorten um mindestens 15 dB unterschreitet (Relevanzgrenze).*“[20]

Der Nachweis der Einhaltung der planungsrechtlichen Anforderungen aus den Emissionskontingenten kann somit auf zweierlei Arten erfolgen:

Nachweis der Einhaltung der aus den Emissionskontingenten resultierenden Immissionskontingente an den maßgeblichen Immissionsorten außerhalb des kontingentierten Gebiets aufgrund der Beurteilungspegel des beantragten Vorhabens,

Nachweis der Irrelevanz der Beurteilungspegel des beantragten Vorhabens im Vergleich zu den zulässigen Immissionsrichtwerten der TA Lärm an den maßgeblichen Immissionsorten außerhalb des kontingentierten Gebiets.

Die Überprüfung, ob die im Bebauungsplan für das Baugrundstück festgesetzten Emissionskontingente und ggf. festgesetzten Zusatzkontingente eingehalten werden, erfolgt durch den Vergleich der Beurteilungspegel mit den zulässigen Immissionskontingenten.

Der Vergleich mit den Anforderungen der Irrelevanz erfolgt durch eine Gegenüberstellung der Beurteilungspegel mit den Immissionsrichtwerten nach Nr. 6.1 Satz 1 TA Lärm.

---

20 DIN 45691 „Geräuschkontingentierung“, Deutsches Institut für Normung, Berlin, Ausgabe Dezember 2006, Seite 9.

2.2.4.4 *Schritt 4: Dimensionierung von Schallschutzmaßnahmen*

Der Vorteil einer Emissionskontingentierung besteht darin, dass im Bebauungsplan keine konkreten Schallschutzmaßnahmen festgesetzt, sondern lediglich verbindliche Vorgaben zu einer zulässigen Schallabstrahlung definiert werden. Dem jeweiligen Betrieb steht es somit frei, mit welchen Schallschutzmaßnahmen er die Einhaltung der zulässigen Immissionskontingente gewährleistet.

Im Falle von Überschreitungen der zulässigen Immissionskontingente werden jedoch Schallschutzmaßnahmen zur Verminderung der Beurteilungspegel an den maßgeblichen Immissionsorten zwingend erforderlich. Diese Schallschutzmaßnahmen können an verschiedenen Stellen ansetzen:

Bauliche Maßnahmen auf dem Baugrundstück:

- Positionierung der notwendigen Gebäude als Schallschirm in Richtung der kritischen Immissionsorte,
- Errichtung zusätzlicher Lärmschutzbauwerke in Form von Gebäuden, Lärmschutzwänden, Erdwällen,
- Schalldämmung der Außenbauteile der Betriebsgebäude und technischen Anlagen außerhalb von Gebäuden,
- Orientierung lauter Schallquellen auf die von den kritischen Immissionsorten abgewandten Seiten der Gebäude.

Bauliche Maßnahmen außerhalb des Baugrundstücks:

- Errichtung von Lärmschutzbauwerken in Form von Lärmschutzwänden, Erdwällen.

Betriebliche und organisatorische Maßnahmen auf dem Baugrundstück:

- Orientierung lauter Schallquellen auf den von den kritischen Immissionsorten entfernt liegenden Teilen des Baugrundstücks,
- Einschränkung der Dauer der Betriebstätigkeit auf dem gesamten Betriebsgrundstück oder auf Teilen dessen, insbesondere hinsichtlich der Nacht,
- Anwendung leiser Betriebsverfahren und leiser Aggregate.

Bei der Festlegung der Schallschutzmaßnahmen ist darauf zu achten, dass diese ausreichend und dauerhaft wirksam sind und in einer konkreten Art beschrieben sind, sodass sie in einer immissionsschutzrechtlichen Genehmigung oder einer Baugenehmigung festgelegt werden können. Diese Anforderungen sind jedoch keine anderen als diejenigen, die für Genehmigungen auch ohne den Nachweis der Einhaltung von Emissionskontingenten gelten.

2.2.4.5 Schritt 5: Erteilung einer Baugenehmigung oder immissionsschutzrechtlichen Genehmigung

Durch eine Bau- oder eine immissionsschutzrechtliche Genehmigung wird das beantragte Vorhaben genehmigt. Im Genehmigungsverfahren ist zu prüfen, ob die planungsrechtlichen Anforderungen aufgrund eines vorhandenen Bebauungsplans eingehalten werden. Hierzu zählt auch der Nachweis der Einhaltung der im Bebauungsplan festgesetzten Emissionskontingente. Wird der entsprechende fachtechnische Nachweis erbracht, sind im Genehmigungsbescheid die schalltechnisch relevanten Parameter, die zu diesem fachtechnischen Nachweis geführt haben, rechtsverbindlich abzusichern. Hierdurch wird sichergestellt, dass der Betrieb des künftigen Vorhabens die nach Bebauungsplan zulässigen Emissionskontingente nicht überschreitet.

Die Genehmigungsinhalte betreffen sowohl die im Bebauungsplan für das Baugrundstück festgesetzten Emissionskontingente und ggf. Zusatzkontingente sowie die daraus resulierenden zulässigen Immissionskontingente an den maßgeblichen Immissionsorten als auch die notwendigen baulichen, betrieblichen und organisatorischen Schallschutzmaßnahmen auf dem Baugrundstück. Welche Regelungen getroffen werden, hängt vom jeweiligen Einzelfall ab.

3 Fazit

Die Geräuschkontingentierung berücksichtigt sowohl die Belange der emittierenden Nutzung hinsichtlich Flexibilität und Planungssicherheit als auch die Belange der schutzbedürftigen Nutzung hinsichtlich des Schutzes der Wohnruhe. Sie ist ein taugliches Instrument zur schalltechnischen Konfliktlösung auf Ebene des Bebauungsplans.

Bei der fachtechnischen Erarbeitung der Geräuschkontingentierung ist besondere Sorgfalt zum einen bei der Festlegung der zu berücksichtigenden Immissionsorte/ zu schützenden Gebiete, die derzeit vorhanden bzw. im Zuge der weiteren Siedlungsentwicklung beabsichtigt sind und zum anderen bei der Ermittlung der Vorbelastung durch vorhandene bzw. geplante gewerbliche Nutzungen erforderlich.

Im Zuge der Umsetzung der Geräuschkontingentierung in den Bebauungsplan ist auf die Bestimmtheit der Festsetzungen, insbesondere das Berechnungsverfahren mit dem die Geräuschkontingentierung erarbeitet wurde sowie das anzuwendende Nachweisverfahren auf Ebene der Genehmigung betreffend, zu achten.

Auf Genehmigungsebene ist dafür Sorge zu tragen, dass durch die Formulierung von Auflagen und Nebenbestimmungen in Baugenehmigungen und immissionsschutzrechtlichen Genehmigungen die zur Einhaltung der Emissionskontingente notwendigen Maßnahmen tatsächlich umgesetzt werden.

Jörg Finkeldei

Instrumente der Freiraumsicherung im Außenbereich

Abstract Der Beitrag befasst sich mit Instrumenten der Freiraumsicherung. Hierzu werden der „FolgekostenSchätzer Brandenburg“ vorgestellt und die Sicherung des Freiraums anhand der Bebauungsplanung behandelt.

The article deals with instruments of protecting the open space structure. For this, the writer introduces the “FolgekostenSchätzer Brandenburg” and goes in for open space protection by dint of the local development plan.

Begriff und gesetzlicher Rahmen

Der Freiraum ist ein in der räumlichen Planung (Landschaftsplanung, Landschaftsarchitektur, Städtebau, Architektur) verwendeter Begriff, der alle nicht durch Gebäude bebauten Flächen beschreibt, er umfasst sowohl Gärten, Straßen, Plätze, Parkanlagen und Friedhöfe als auch Gewässer, Wälder und Felder.

In § 1 **Bundesnaturschutzgesetz** (BNatSchG) werden die Ziele des Naturschutzes und der Landschaftspflege im Hinblick auf den Umgang mit dem Freiraum konkretisiert. Großflächige, weitgehend unzerschnittene Landschaftsräume sind vor weiterer Zerschneidung zu bewahren. Die erneute Inanspruchnahme bereits bebauter Flächen sowie die Bebauung unbebauter Flächen im beplanten und unbeplanten Innenbereich, soweit sie nicht für Grünflächen vorgesehen sind, hat Vorrang vor der Inanspruchnahme von Freiflächen im Außenbereich. Verkehrswege, Energieleitungen und ähnliche Vorhaben sollen landschaftsgerecht geführt, gestaltet und so gebündelt werden, dass die Zerschneidung und die Inanspruchnahme der Landschaft sowie Beeinträchtigungen des Naturhaushalts vermieden oder so gering wie möglich gehalten werden. Freiräume im besiedelten und siedlungsnahen Bereich einschließlich ihrer Bestandteile, wie Parkanlagen, großflächige Grünanlagen und Grünzüge, Wälder und Waldränder, Bäume und Gehölzstrukturen, Fluss- und Bachläufe mit ihren Uferzonen und Auenbereichen, stehende Gewässer, Naturerfahrungsräume sowie gartenbau- und landwirtschaftlich genutzte Flächen, sind zu erhalten und dort, wo sie nicht in ausreichendem Maße vorhanden sind, neu zu schaffen (§ 1 BNatSchG). In Spiegelung dazu wird im **Baugesetzbuch** (§ 35 BauGB) geregelt, dass der Freiraum im nicht besiedelten Bereich – im Außenbereich – grundsätzlich von Bebauung frei gehalten werden soll. Der Bundesgesetzgeber weist damit dem Außenbereich seine besondere Bedeutung und Funktion für die naturgegebene Bodennutzung und als Erholungslandschaft für die Allgemeinheit zu. Dennoch hat der Gesetzgeber bestimmte bauliche Vorhaben dem Außenbereich zugewiesen. Dabei handelt es sich – idealtypisch – um bauliche Nutzungen, die wegen ihrer spezifischen Anforderungen gerade auf einen Standort im Außenbereich angewiesen sind oder sonst einen spezifischen Bezug zum Außenbereich haben und nicht in die durch Bebauungsplan festgesetzten Baugebiete bzw. in den unbeplanten Innenbereich verwiesen werden können. Diese wiederum dürfen aber nur in einer flächensparenden, die Bodenversiegelung auf das notwendige Maß begrenzenden und den Außenbereich schonenden Weise ausgeführt werden (**Gebot größtmöglicher Schonung des Außenbereichs**). Das Gebot steht als Leitgedanke über allen Vorschriften, die das Bauen im Außenbereich regeln.

Herausforderung und gesellschaftlicher Rahmen

Der nachhaltige Schutz des Freiraums und die stetig steigenden Nutzungsansprüche stellen eine große Herausforderung für Deutschland in den kommenden Jahren dar. Im Fokus stehen der Umgang mit der lebenswichtigen Ressource Land, der Umbau der Energieversorgung, die Folgen des Klimawandels, die Reduzierung der Flächeninanspruchnahme und gleichzeitig die demografische Entwicklung zu einer – trotz Zuwanderung – älter werdenden Gesellschaft mit unterschiedlich stark schrumpfenden und wachsenden Städten und Regionen. In Deutschland werden täglich rund 70 Hektar unbebaute Fläche für neue Siedlungs- und Verkehrsprojekte verbraucht. Deutschland verfolgt in seiner Nachhaltigkeitsstrategie das Ziel, die Inanspruchnahme neuer Flächen bis zum Jahr 2020 auf 30 Hektar pro Tag zu reduzieren. (Vgl. Bundesregierung, Perspektiven für Deutschland, Unsere Strategie für eine nachhaltige Entwicklung, www.bundesregierung.de, S. 68).

Der Freiraum bildet die Grundlage für eine Vielzahl von Nutzungen (Land- und Forstwirtschaft, Trinkwassergewinnung usw.). Er dient der Erholung und Freizeitgestaltung, dem Ressourcenschutz (**für Bevölkerung und**

Wirtschaft) und vor allem der Regeneration und Regulation des Naturhaushaltes insgesamt. Gleichzeitig bildet der Freiraum die Komplementärfunktion zum Siedlungsbereich. Insbesondere durch Siedlungstätigkeit (Wohnen, Gewerbe, Handel, Dienstleistungen) und Zerschneidung (Versorgungs- und Verkehrstrassen) sind in der Vergangenheit deutliche Verluste bzw. Umwandlungen erfolgt. Ebenso eingetreten, statistisch jedoch weniger erfassbar, sind qualitative Beeinträchtigungen der Freiraumfunktionen. Selbst bei geringerer oder stagnierender Bevölkerungs- und Wirtschaftsentwicklung werden Inanspruchnahmen des Freiraums weiterhin unvermeidlich sein. Die Sicherung des Freiraums und der Freiraumfunktionen und ihre Entwicklung sowie die verantwortungsvolle und sparsame Ausgestaltung notwendiger Freirauminanspruchnahmen sind tragendes Element einer dauerhaft umweltgerechten Raum- und Flächenentwicklung als Grundlage für die nachhaltige Sicherung und Erhaltung der natürlichen Lebensgrundlagen, der ökologischen Stabilität und der wirtschaftlichen Entwicklung. Land- und forstwirtschaftlich genutzte Bereiche leisten einen erheblichen Beitrag zur Sicherung des Freiraums. Dabei ist nach Lösungen und Strategien zu suchen, bei denen ein rationeller Umgang mit dem Freiraum ohne wesentliche Einschränkung an z. B. Wohnqualität, sozialen und wirtschaftlichen Bedürfnissen erfolgen kann. Freiraumsicherung ist sowohl unter strukturräumlichen Aspekten zu verfolgen, als auch hinsichtlich einzelner, hervorgehobener ökologischer, sozialer oder ökonomischer Freiraumfunktionen. Darüber hinaus ist der planerische Ansatz durch eine entsprechend freiraumschonende Herangehensweise bei der Umsetzung der konkreten Planungen zu vervollständigen. Dies bedeutet die Optimierung einer flächen- und ressourcensparenden Planungskonzeption bei allen raum- und flächenbeanspruchenden Vorhaben.

Freiraumsicherung bedeutet eine Aufwertung des besiedelten Bereichs. Die **Landesplanung, die Bauleitplanung und die flankierenden Landschaftspläne** geben die Rahmenbedingungen zur Freiraumsicherung durch Festlegung von Gebietskulissen, Darstellungen und Festsetzungen etc. vor. Mittels Ausweisung von Grünflächen, Vorranggebieten für Naturschutz und Flächen für ökologisch bedeutsame Nutzungen und einem Kompensationskonzept wird z. B. der Handlungsspielraum für die verbindliche Bauleitplanung aufgezeigt. Im Zuge einer nachhaltigen Raumentwicklung ist dieser Ansatz nicht restriktiv, sondern vielmehr entwicklungsbezogen ausgerichtet. Bei der Zulässigkeitsprüfung von Vorhaben im Außenbereich sind die **Vorschriften des Naturschutzrechts, der Raumordnung und der Bauleitplanung als gemeinsamer Regelungskanon** zu berücksichtigen. In der fachlichen und örtlichen Konkretisierung stehen die Verbesserung der Freiraumsituation und im besonderen Maße die Optimierung siedlungsbezogener Funktionen im Vordergrund. Das bezieht auch die aktuellen und zu erwartenden rechtlichen, gesellschaftlichen und wirtschaftlichen Bedürfnisse und Rahmenbedingungen mit ein.

Um die Freiraumsicherung im Außenbereich gewährleisten zu können, gibt es auf den jeweiligen (übergeordneten) Planungsebenen vielfältige Instrumente (z. B. durch Festlegung von Flächen für den **Freiraumverbund als landesplanerisches Ziel** oder Darstellung von **SPE-Flächen im Flächennutzungsplan**), die allerdings nicht alle die gleiche Umsetzungseffektivität aufweisen. Oftmals bedarf es noch begleitender informeller Instrumente, die auch nicht zwingend unmittelbar erkennbar der Freiraumsicherung dienen, die jedoch in ihrer mittelbaren Wirkung – der Vermeidung von Freiflächeninanspruchnahme – zur Sicherung des Freiraums beitragen.

Dies kann zum einem dadurch erreicht werden, dass ein **Bewusstsein für die Kosten** geweckt werden, die bei der Inanspruchnahme von Freiflächen im Außenbereich entstehen.

Dies kann zum anderem aber unmittelbar auch durch **verbindliche Festsetzungen im Bebauungsplan** erfolgen.

Instrumente I – FolgekostenSchätzer Brandenburg

Abb. 1

Quelle: Folgekostenschätzer Brandenburg MIL 2015

Die Flächeninanspruchnahme durch Siedlung und Verkehr ist in Brandenburg immer noch sehr hoch. Der demografische Wandel, hohe Infrastrukturkosten sowie Energieeffizienz und Klimaschutz erfordern eine nachhaltige, zukunftsorientierte Siedlungsentwicklung, die sich verstärkt auf den Siedlungsbestand konzentriert. Aus ökologischen und ökonomischen Gründen ist daher eine Reduzierung des Flächenverbrauchs unabdingbar. Eine frühzeitige Abschätzung der finanziellen Auswirkungen von neu auszuweisenden Baugebieten im Vergleich zu Projekten der Innenentwicklung bietet eine wichtige Entscheidungsgrundlage für Kommunen. Sie kann dazu beitragen, den Flächenbedarf zu reduzieren.

Abb. 2

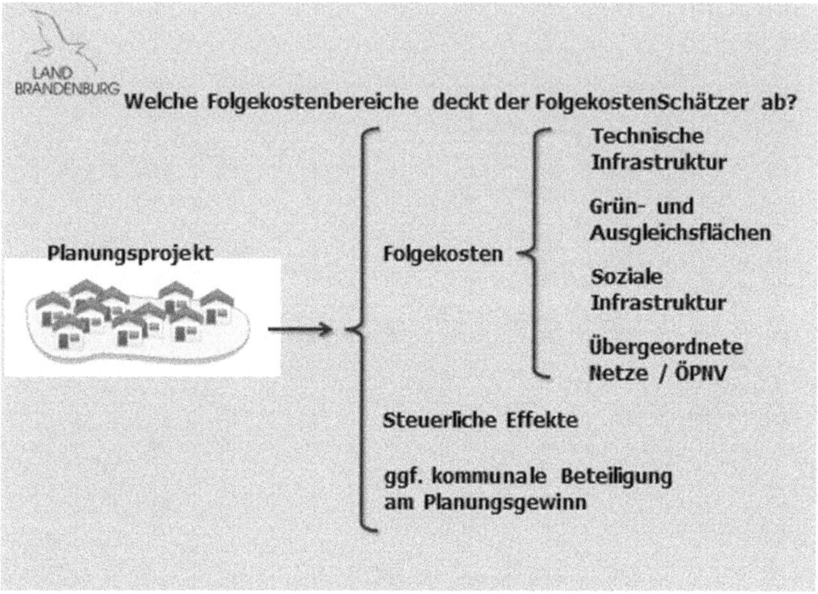

Quelle: Folgekostenschätzer Brandenburg MIL 2015

Der FolgekostenSchätzer ist vor einigen Jahren im Rahmen eines Bundesforschungsprogrammes (Refina) entwickelt und gemeinsam mit verschiedenen Bundesländern (Schleswig-Holstein, Bayern, Sachsen) kontinuierlich weiterentwickelt worden. Brandenburg konnte hierauf aufbauen und den FolgekostenSchätzer auf die spezifische Situation der Kommunen im Land Brandenburg abstimmen.

Die Anwendung des FolgekostenSchätzers wird den Kommunen sehr leicht gemacht. So sind für dessen Nutzung keine besonderen Software-Kenntnisse erforderlich. Das kostenfrei zur Verfügung gestellte Programm läuft auf allen Rechnern mit Microsoft Excel. Der FolgekostenSchätzer gibt Kommunen die Möglichkeit, zu einem relativ frühen Zeitpunkt der kommunalpolitischen Diskussion erste Anhaltswerte zu den langfristigen Kosten von Planungen zu erhalten. Dabei können sowohl Projekte des Wohnungsneubaus wie auch Veränderungsprozesse im Wohnungsbestand betrachtet werden. Er bietet die Möglichkeit, überschlägig die Kosten und Folgekosten der Bebauung unterschiedlicher Flächen für identische Nutzungen, aber auch alternativer Planungen auf demselben Grundstück zu ermitteln. Die so erhaltenen Daten können in den Entscheidungsprozess der Kommunen einfließen. Die Gemeinden und ihre politischen Gremien wie auch ihre Bürger können sich so verdeutlichen, welche Kosten eine Neuinanspruchnahme von Flächen beispielsweise im Außenbereich im Vergleich zur Inanspruchnahme von Innenbereichsflächen verursacht. Weiterhin können auch die Kosten überschlägig ermittelt werden, welche aufgrund der grundsätzlichen Planungsentscheidung voraussichtlich dauerhaft auf der Gemeinde lasten werden.

Im Mittelpunkt der Kostenabschätzungen des FolgekostenSchätzers stehen die technischen Erschließungsinfrastrukturen. Die Praxiserfahrung zeigt, dass im Zuge der Entscheidungsfindung häufig nur die Kosten der erstmaligen Herstellung von Erschließungsanlagen in den Blick genommen werden. Die Folgekosten in den nachfolgenden Jahren für den Betrieb, die Unterhaltung und die spätere Erneuerung der Anlagen werden dabei häufig übersehen, obwohl der kommunale Kostenanteil hier besonders hoch ist. Deshalb stellt der FolgekostenSchätzer für fast alle Bereiche der technischen Infrastruktur allgemeine Kostenkennwerte zur Verfügung. Dazu wurden die hinterlegten Kostenkennwerte auf die Situation der unterschiedlichen Kommunen innerhalb des Landes angepasst. Sofern einer Kommune – z. B. aus zurückliegenden Planungen – gemeindespezifische Kostenkennwerte vorliegen, können auch diese verwendet werden.

Abb. 3

Quelle: Folgekostenschätzer Brandenburg MIL 2015

Da in vielen Brandenburger Gemeinden von Seiten der (Dauer)-Bewohner von Wochenendhaussiedlungen der Wunsch geäußert wird, die Wochenendhausgebiete zu Wohngebieten umzuwidmen, wurde der FolgekostenSchätzer zudem um ein Modul erweitert, mit dessen Hilfe die langfristigen Folgekosten einer Umwandlung von Wochenendhausgebieten in Dauerwohnen abgeschätzt werden können.

Abb. 4

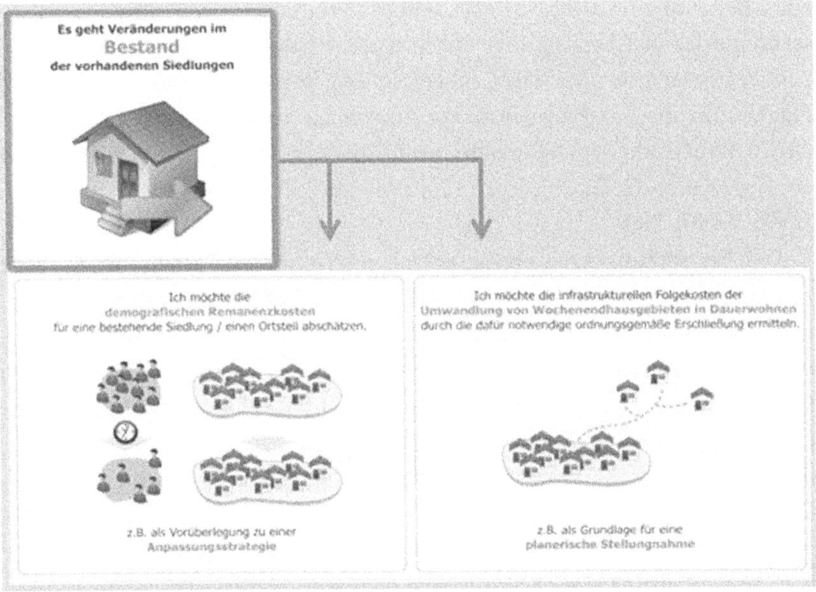

Quelle: Folgekostenschätzer Brandenburg MIL 2015

Instrumente II – Bebauungsplan

Von Bebauung freizuhaltende Flächen

Der Katalog des § 9 Abs. 1 BauGB enthält eine Reihe von Freiflächenfestsetzungen, bei denen bauliche Nutzungsmöglichkeiten in den Hintergrund treten, jedoch nicht vollständig ausgeschlossen sind. So ist bei der Festsetzung von Grünflächen der Ausschluss bzw. die Begrenzung der Bebaubarkeit nur einer unter mehreren Festsetzungsaspekten; je nach Zweckbestimmung können bauliche Anlagen sogar zum Wesen einer Grünfläche gehören, wie Lauben in Kleingartenanlagen oder Umkleidegebäude auf Sportplätzen. Auch die Festsetzung von Flächen für die Landwirtschaft schließt eine Bebauung nicht grundsätzlich aus, sondern erlaubt landwirtschaftszugehörige Haupt- und Nebenanlagen. Soll eine Bebauung völlig ausgeschlossen werden, z. B. um eine Kaltluftbahn oder den Blick auf eine reizvolle Stadtsilhouette freizuhalten, reicht die Festsetzung von Grün- oder Landwirtschaftsflächen daher meist nicht aus, sondern es wird eine weitergehende Festsetzung benötigt.

§ 9 Abs. 1 Nr. 10 BauGB ermöglicht die Festsetzung von Flächen, die von einer Bebauung freizuhalten sind. Solche „Freihalteflächen" können selbstständig oder in Überlagerung mit anderen Festsetzungen zur Flächennutzung festgesetzt werden. Die Rechtsprechung hat klargestellt, dass auch auf Flächen für die Landwirtschaft ein Ausschluss von ansonsten gemäß § 35 Abs. 1 BauGB im Außenbereich „privilegiert" zulässigen Anlagen möglich ist. (vgl. BVerwG, Beschl, v. 17.12.1998 – 4a NB 4/97 – UPR 1999, 878 = DVBl. 1999, 780)

Die Festsetzung von Freihalteflächen kommt vor allem für größere zusammenhängende Flächen in Betracht, die insgesamt von Bebauung freigehalten werden sollen. Wegen des erheblichen Eingriffs in die Eigentumsrechte muss eine solche Festsetzung durch gewichtige städtebauliche Gründe (meist stadtgestalterischer oder stadtökologischer Art) gerechtfertigt sein. So kann die Freihaltung des Ausblicks von einem Aussichtpunkt, der Ansicht einer markanten Silhouette oder des Durchblicks auf ein besonders wichtiges Einzelgebäude oder Gebäudeensemble die Festsetzung einer Freihaltefläche rechtfertigen. Weiterhin kommen stadtklimatische Belange wie die Freihaltung einer Kaltluftbahn oder landschaftspflegerische Aspekte wie die Erhaltung eines vollständig unbebauten Landschaftsbestandteils für die Begründung von Freihalteflächen in Betracht.

So kann alternativ zur Überlagerung einer Freihaltefläche mit einer Fläche für die Landwirtschaft auch eine „selbstständige" Freihaltefläche mit einer konkreteren Nutzungsart festgesetzt werden, etwa als „Wiesen und Weideland", „Dauergrünland" oder „Grabeland", soweit dies städtebaulich erforderlich ist, z. B. um die Beeinträchtigung von Blickbeziehungen durch Bäume und hohe Sträucher auszuschließen. Wenn die zulässige Nutzungsart nicht näher bestimmt wird, richtet sich die Zulässigkeit von Freiflächennutzungen sowie von ggf. nicht ausgeschlossenen untergeordneten baulichen Anlagen nach § 34 oder § 35 BauGB. Die Freihaltefläche bleibt in diesem Fall in der Planzeichnung weiß. Wenn bereits Regelungen nach anderen Rechtsvorschriften, z. B. nach Naturschutz- oder Denkmalrecht, eine Freihaltung von Bebauung sicherstellen, ist die gesonderte Festsetzung einer Freihaltefläche im Bebauungsplan meist entbehrlich. Der Ausschluss von Bebauungsmöglichkeiten wird in diesen Fällen durch die nachrichtliche Übernahme der entsprechenden Regelung in den Bebauungsplan und entsprechende Ausführungen in der Begründung klargestellt.

Abb. 5

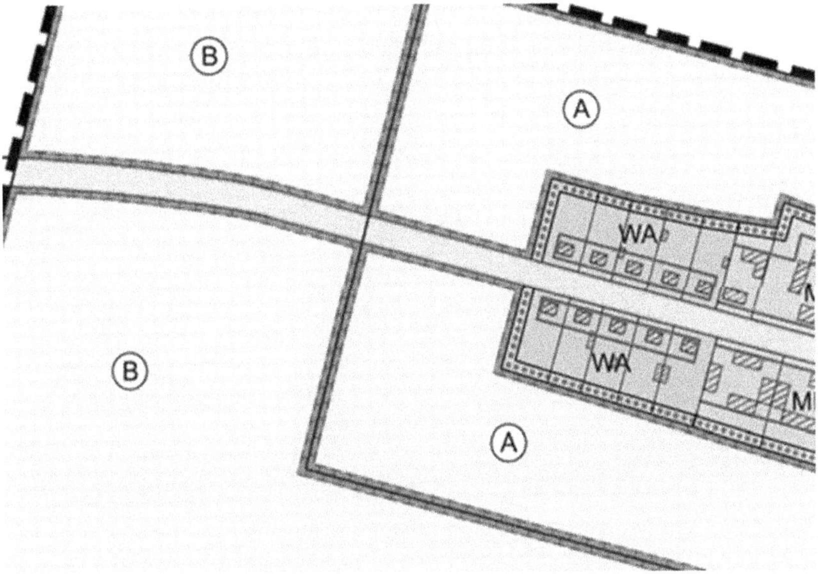

Quelle: Arbeitshilfe Bebauungsplanung MIL 2014

Die Fläche für die Landwirtschaft wird überlagert mit der Festsetzung zur Freihaltung von Bebauung gemäß § 9 Abs. 1 Nr. 10 BauGB, um die Errichtung von ansonsten im Außenbereich zulässigen Gebäuden für landwirtschaftliche Nutzungen im unmittelbaren Umfeld des Dorfes auszuschließen.

Im Beispiel wird dazu eine textliche Festsetzung gewählt, da eine zeichnerische Festsetzung sich mit der Umgrenzung von Flächen für Maßnahmen überschneiden würde.

Instrumente III – Bebauungsplan

Gesamtgemeindlicher Bebauungsplan zum Schutz des Außenbereichs vor Zersiedlung durch Tierhaltungsanlagen

Mittels Bebauungsplan können aber nicht nur einzelne Flächen von der Bebauung freigehalten werden, wenn erforderlich können auch Festsetzungen getroffen werden, die das gesamte Gemeindegebiet erfassen. Das OVG Lüneburg (Urt. v. 10.02.2015 – 1 KN 119/13) hat es für zulässig angesehen, dass Sondergebiete für Tierhaltungsanlagen vorrangig an vorhandenen

Betrieben festgesetzt werden können, um den Außenbereich durch diese Steuerung im Übrigen von solchen Anlagen freizuhalten. Dies gilt auch, wenn bereits durch Tierhaltungsanlagen in der Nachbarschaft belastete Wohnnutzungen dadurch eventuell noch stärker belastet werden.

Abb. 6:

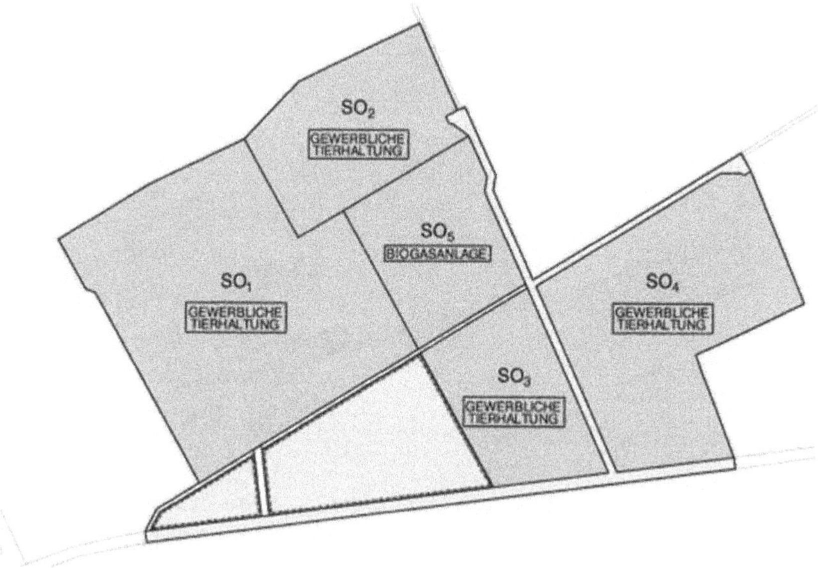

Quelle: Arbeitshilfe Bebauungsplanung MIL 2014

Ein Bebauungsplan, der nahezu den gesamten Außenbereich der Gemeinde erfasst, ist deshalb zulässig, um die Ansiedlung von Tierhaltungsanlagen zu regeln. Anlagen für die Tierhaltung sind demnach vorrangig an bestehenden Standorten für Tierhaltungsanlagen anzusiedeln. Im konkreten Fall waren 17 Flächen als entsprechende Sondergebiete festgesetzt.

Zulässiges Planungsziel der Gemeinde war, die noch unversehrten Teile des Außenbereichs auch weiterhin von Tierhaltungsanlagen freizuhalten. Vorhaben die ohnehin im Außenbereich zulässig sind, wurden von den Regelungen des Bebauungsplans nicht erfasst. **Nicht zwingend erforderlich ist, dass der Außenbereich eine besondere touristische oder ökologische Bedeutung habe, die Absicht der Freiraumsicherung ist allein ausreichend.**

Es ist daher legitim, Sonder- und Erweiterungsflächen bei den vorhandenen Hofstellen auszuweisen. Da bei den Sonderbauflächen auf die Nähe der vorhandenen Bauten, nicht auf die Herkunft des Eigentümers abgestellt wird, liegt auch keine gegen Art. 3 GG verstoßende Ungleichbehandlung vor.

Das Interesse im Außenbereich vor der Nachbarschaft außenbereichstypischer Nutzungen geschützt zu werden, wiege dagegen relativ gering, so das Oberverwaltungsgericht. Es bleibe daher zu Recht hinter dem Bestreben, den noch unberührten Außenbereich zu schützen, zurück.

Hauptziel des Bebauungsplanes ist es, eine weitere Zersiedelung des Außenbereichs und eine Immissionsbelastung der Ortsränder sowie weiterer empfindlicher Nutzungen durch Tierhaltungsanlagen zu verhindern. Der Bebauungsplan erfasst mit wenigen Ausnahmen den gesamten Außenbereich. Die textlichen Festsetzungen treffen nur Regelungen für die Tierhaltungsanlagen gemäß § 35 Abs. 1 Nr. 1 und Nr. 4 BauGB. Alle weiteren Vorhaben gem. §§ 34 und 35 BauGB im Geltungsbereich seien von dem Bebauungsplan nicht betroffen. Der Plan setzt die 17 Flächen als sonstige Sondergebiete mit folgender Nutzungsbeschreibung fest:

> *„Zulässig sind Vorhaben gewerblicher Tierhaltung im Sinne von § 35 Abs. 1 Nr. 4 BauGB (Betriebsstellen gewerblicher Tierhaltung) sowie Vorhaben landwirtschaftlicher Tierhaltung im Sinne von § 35 Abs. 1 Nr. 1 in Verbindung mit § 201 BauGB (landwirtschaftliche Betriebsstellen der Tierhaltung).“*

Nach den textlichen Festsetzungen sind Tierhaltungsanlagen gem. § 35 Abs. 1 Nr. 1 und 4 BauGB nur innerhalb der Sondergebiete und der dort festgesetzten überbaubaren Grundstücksflächen zulässig, im übrigen Geltungsbereich des Bebauungsplans dagegen ausgeschlossen. Ausgenommen hiervon ist eine landwirtschaftliche Tierhaltung nach § 35 Abs. 1 Nr. 1 BauGB bis zu einer Größenordnung von max. 10 Großvieheinheiten sowie Pferdehaltung. Innerhalb der festgesetzten Sondergebiete sind Tierhaltungsanlagen nur in der Art und in dem Umfang zulässig, wie sie die gesetzlichen Immissionsschutzanforderungen der umgebenden Wohnbebauung und sonstiger Nutzungen (wie z. B. Waldflächen) erfüllen. Entsprechende Maßnahmen zur Einhaltung der entsprechenden Grenzwerte zu Geruchs- und Staubimmissionen sowie zum Lärmschutz wie Filteranlagen seien im notwendigen Umfang vorzusehen. Die Sondergebiete umfassen die Standorte vorhandener Tierhaltungsanlagen sowie einzelne, meist hofnahe Erweiterungsflächen für Betriebe, die im Planaufstellungsverfahren konkrete

Erweiterungspläne und eine langfristige Betriebsperspektive dargelegt hatten. Insgesamt machen die Sondergebietsflächen allenfalls wenige Prozent des Plangebiets aus. Die übrigen Flächen sind in Entsprechung zu den Darstellungen des Flächennutzungsplans als Flächen für Wald, Wasserflächen, Flächen für Abgrabungen, Verkehrsflächen, Flächen für die Landwirtschaft oder für Naturschutzmaßnahmen ausgewiesen. Unberührt soll jedoch bestehendes Baurecht nach § 35 BauGB (ausgenommen für Tierhaltungsanlagen) bleiben. Nachrichtlich werden um die einzelnen Tierhaltungsbetriebe Immissionsradien wiedergegeben. (vgl. OVG Lüneburg, Urt. v. 10.02.2015 – 1 KN 119/13 – juris).

Die Beispiele zeigen, dass auch mittels der verbindlichen Bauleitplanung – mit einem positiven Planungsziel – ein tragfähiger Freiraumschutz erreicht werden kann. Insofern ist der Freiraumschutz nicht allein auf die Instrumente der übergeordneten Planungsebenen (Landes- Regional- und Flächennutzungsplanung) begrenzt.

Olaf Reidt

Festsetzungsersetzende und -flankierende städtebauliche Verträge

Abstract Zum einen werden im folgenden Beitrag städtebauliche Verträge als Ergänzung und Ersetzung von Planinhalten betrachtet. Zum anderem ist Thema des Beitrags, welche Anforderungen nach geltendem Recht sowie bezogen auf das Verfahren an städtebauliche Verträge gestellt werden.

On the one hand, the article below shows how the urban planning contract can complement and replace the content of a plan. On the other hand, the article points out which legal framework and requirements have to be respected while using an urban planning contract, by law in force and overlooking the order of action.

Einleitung

Wie § 11 Abs. 1 Satz 1 BauGB[1] klarstellt, dürfen Gemeinden städtebauliche Verträge abschließen. Dafür benötigen sie ungeachtet dieser Regelung grundsätzlich keine Ermächtigungsgrundlage, sofern es keine besonderen Vorschriften gibt, die dies als solches ausschließen oder bestimmte vertragliche Inhalte verbieten (Vertragsform- und Vertragsinhaltsverbote). Das Interesse der Kommune an städtebaulichen Verträgen beruht vor allem auf der Entlastung der eigenen Verwaltung, der Einsparung ansonsten nicht umlagefähiger Aufwendungen und vielfach auch dem Anliegen, vertraglich bestimmte Planungsziele durchzusetzen, die in einem Bebauungsplan nicht festsetzbar sind. Das investorenseitige Interesse am Abschluss städtebaulicher Verträge beruht insbesondere darauf, Baurecht zu erhalten, das Verfahren zu beschleunigen und weitestmögliche Sicherheit dahingehend zu erhalten, dass das Verfahren tatsächlich zum Abschluss gebracht wird. Städtebauliche Verträge existieren in unterschiedlichen Erscheinungsformen.

Im Zusammenhang mit der Bauleitplanung sind städtebauliche Verträge häufig mit dem Anliegen verbunden, kommunale Planungsziele zu fördern

---

1 Baugesetzbuch (BauGB) in der Fassung der Bekanntmachung v. 23. September 2004 (BGBl. I S. 2414), zuletzt geändert durch Art. 6 d. G. v. 20. Oktober 2015 (BGBl. I S. 1722).

und zu sichern. Derartige Vereinbarungen sind grundsätzlich gem. § 11 Abs. 1 Satz 2 Nr. 2 BauGB zulässig. Sie ersetzen einen Bebauungsplan und das Planverfahren jedoch nicht, sondern begleiten nur den Plan. Ersetzbar sind lediglich einzelne Festsetzungen. Hinzu kommen Regelungen in Bereichen, in denen nach § 9 BauGB keine Festsetzungsmöglichkeiten bestehen. Derartige Vereinbarungen lassen sich unter dem Oberbegriff des Planungsvertrages oder auch des bebauungsplanbegleitenden Vertrages zusammenfassen.

1 Ersetzung und Ergänzung von Planinhalten

Planungsverträge lassen sich in festsetzungsflankierende oder -ergänzende sowie in festsetzungsersetzende Vereinbarungen einteilen.

a) Festsetzungsflankierende Vereinbarungen

Festsetzungsflankierende Vereinbarungen treten neben einen bestehenden Bebauungsplan, wenn die Gemeinde sich in der Situation befindet, dass der Bebauungsplan ansonsten nicht die gewünschten Planungsziele erreichen kann, weil sie an den Festsetzungskatalog des § 9 BauGB gebunden ist. Ein darüber hinausgehendes „Festsetzungserfindungsrecht“ steht ihr nicht zu. Die Zulässigkeit derartiger städtebaulicher Verträge ist allgemein anerkannt, soweit damit ein legitimes städtebauliches Ziel verfolgt wird, also ein solches, das den Anforderungen des § 1 Abs. 5 und 6 BauGB entspricht.

b) Festsetzungsersetzende Vereinbarungen

Festsetzungsersetzende Vereinbarungen treten hingegen an die Stelle einzelner an sich möglicher Planinhalte. Es stellt sich daher die Frage, ob vertragliche Regelungen nachrangig zur satzungsrechtlichen Bauleitplanung sind. Dies ist umstritten. Dabei wird vielfach übersehen, dass das Bundesverwaltungsgericht bereits vor vielen Jahren eine solche Nachrangigkeit verneint hat[2]. Dies bezog sich zwar konkret auf die damalige Rechtslage zur naturschutzrechtlichen Eingriffsregelung (also ohne den heutigen § 1a Abs. 3 Satz 4 BauGB, der ausdrücklich eine vertragliche Lösung trotz planerischer Festsetzungsmöglichkeit anbietet), gilt allerdings nach den Ausführungen des Gerichts ganz allgemein. Danach muss die Gemeinde abwägen, mit

2 Vgl. BVerwG, Urt. v. 09.05.1997 – 4 N 1/96 – BVerwGE 104, 353.

welchem Mittel ihr die bestmögliche Befriedigung rechtmäßiger öffentlicher Bedürfnisse gelingen kann. Dabei kann sie zu dem Ergebnis gelangen, dass dies mit einem städtebaulichen Vertrag zu erwarten ist, selbst wenn auch eine planerische Festsetzungsmöglichkeit bestünde. Die Annahme eines Subsidiaritätsverhältnisses zu Lasten vertraglicher Regelungen würde der allgemeinen Auffassung des Gesetzgebers widersprechen, auch vertragliche Lösungswege im Bauplanungsrecht vorzusehen. Der offene Wortlaut des § 11 Abs. 2 Satz 2 BauGB verdeutlicht ebenfalls, dass vertragliche Regelungen zulässig sind, sofern die Gemeinde mit ihnen ihre städtebauliche Zielsetzung in hinreichender Weise erreichen kann.

2 Gesetzliche und verfahrensrechtliche Anforderungen an Planungsverträge

a) Form

Die Form städtebaulicher Verträge regelt § 11 Abs. 3 BauGB. Danach bedarf ein städtebaulicher Vertrag der Schriftform. Die Parteien müssen grundsätzlich eine einheitliche Vertragsurkunde erstellen und diese unterschreiben. Regelmäßig sind im Zusammenhang mit dem Schriftformerfordernis zusätzlich die Anforderungen der Gemeindeordnungen und Kommunalverfassungen zu beachten, insbesondere für die Frage, wer die Gemeinde beim Vertragsabschluss vertreten kann. Vielfach genügt hierfür die Unterschrift des Bürgermeisters nicht. Erfolgt der Abschluss des Vertrages nur mit unzureichender Vertretung, führt dieser Mangel zwar nicht zur Gesamtunwirksamkeit, wie dies bei einem Verstoß gegen das Schriftformerfordernis der Fall ist, wohl aber zur schwebenden Unwirksamkeit, die zwar geheilt werden kann, andererseits jedoch auch geheilt werden muss, damit der Vertrag wirksam wird und wechselseitige Rechte und Pflichten auslöst.

Weitergehende Anforderungen bestehen gem. § 11 Abs. 3 BauGB vor allem dann, wenn der Vertrag die Verpflichtung zum Erwerb oder zur Veräußerung von Grundstücken oder grundstücksgleichen Rechten enthält oder wenn es um die Bestellung von Erbbaurechten geht (§ 311b BGB[3],

---

3 Bürgerliches Gesetzbuch (BGB) in der Fassung der Bekanntmachung v. 2. Januar 2002 (BGBl. I S. 42, 2909; 2003 I S. 738), zuletzt geändert durch Art. 1 d. G. v. 20. November 2015 (BGBl. I S. 2018).

§ 11 Abs. 2 ErbbauRG[4]). Die Beurkundungspflicht bezieht sich dabei nicht nur auf den die Grundstücke betreffenden Teil eines städtebaulichen Vertrages, sondern auf alle Vertragsregelungen, mit denen der Vertrag aus Sicht zumindest einer Partei insgesamt stehen oder fallen soll. Entscheidend ist dafür der zu ermittelnde Wille der Parteien. Im Zweifel ist der gesamte Vertrag zu beurkunden. Die Beurkundungspflicht besteht auch für Grundstücke betreffende Vorverträge. Es genügt daher nicht, wenn die Parteien etwa für die Übertragung von Erschließungsflächen lediglich vereinbaren, dass diese durch einen gesonderten Vertrag an die Gemeinde übertragen werden sollen. Unbedenklich sind hierbei allenfalls bloße Absichtserklärungen. Ein Verstoß gegen die Beurkundungspflicht führt zur Unwirksamkeit des Gesamtvertrages, es sei denn, der nicht beurkundungsbedürftige wäre auch ohne den beurkundungspflichtigen Vertragsteil von den Parteien abgeschlossen worden. Der Verstoß gegen die Beurkundungspflicht wird gem. § 311b Abs. 1 Satz 2 BGB geheilt, wenn die Auflassung und die Eintragung in Bezug auf sämtliche von dem Vertrag umfassten Grundstücke erfolgt ist.

b) Ausschreibungspflicht gem. §§ 97 ff. GWB

Nach dem Kartellvergaberecht der §§ 97 ff. GWB[5] ausschreibungspflichtig sind entgeltliche öffentliche Aufträge i. S. v. § 99 GWB, wenn kein besonderer Ausnahmetatbestand vorliegt, es sich nicht um ein Eigengeschäft des Auftraggebers (in den hier relevanten Fällen zumeist die Gemeinde) handelt und die Schwellenwerte gem. § 100 Abs. 1 Satz 2 Nr. 1 GWB i. V. m. § 2 VgV[6] erreicht oder überschritten sind. Bei Folgelastenvereinbarungen besteht mangels Entgeltlichkeit in der Regel keine Ausschreibungspflicht. Die Gemeinde kann für Folgelasten von dem Bauherrn keinen Beitrag oder

---

4 Gesetz über das Erbbaurecht (Erbbaurechtsgesetz – ErbbauRG) in der im Bundesgesetzblatt Teil III, Gliederungsnummer 403-6, veröffentlichten bereinigten Fassung, zuletzt geändert durch Art. 4 Abs. 7 d. G. v. 1. Oktober 2013 (BGBl. I S. 3719).

5 Gesetz gegen Wettbewerbsbeschränkungen (GWB) in der Fassung der Bekanntmachung v. 26. Juni 2013 (BGBl. I S. 1750, 3245), zuletzt geändert durch Art. 258 d. VO v. 31. August 2015 (BGBl. I S. 1474).

6 Verordnung über die Vergabe öffentlicher Aufträge (Vergabeverordnung – VgV) in der Fassung der Bekanntmachung v. 11. Februar 2003 (BGBl. I S. 169), zuletzt geändert durch Art. 259 d. VO v. 31. August 2015 (BGBl. I S. 1474).

eine sonstige Zahlung verlangen. Aus diesem Grund kann sie auch nicht i. S. eines geldwerten Vorteils auf ein Entgelt verzichten, wenn der Bauherr die Maßnahmen selbst durchführt. Der Abschluss der Folgelastenvereinbarung ist zwar für die Gemeinde oftmals wesentlich, wenn es darum geht, ob ein Bebauungsplan aufgestellt werden soll. Dennoch richtet sich eine Planungsentscheidung im Rechtssinne nur nach dem Planungserfordernis gem. § 1 Abs. 3 Satz 1 BauGB und dem Gebot einer ordnungsgemäßen planerischen Abwägung (§ 1 Abs. 7 BauGB). Daher kann sich die Gemeinde gem. § 1 Abs. 3 Satz 2 BauGB auch nicht vertraglich dazu verpflichten, als Gegenleistung für die Erbringung von Folgelasten einen Bebauungsplan aufzustellen.

Am ehesten kann der Anwendungsbereich des Vergaberechts bei sog. Vorfinanzierungsverträgen für Erschließungsmaßnahmen (unechte Erschließungsverträge) eröffnet sein. Liegt bei Überschreitung der Schwellenwerte eine Ausschreibungspflicht nach dem Kartellvergaberecht oder unterhalb davon zumindest nach den haushaltsrechtlichen Bestimmungen vor, ist das Verfahren nach den entsprechenden Vorgaben durchzuführen. Ansonsten bestehen zumindest Verpflichtungen der Gemeinde zur Beachtung des Primärrechts der Europäischen Union. Erfasst der Vertragsgegenstand Leistungen von grenzüberschreitendem Interesse, muss der Vertrag insbesondere den Anforderungen der Diskriminierungsfreiheit und Transparenz genügen, sofern kein hinreichender sachlicher Grund dafür besteht, davon abzuweichen (z. B. weil nur ein einziges Unternehmen in der Lage ist, die Leistungen durchzuführen).

c) Zeitliche Anforderungen

Planungsverträge müssen regelmäßig vor dem Satzungsbeschluss abgeschlossen sein. Zum einen steht einem Vertragsabschluss nach Inkrafttreten des Bebauungsplans gem. § 10 Abs. 3 BauGB regelmäßig die Vorschrift des § 11 Abs. 2 Satz 2 BauGB entgegen, nach der eine Vereinbarung unzulässig ist, wenn auch ohne die vereinbarte und durch den Vorhabenträger zu erbringende Leistung ein Anspruch auf die Gegenleistung, typischerweise also auf die Erteilung einer Baugenehmigung, besteht. Zum anderen ist in diesem Zusammenhang § 214 Abs. 3 Satz 1 BauGB maßgeblich, nach dem es für die Abwägung auf die Sach- und Rechtslage im Zeitpunkt des Satzungsbeschlusses ankommt. Vertragsinhalte, mit denen eine legitime städtebauliche Zielsetzung im Zusammenhang mit der betreffenden Planung verfolgt werden soll, müssen also zu diesem Zeitpunkt feststehen. Ansonsten können sie für die Abwägung gem. § 1 Abs. 7 BauGB nicht mehr beachtlich sein.

d) Öffentlichkeitsbeteiligung

Grundsätzlich muss ein städtebaulicher Vertrag nicht gemeinsam mit dem Entwurf des Bebauungsplans ausgelegt werden (§ 3 Abs. 2 BauGB). Dies ändert allerdings nichts daran, dass die Öffentlichkeit in die Lage versetzt werden muss, sich zu den wesentlichen Planinhalten zu äußern. Anderenfalls wird die mit der Öffentlichkeitsbeteiligung bezweckte Anstoßwirkung verfehlt. Daher müssen zumindest die wesentlichen bereits vereinbarten oder vorgesehenen Vertragsinhalte in der Bebauungsplanbegründung, die gem. § 2a Satz 1 BauGB mit dem Planentwurf auszulegen ist, dargestellt sein. Dies gilt vor allem für die der planerischen Konfliktbewältigung dienenden Regelungen (z. B. zum naturschutzrechtlichen Ausgleich oder zum Immissionsschutz).

e) Nachträgliche Änderungen

Angesichts der Notwendigkeit, zumindest die wesentlichen Grundlagen, der die Planung ergänzenden Vereinbarungen zum Gegenstand der Öffentlichkeitsbeteiligung zu machen, stellt sich die Frage, ob und wie ein bebauungsplanbegleitender Vertrag nach Inkrafttreten des Bebauungsplans geändert werden kann. An sich entspricht es dem Wesen nicht nur eines städtebaulichen, sondern jeden Vertrages, dass dieser von den Vertragsparteien jederzeit, ohne besondere Verfahrensanforderungen und ohne die Mitwirkung Dritter, geändert oder sogar aufgehoben werden kann. Für bebauungsplanbegleitende Verträge kann jedenfalls dem Grunde nach nichts anderes gelten. Eine Kommune muss auch dann, wenn sie sich auf vertragliche Ebene begibt, stets in der Lage sein, auf städtebauliche Erfordernisse sachangemessen reagieren zu können (§ 1 Abs. 3 Satz 1 BauGB).

Besonderheiten können aber in Bezug auf das Verfahren gelten. Hierzu hilft ein Blick auf das, was bei einem Bebauungsplan geschehen würde, wenn dessen Planinhalt verändert werden soll.

Dabei ist zunächst zu sehen, dass auch ein Bebauungsplan nicht bei jeder Abweichung geändert werden muss. Kleinere Abweichungen können durch das planimmanente Institut der Ausnahme (§ 31 Abs. 1 BauGB) und das planexterne Institut der Befreiung (§ 31 Abs. 2 BauGB) aufgefangen werden. Derartige kleinere Abweichungen bzw. Vertragsänderungen sind unproblematisch und ohne besonderes Verfahren möglich. Sieht ein städtebaulicher Vertrag bestimmte Abweichungsmöglichkeiten vor, die Art und Umfang der möglichen Abweichung bereits regeln, ist die Situation mit dem Ausnahmetatbestand des § 31 Abs. 1 BauGB vergleichbar. Mit § 31 Abs. 2 BauGB ist die Situation vergleichbar, wenn die beabsichtigte Abweichung vom Vertragsinhalt zwar noch nicht im Vertrag selbst geregelt ist, aber insgesamt von untergeordneter Natur ist und somit die Grundzüge der Planung nicht berührt. Dies kann angenommen werden, wenn einzelne Vertragsinhalte lediglich modifiziert werden, z. B. indem Ausführungsfristen bei naturschutzrechtlichen Ausgleichsmaßnahmen verschoben werden. Erst recht erfordern Änderungen eines städtebaulichen Vertrages ohne (größere) Abwägungsrelevanz, wie beispielsweise Vereinbarungen, die nur die Kostentragung oder die Durchführung von Erschließungsmaßnahmen zum Gegenstand haben, kein besonderes Verfahren.

Geht die Vertragsänderung jedoch darüber hinaus, ist dies einer Planänderung i. S. v. § 1 Abs. 8 BauGB vergleichbar. Für eine aus dem Bebauungsplan „ausgelagerte" Festsetzung, die in Form einer festsetzungsersetzenden oder -ergänzenden vertraglichen Vereinbarung geregelt wurde, kann nichts anderes gelten. Die Änderung einer solchen Vereinbarung, die zum Gerüst der planerischen Abwägungsentscheidung der Gemeinde gehört, führt zu einer mittelbaren Änderung des Bebauungsplans selbst, der mit seinem satzungsrechtlichen Planinhalt nur deshalb beschlossen wurde, weil es den bebauungsplanbegleitenden Vertrag gab. Daher muss auch bei wesentlichen Veränderungen sowohl von festsetzungsersetzenden als auch von festsetzungsergänzenden Verträgen ein formelles Planänderungsverfahren durchgeführt werden. Bei Verstößen gegen diese Verpflichtung ist davon auszugehen, dass allein der ursprüngliche Bebauungsplan i. V. m. dem ursprünglichen städtebaulichen Vertrag beachtlich bleibt, die Vertragsänderung also unwirksam ist.

f) Sicherungsmöglichkeiten

Wie bei jedem anderen Vertrag auch, bestehen bei städtebaulichen Verträgen wechselseitige Erfüllungsansprüche. Neben der möglichst präzisen Regelung der eigentlichen Vertragsinhalte ist es jedoch wichtig, auch deren tatsächliche Erfüllung hinreichend abzusichern. Dabei besteht der Absicherungsbedarf weniger für den Vertragspartner der Gemeinde als vor allem für diese selbst. Für die Wahl geeigneter Sicherungsmittel ist der jeweilige Sicherungszweck entscheidend. Dabei ist zu beachten, dass die Genehmigungserteilung oder die Erteilung des gemeindlichen Einvernehmens (§ 36 BauGB) in der Regel nicht als Sicherungsmittel dergestalt eingesetzt werden können, so dass die Erteilung verweigert wird, solange der Vertragspartner seine vertraglichen Verpflichtungen nicht erfüllt hat. Denn die vertraglichen Verpflichtungen sind nicht Gegenstand der Genehmigungsprüfung, insbesondere nicht Bestandteil des Prüfprogramms der §§ 30 ff. BauGB. Es bestehen daher in der Regel nur vertragliche Durchsetzungsmöglichkeiten. Allenfalls kann ausnahmsweise das Sachbescheidungsinteresse für die Bescheidung eines Bauantrags fehlen, wenn die Gemeinde auf vertraglicher Basis die zu genehmigende Nutzung zweifelsfrei untersagen könnte.

Die dauerhafte Absicherung von vertraglichen grundstücksbezogenen Verpflichtungen gegenüber Grundstückseigentümern, deren Rechtsnachfolgern und auch gegenüber etwaigen Mietern oder Pächtern ist zumeist nur durch öffentlich-rechtliche Baulasten (soweit landesrechtlich vorgesehen und nur mit dem landesrechtlich zulässigen Inhalt) oder zivilrechtlich mittels Grunddienstbarkeiten (§ 1018 BGB), beschränkt persönlichen Dienstbarkeiten (§ 1090 BGB) oder Reallasten (§ 1105 BGB) zugunsten der Gemeinde, ggf. auch durch eine Kombination dieser Sicherungen, möglich. Bei Absicherungen durch Baulasten oder zivilrechtlichen Dienstbarkeiten setzt dies regelmäßig deren wirksame Bestellung vor dem Satzungsbeschluss der Gemeinde, spätestens jedoch vor dem Inkrafttreten des Bebauungsplans (§ 10 Abs. 3 Satz 4 BauGB) voraus. Ansonsten besteht die Gefahr, dass der Vertragspartner der Gemeinde sich und seine Rechtsnachfolger trotz der Schaffung von Baurecht dauerhaft der eingegangenen vertraglichen Verpflichtungen entzieht, die ihrerseits Teil des gemeindlichen Konzeptes zur Lösung, der mit der Planung aufgeworfenen Konflikte sind. Durch Baulasten und Reallasten können neben Duldungs- und Unterlassungspflichten grundsätzlich auch auf bestimmte Grundstücke bezogene Handlungspflichten gesichert werden. Im Übrigen steht für Handlungspflichten als Sicherungsmittel insbesondere die Möglichkeit der Ersatzvornahme zur Verfügung. Für deren finanzielle Absicherung wie auch für die Absicherung sonstiger finanzieller Pflichten (z. B. Bezahlung von Planungskosten, Vertragsstrafen u. ä.) bieten sich vor allem die Bürgschaft oder Hinterlegung, im Einzelfall auch die Patronatserklärung, an.

3 Mögliche Inhalte von Planungsverträgen

Die Gemeinde kann gem. § 11 Abs. 1 Satz 2 Nr. 2 BauGB in städtebaulichen Vereinbarungen Regelungen treffen, die über die Festsetzungen eines Bebauungsplans hinausgehend dazu dienen, die städtebaulichen Zielvorstellungen der Gemeinde zu realisieren. Beispielhaft nennt der Gesetzgeber die Grundstücksnutzung, auch hinsichtlich einer Befristung oder einer Bedingung, die Durchführung des Ausgleichs i. S. des § 1a Abs. 3 BauGB, die Berücksichtigung baukultureller Belange, die Deckung des Wohnbedarfs von Bevölkerungsgruppen mit besonderen Wohnraumversorgungsproblemen sowie des Wohnbedarfs der ortsansässigen Bevölkerung.

a) Grundstücksnutzung

Zugunsten der Grundstücksnutzung kann beispielsweise eine Bauverpflichtung zur raschen Bebauung des Plangebiets und zur Vermeidung von Baulücken vereinbart werden, um die Erschließung von weiteren Baugebieten aus Kosten- und Umweltgesichtspunkten möglichst einzugrenzen. Besondere Bedeutung kann die Regelung zudem für die planerische Konfliktbewältigung gerade in den Fällen haben, in denen sie durch Planfestsetzungen nicht oder nur eingeschränkt möglich ist. Dies gilt etwa für baugebiets- oder auch plangebietsüberschreitende Nutzungseinschränkungen. Entsprechendes gilt für die Bewältigung von Immissionskonflikten, etwa in Form von vertraglichen Nutzungs- oder Betriebszeitenbeschränkungen, die Verpflichtung zur Durchführung bestimmter Maßnahmen des aktiven oder passiven Schallschutzes, die Beschränkung von planungs- und immissionsschutzrechtlich möglichen Immissionen, solange und soweit nicht anderweitig eine dauerhafte Immissionsminderung durch Betriebseinstellungen oder Betriebsbeschränkungen erfolgt ist u. ä. Gerade in diesen Fällen ist es allerdings besonders wichtig, die aus Sicht der Gemeinde zur Konfliktlösung notwendigen Regelungen hinreichend abzusichern und vor allem auch rechtsnachfolgefest zu machen.

b) Naturschutzrechtlicher Ausgleich

Gem. § 11 Abs. 1 Satz 2 Nr. 2 BauGB können vertragliche Vereinbarungen über den naturschutzrechtlichen Ausgleich nach § 1a Abs. 3 BauGB getroffen werden. Es ist dabei jedoch notwendig, dass zum Zeitpunkt des Satzungsbeschlusses über Ausgleichsmaßnahmen nicht nur nachgedacht wird und diese Überlegungen in die planerische Abwägung eingebracht werden. Dies gilt sowohl im Hinblick auf die dafür vorgesehenen Flächen als auch im Hinblick auf die konkret geplanten Maßnahmen. Zudem müssen die Ausgleichsmaßnahmen hinreichend gesichert sein. Dies beinhaltet vor allem, dass die Maßnahmen tatsächlich durchgeführt werden können, also die Gemeinde entweder Eigentümerin der Fläche ist oder ein entsprechendes dingliches Nutzungsrecht daran hat.

Vertraglich sicherbar sind auch naturschutzrechtliche Verpflichtungen außerhalb der Eingriffsregelung, also insbesondere Maßnahmen im Zusammenhang mit dem nationalen und europäischen Habitat- und Artenschutzrecht. Dies gilt sowohl für Schadensvermeidungs- oder Schadensbegrenzungsmaßnahmen als auch für die Kohärenzsicherung.

c) Besonderer Wohnbedarf

Als Anwendungsfall des § 11 Abs. 1 Satz 2 Nr. 2 BauGB ist auch ein besonderer Wohnbedarf zu nennen. Nach der ersten Alternative können in einem städtebaulichen Vertrag Verpflichtungen zur Wohnraumversorgung von Bevölkerungsgruppen mit besonderem Bedarf begründet werden. Hiernach kann sich ein Investor etwa dazu verpflichten, Wohnungen im Standard und mit den Mitteln des sozialen Wohnungsbaus zu errichten, der Gemeinde oder einer kommunalen Gesellschaft für eine bestimmte Dauer Wohnungsbelegungsrechte einzuräumen, eine bestimmte Miethöhe während einer festzulegenden Zeitdauer nicht zu überschreiten oder bei der Errichtung von Eigentumswohnungen oder Eigenheimen für einen begrenzten Zeitraum bestimmte Veräußerungsbeschränkungen zu beachten. Auch dabei ist jedoch zu sehen, dass Verträge nach § 11 BauGB nur zu städtebaulichen

Zwecken abgeschlossen werden dürfen, nicht also etwa ganz allgemein aus sozialpolitischen Gründen.

Gerade sog. „Einheimischen-Modelle“ werden von vielen Gemeinden in zahlreichen Varianten vom Zwischenerwerb über nur von Einheimischen zu erfüllende Baugebote bis hin zur gemeindlichen Zustimmungspflicht bei einem Grundstücksverkauf für einen vertraglich festgelegten Zeitraum praktiziert. In diesen Fällen machen die Gemeinden die Aufstellung eines Bebauungsplans in der Regel von dem Abschluss entsprechender Verträge abhängig, wobei die Gemeinden entweder als Zwischenerwerberin auftreten oder sich vertraglich Interventionsrechte zugunsten von Einheimischen einräumen lassen. Bei derartigen Verträgen sind jedoch stets auch die unionsrechtlichen Anforderungen zu beachten. Danach ist das Anknüpfen an soziale Kriterien (Wohnungen für einkommensschwache oder andere benachteiligte Bevölkerungsgruppen) zwar zulässig. Soll dabei jedoch die örtliche Bevölkerung bevorzugt werden, muss dies geeignet sein, um ein im Allgemeininteresse liegendes Ziel zu erreichen und darf nicht über das hinausgehen, was zur Zielerreichung notwendig ist. Die entsprechenden Kriterien müssen so festgelegt sein, dass späteren Ermessensentscheidungen im Vertragsvollzug ausreichende, vor allem also diskriminierungsbegrenzende, Schranken gesetzt sind.

d) Baukultur und sonstige mögliche Inhalte

Im Hinblick auf die Förderung der Baukultur als städtebauliches Ziel kommt etwa die Vereinbarung zu einer bestimmten Bauweise oder auch die Vereinbarung zur Durchführung von städtebaulichen Wettbewerben für den im Planvollzug beabsichtigten Hochbau in Betracht.

Weitere denkbare Inhalte von bebauungsplanbegleitenden städtebaulichen Verträgen sind vielfältig, da ihnen allein ein legitimes städtebauliches Ziel zugrunde liegen muss. So können Planungsverträge beispielsweise dazu dienen, den Anforderungen des planerischen Abwägungsgebots einschließlich des Gebots der interkommunalen Abstimmung (§ 2 Abs. 2 Satz 1 BauGB) Rechnung zu tragen, indem Verkaufsflächen begrenzt werden, um unzumutbare Auswirkungen auf zentrale Versorgungsbereiche in Nachbargemeinden zu vermeiden. Möglich sind auch Vereinbarungen zur Einräumung von Geh-, Fahr- und Leitungsrechten oder zu Maßnahmen des

Umweltschutzes, etwa im Bereich der Energie- oder Wärmeversorgung (§ 11 Abs. 1 Satz 2 Nr. 4, 5 BauGB). In Betracht kommen auch Vereinbarungen dazu, dass sich ein Investor zeitlich befristet zur Aufrechterhaltung einer bestimmten Nutzung verpflichtet oder aber bei Aufgabe der Nutzung auf Entschädigungsansprüche im Falle einer Umplanung durch die Gemeinde verzichtet.

Tim Schwarz*

Bebauungspläne zur Unterbringung von Flüchtlingen und Asylbegehrenden

Abstract Dieser Beitrag behandelt die planungsrechtlichen Möglichkeiten zur Unterbringung von Asylbegehrenden und Flüchtlingen im Kontext der zuletzt und diesbezüglich erfolgten Novellierungen des Baugesetzbuchs.

The article reveals the possibilities in planning law relating the placement of person applying for asylum and refugees. This happens allowing for the latest amendment to the Federal Building Code.

I. Einführung

Im Jahr 2015 werden rund 800.000 Menschen in Deutschland eine Zuflucht vor Krieg, Diskriminierung und Armut suchen. Eine Abschwächung dieses Trends ist derzeit nicht zu erwarten, denn es gibt keine Anzeichen für eine positive Entwicklung in den Konfliktregionen des Nahen Ostens und in Afrika. Es muss vielmehr damit gerechnet werden, dass sich die Flüchtlingszahlen auf hohem Niveau stabilisieren werden.[1]

Die Kommunen in Deutschland stehen vor der Aufgabe der Unterbringung dieser Menschen. Kurzfristig in Erstaufnahmeeinrichtungen sowie Gemeinschaftsunterkünften und langfristig in normalen Wohnungen. Ob sich für die Genehmigung dieser Einrichtungen die Notwendigkeit zur Aufstellung eines Bebauungsplans ergibt, ist im Folgenden insbesondere vor dem Hintergrund der beiden Flüchtlingsnovellen aus dem Jahr 2014 und 2015[2] aufzuzeigen.

---

* Bezirksamt Mitte von Berlin, Abteilung Stadtentwicklung, Bauen, Wirtschaft und Ordnung, Fachbereich Stadtplanung.

1 Vgl. Bundesamt für Migration und Flüchtlinge, Bis zu 800.000 Asylbewerber erwartet, im Internet unter: https://www.bamf.de/SharedDocs/Meldungen/DE/2015/20150819-BM-zur-Asylprognose.html, letzter Zugriff am 02.10.2015.

2 Gesetz über Maßnahmen im Bauplanungsrecht zur Erleichterung der Unterbringung von Flüchtlingen (FlüBauPlRG) v. 20. November 2014 (BGBl. I Nr. 53 S. 1748). Asylverfahrensbeschleunigungsgesetz (AsylVfBeschlG) v. 20. Oktober (BGBl. I Nr. 40 S. 1722).

II. Grundlagen

Nach § 44 Abs. 1 AsylVfG sind die Länder dazu verpflichtet, *„für die Unterbringung Asylbegehrender die dazu erforderlichen Aufnahmeeinrichtungen zu schaffen und zu unterhalten sowie entsprechend ihrer Aufnahmequote die im Hinblick auf den monatlichen Zugang Asylbegehrender in den Aufnahmeeinrichtungen notwendige Zahl von Unterbringungsplätzen bereitzustellen.“* Die Verteilung der Flüchtlinge und Asylbegehrenden in den Bundesländern ergibt sich aus dem sogenannten Königsteiner Schlüssel, der eine verbindliche Verteilungsquote für die einzelnen Bundesländer vorgibt.[3]

1. Flüchtlinge und Asylbegehrende

Die Regelungen des Flüchtlingsunterbringungs-Maßnahmengesetzes sowie des Asylverfahrensbeschleunigungsgesetzes beziehen sich auf Flüchtlinge und Asylbegehrende. Gemäß § 3 Abs. 1 des Asylverfahrensgesetzes[4] ist ein Ausländer Flüchtling, wenn er sich:

1. *aus begründeter Furcht vor Verfolgung wegen seiner Rasse, Religion, Nationalität, politischen Überzeugung oder Zugehörigkeit zu einer bestimmten sozialen Gruppe*
2. *außerhalb des Landes (Herkunftsland) befindet,*
    - *a) dessen Staatsangehörigkeit er besitzt und dessen Schutz er nicht in Anspruch nehmen kann oder wegen dieser Furcht nicht in Anspruch nehmen will oder*
    - *b) in dem er als Staatenloser seinen vorherigen gewöhnlichen Aufenthalt hatte und in das er nicht zurückkehren kann oder wegen dieser Furcht nicht zurückkehren will.*

---

3 Vgl. Wendel, Unterbringung von Flüchtlingen in Deutschland. Regelungen und Praxis der Bundesländer im Vergleich, Förderverein PRO ASYL e. V. (Hrsg.), Frankfurt am Main 2014, S. 8.

4 Asylverfahrensgesetz (AsylVfG) in der Fassung der Bekanntmachung v. 2. September 2008 (BGBl. I S. 1798), zuletzt geändert durch Art. 12 G v. 20. November 2015 (BGBl. I S. 2010).

Gemäß Art. 2b EU-Aufnahmerichtlinie[5] ist ein Asylbegehrender ein Antragsteller auf internationalen Schutz in den Mitgliedstaaten, der als Drittstaatenangehöriger oder Staatenloser, einen Antrag auf internationalen Schutz gestellt hat, über den noch nicht entschieden wurde.

Zu den Flüchtlingen und Asylbegehrenden gehören auch besonders schutzbedürftige Personen. Zu dieser Gruppe zählen unter anderem unbegleitete Minderjährige, Menschen mit einer Behinderung, ältere Menschen, Schwangere, Alleinerziehende mit minderjährigen Kindern sowie Personen, die Folter, Vergewaltigung oder sonstige schwere Formen psychischer, physischer oder sexueller Gewalt erlitten haben. Im Hinblick auf die Unterbringung der besonders schutzbedürftigen Personen wird in einigen Bundesländern eine Unterbringung in Wohnungen gefordert bzw. empfohlen.[6]

2. Unterbringungseinrichtungen

Zur Unterbringung von Flüchtlingen und Asylbegehrenden gehören Erstaufnahmeeinrichtungen, Gemeinschaftsunterkünfte und sonstige Unterkünfte. Erstaufnahmeeinrichtungen sind die zentralen Aufnahmeeinrichtungen des Bundes oder der Länder für Asylbewerber (ZAA); in Berlin das Landesamt für Gesundheit und Soziales (LAGeSo). Ausländer, die einen Asylantrag bei einer Außenstelle des Bundesamtes für Migration und Flüchtlinge (BAMF) stellen, sind gemäß § 47 Abs. 1 AsylVfG verpflichtet, bis zu sechs Wochen, längstens jedoch bis zu drei Monaten, in der für ihre Aufnahme zuständigen Aufnahmeeinrichtung zu wohnen.

Gemäß § 53 Abs. 1 AsylVfG sollen Ausländer, die einen Asylantrag gestellt haben und nicht (mehr) verpflichtet sind, in einer Aufnahmeeinrichtung zu wohnen, in Gemeinschaftsunterkünften untergebracht werden. Gemeinschaftsunterkünfte stellen die Regelunterkunft dar. Ebenso möglich ist aber auch die dezentrale Unterbringung in Wohnungen. Im Land Berlin gibt es hierzu den Kooperationsvertrag *„Wohnungen für Flüchtlinge"* zwischen dem LAGeSo und den städtischen Wohnungsunternehmen.

---

5 Richtlinie 2013/33/EU des europäischen Parlaments und des Rates v. 26. Juni 2013 zur Festlegung von Normen für die Aufnahme von Personen, die internationalen Schutz beantragen (ABl. EU Nr. L 180/96 v. 29. Juni 2013).

6 Übersicht zu den einzelnen Bundesländern: Vgl. Wendel, a. a. O. (Fn. 3), S. 56 f.

Gemäß § 53 Abs. 2 AsylVfG endet die Verpflichtung in einer Gemeinschaftsunterkunft zu wohnen, wenn das BAMF einen Ausländer als Asylberechtigten anerkannt oder ein Gericht das Bundesamt zur Anerkennung verpflichtet hat. Das Gleiche gilt, wenn das BAMF oder ein Gericht einem Ausländer internationalen Schutz im Sinne des § 1 Abs. 1 Nr. 2 AsylVfG zuerkannt hat. In den Fällen der Sätze 1 und 2 endet die Verpflichtung auch für die Familienangehörigen im Sinne des § 26 Abs. 1 bis 3 AsylVfG.

III. Zulässigkeit nach geltendem Planungsrecht

Vor der Aufstellung oder Änderung eines Bebauungsplans ist zunächst zu prüfen, ob z. B. die Umnutzung eines Gebäudes oder die Errichtung mobiler Unterkünfte zur Unterbringung von Flüchtlingen oder Asylbegehrenden nicht bereits nach dem geltenden Planungsrecht zulässig ist. Zu unterscheiden ist hierbei, ob sich ein Vorhaben im Sinne des § 29 BauGB[7]

- im Geltungsbereich eines Bebauungsplans nach § 30 BauGB,
- im unbeplanten Innenbereich nach § 34 BauGB oder
- im unbeplanten Außenbereich nach § 35 BauGB befindet.

Erst wenn ein Vorhaben in diesen Gebieten nicht zulässig ist, muss ein Bebauungsplan aufgestellt, geändert oder ergänzt werden, um die bauplanungsrechtlichen Grundlagen für die Zulässigkeit zu schaffen. Durch das Flüchtlingsunterbringungs-Maßnahmengesetz sowie das Asylverfahrensbeschleunigungsgesetz wurden die Voraussetzungen für die Zulassung von Einrichtungen zur Unterbringung von Flüchtlingen und Asylbegehrenden in den oben genannten bauplanungsrechtlichen Gebietskulissen deutlich erweitert. Daher ist in diesem Kontext zunächst darzustellen, wann überhaupt die Aufstellung eines Bebauungsplans noch notwendig ist.

1. Zulässigkeit im Geltungsbereich eines Bebauungsplans

Im Geltungsbereich eines qualifizierten Bebauungsplans richtet sich die Zulässigkeit von Vorhaben im Sinne des § 29 BauGB allein nach den Festsetzungen

---

7 Baugesetzbuch (BauGB) in der Fassung der Bekanntmachung v. 23. September 2004 (BGBl. I S. 2414), geändert durch Art. 6 G v. 20. Oktober 2015 (BGBl. I S. 1722).

des Bebauungsplans.[8] Beim einfachen Bebauungsplan treten ergänzend die Vorgaben der §§ 34 und 35 BauGB, abhängig von der Lage im Innen- oder Außenbereich, hinzu.[9] Eine maßgebliche Rolle für die Zulässigkeit von Vorhaben zur Unterbringung von Flüchtlingen und Asylbegehrenden ist dabei die Art der baulichen Nutzung. Die Notwendigkeit einer zügigen Unterbringung macht es erforderlich, dass leerstehende gewerbliche Gebäude oder auch Turnhallen kurzfristig umgenutzt oder mobile Bauten errichtet werden müssen. Insofern stellt sich im Geltungsbereich eines Bebauungsplans vor allem die Frage nach der Zulässigkeit im Hinblick auf die Art der baulichen Nutzung.

Bauplanungsrechtlich handelt es sich bei der Unterbringung von Flüchtlingen und Asylbegehrenden in Aufnahmeeinrichtungen und Gemeinschaftsunterkünften um eine wohnähnliche Nutzung. Das Wohnen ist nach der Rechtsprechung der Verwaltungsgerichte dadurch gekennzeichnet, dass eine auf Dauer angelegte Häuslichkeit und eine Eigengestaltung der Haushaltsführung, z. B. in Bezug auf die Raumaufteilung, besteht und der Aufenthalt freiwillig ist.[10] In Abgrenzung zu dieser Definition des Wohnens ist die Unterbringung von Flüchtlingen und Asylbegehrenden als wohnähnliche Nutzungen gekennzeichnet durch eine Fremdbestimmtheit des Aufenthalts und die zeitliche Begrenzung[11] bzw. einen ständigen Wechsel der Bewohner. Die Belegungsdichte ist kein Alleinstellungsmerkmal, verdeutlicht aber ergänzend den Unterschied zum Wohnen. In der Rechtsprechung und der Literatur werden daher Anlagen zur Unterbringung von Flüchtlingen und Asylbewerbern als wohnähnliche Nutzungen eingestuft, die bauplanungsrechtlich unter die

8 Vgl. Mitschang, in: Battis/Krautzberger/Löhr (Hrsg.), Baugesetzbuch Kommentar, 12. Auflage, München 2014, § 30 Rn. 2.

9 Vgl. ebenda, Rn. 10.

10 Vgl. Schiller, in: Bracher/Reidt/Schiller (Hrsg.), Bauplanungsrecht, 8. Auflage, Köln 2014, Rn. 1510.

11 Vgl. § 14 Abs. 1 AsylVfG.

Anlagen für soziale Zwecke fallen.[12] Hierzu gehören auch damit verbundene Funktionen, wie z. B. Registrierungseinrichtungen.[13]

Aufnahmeeinrichtungen und Gemeinschaftsunterkünfte sind als Anlagen für soziale Zwecke allgemein zulässig in einem allgemeinen Wohngebiet (§ 4 BauNVO[14]), einem besonderen Wohngebiet (§ 4b BauNVO), einem Dorfgebiet (§ 5 BauNVO), einem Mischgebiet (§ 6 BauNVO) sowie im Kerngebiet (§ 7 BauNVO). Ausnahmeweise zulässig sind Anlagen für soziale Zwecke in Kleinsiedlungsgebieten (§ 2 BauNVO), reinen Wohngebieten (§ 3 BauNVO) sowie Gewerbe- und Industriegebieten (§§ 8 und 9 BauNVO).

1.1 Prüfung der Gebietsverträglichkeit

Auch wenn eine Aufnahme- oder Gemeinbedarfseinrichtung als Anlage für soziale Zwecke nach der Baunutzungsverordnung in einem Baugebiet allgemein oder ausnahmsweise zulässig ist, ist die sogenannte Gebietsverträglichkeit zu prüfen.[15] Dabei ist zunächst zu klären, ob es aufgrund der Zweckbestimmung des jeweiligen Baugebiets ein Bedürfnis für die Anlage gibt. Allerdings muss beispielsweise in einem reinen Wohngebiet eine Anlage für soziale Zwecke nach § 3 Abs. 3 Nr. 2 BauNVO dem Baugebiet nicht selbst dienen, obwohl diese nur ausnahmsweise zulässig ist.[16] Ebenso müssen Anlagen für soziale Zwecke in einem allgemeinen oder besonderen Wohngebiet, die dort unbeschränkt zulässig sind, den Baugebieten nicht

12 Vgl. VGH München, Urt. v. 06.02.2015 – 15 B 14.1832 – juris Rn. 16, mit Verweis auf VG Leipzig, VG München, OVG Hamburg; der Auffassung, dass es, sich um eine eigenständige Nutzungsart handelt: VG Berlin, Beschl. v. 11.12.2014 – 13 L 327.14 – juris, Rn. 23. Klargestellt in der Novelle 2015, dass es sich hierbei nicht um eine eigenständige Nutzungsart handelt.

13 Vgl. Fachkommission Städtebau, Hinweise zur bauplanungsrechtlichen Beurteilung von Standorten für Unterkünfte von Flüchtlingen und Asylbegehrenden in den verschiedenen Gebietskulissen, vom 15.12.2015, im Internet unter: https://www.is-argebau.de/verzeichnis.aspx?id=993&o=759O986O993, Zugriff am 18.12.2015.

14 Baunutzungsverordnung (BauNVO) in der Fassung der Bekanntmachung v. 23. Januar 1990 (BGBl. I S. 132), zuletzt geändert durch Art. 2 d. G. v. 11. Juni 2013 (BGBl. I S. 1548).

15 Vgl. BVerwG, Urt. v. 21.03.2002 – 4 C 1.02 – juris, Rn. 12.

16 Vgl. Schiller, a. a. O. (Fn. 10), Rn. 1548.

selbst dienen.[17] In einem Dorfgebiet dürfen entsprechende Anlagen die für ein Dorfgebiet typische Größe nicht überschreiten.[18] Gleichermaßen gilt dies auch für ein Mischgebiet. Wesentlich für die Frage der Gebietsverträglichkeit sind insbesondere die Anforderungen an und die Auswirkungen des Vorhabens auf das Baugebiet. Kommt es durch das Vorhaben zu gebietsunüblichen Störungen, ist es nicht gebietsverträglich.[19] Abzustellen ist dabei auf den räumlichen Umfang, die Größe des Einzugsbereichs sowie die Intensität des Zu- und Abgangsverkehrs. Beispielsweise hat das VG München in seinem Urteil vom 27. September 2010 eine Erweiterung einer Asylbewerbererstaufnahmeeinrichtung von 280 auf 500 Wohneinheiten in einem reinen Wohngebiet aufgrund der Größe, Zentralität und dem mit ihr einhergehenden Störpotential versagt, da dies den Rahmen eines reinen Wohngebiets überschreite.[20]

1.2 Rücksichtnahmegebot

Neben der Frage der Gebietsverträglichkeit ist bei der Zulässigkeit auch das Rücksichtnahmegebot nach § 15 Abs. 1 BauNVO zu beachten.[21] So kann ein Vorhaben, auch wenn es der allgemeinen Zweckbestimmung eines Baugebiets entspricht, unzulässig sein, wenn es seiner besonderen Eigenart im konkreten Einzelfall widerspricht.[22] Die Unzulässigkeit ergibt sich im Einzelfall, wenn das Vorhaben nach Anzahl, Lage, Umfang und Zweckbestimmung der Eigenart dem konkreten Baugebiet widerspricht oder unzumutbare Belästigungen oder Störungen hiervon ausgehen. Beispielsweise hat das Verwaltungsgericht Hamburg auch im Hinblick auf das Rücksichtnahmegebot eine Nutzungsänderung eines ehemaligen Schulgebäudes zu einer Gemeinschaftsunterkunft im Bereich einer Gemeinbedarfsfläche zugelassen.[23]

---

17 Vgl. ebenda, Rn. 1568 und 1627.
18 Ebenda, Rn. 1666 und 1694.
19 Vgl. BVerwG, a. a. O. (Fn. 15), Rn. 15.
20 Vgl. VG München, Urt. v. 27.9.2010 – M 8 K 09.1924 – juris, Rn. 62.
21 Vgl. Fachkommission Städtebau, a. a. O. (Fn. 13), S. 8.
22 Vgl. Fickert/Fieseler, Baunutzungsverordnung Kommentar, 12. Auflage, Stuttgart 2014, § 15 Rn. 1.
23 Vgl. VG Hamburg, Beschl. v. 13.09.2013 – 9 E 3452.13 – juris.

1.3 Ausnahmen von den Festsetzungen des Bebauungsplans

Ergibt sich aus der Festsetzung der Art der baulichen Nutzung eines rechtskräftigen Bebauungsplans keine allgemeine Zulässigkeit einer Anlage für soziale Zwecke ist nach § 31 Abs. 1 BauGB zu prüfen, ob eine Ausnahme in Frage kommt. Voraussetzung ist, dass die Ausnahme selbst Bestandteil des Bebauungsplans ist.[24] Wichtigste Ausnahme von den Bebauungsplanfestsetzungen sind die in der Baunutzungsverordnung bereits enthaltenen Ausnahmetatbestände zur Art der baulichen Nutzung bei den Baugebietsvorschriften.[25] Die Erteilung einer Ausnahme liegt grundsätzlich im Ermessen der zuständigen Behörde. Allerdings dürfen bei der Beurteilung nur städtebauliche Gründe zum Tragen kommen.[26] Darüber hinaus unterliegt die Anwendung der Ausnahme von den Festsetzungen des Bebauungsplans der vollen gerichtlichen Überprüfbarkeit.[27]

Mit dem Asylverfahrensbeschleunigungsgesetz wurde dem § 246 BauGB ein neuer Absatz 11 hinzugefügt. Handelt es sich um ein Baugebiet nach den §§ 2 bis 7 der Baunutzungsverordnung bzw. um ein entsprechendes faktisches Baugebiet dieser Gebietskategorien nach § 34 Abs. 2 BauGB in dem Anlagen für soziale Zwecke ausnahmsweise zulässig sind, können Aufnahmeeinrichtungen, Gemeinschaftsunterkünfte oder sonstige Unterkünfte für Flüchtlinge oder Asylbegehrende in der Regel zugelassen werden. Zum einen soll damit zum Ausdruck gebracht werden, dass eine entsprechende Einrichtung nicht im Widerspruch zu der Zweckbestimmung eines Baugebiets steht.[28] Zum anderen soll mit diesem *„intendierten Ermessen“* die Entscheidung der Behörde vorgezeichnet werden. Erforderlich ist allerdings die Zustimmung der Gemeinde nach § 36 BauGB. Zeitlich ist die Anwendung dieser Ausnahmeregelung bis zum 31. Dezember 2019 beschränkt.

---

24 Vgl. Reidt, in: Battis/Krautzberger/Löhr (Hrsg.), Baugesetzbuch Kommentar, 12. Auflage, München 2014, § 31 Rn. 11.
25 Vgl. ebenda, Rn. 13.
26 Vgl. ebenda, Rn. 19.
27 Vgl. ebenda, Rn. 18.
28 Vgl. Gesetzentwurf der Fraktionen der CDU/CSU und SPD, Entwurf eines Asylverfahrensbeschleunigungsgesetzes (BT-Drs. 18/6185) v. 29.09.2015, S. 74.

1.4 *Befreiung von den Festsetzungen des Bebauungsplans*

Ist ein Vorhaben weder allgemein noch ausnahmsweise nach den Festsetzungen eines Bebauungsplans zulässig, kann geprüft werden, ob eine Befreiung möglich ist.

a) Befreiung nach § 31 Abs. 2 BauGB

Nach § 31 Abs. 2 BauGB ist eine Befreiung möglich, wenn die Grundzüge der Planung nicht berührt werden, die Abweichung unter Würdigung nachbarlicher Interessen mit den öffentlichen Belangen vereinbar ist und ein besonderer Befreiungstatbestand vorliegt. Die Grundzüge der Planung sind immer dann berührt, wenn ein Vorhaben die ursprüngliche Planungskonzeption so verändert, dass eine erneute Abwägung erforderlich werden würde.[29] Regelmäßig dürfte dies der Fall sein, wenn die Art der baulichen Nutzung geändert wird, da diese Festsetzung in der Regel das Grundkonzept einer Planung bildet.

In Bezug auf die speziellen Befreiungstatbestände hat sich eine Änderung durch das Flüchtlingsunterbringungs-Maßnahmengesetz ergeben, die in das Dauerrecht übernommen wurde. So wird der Bedarf zur Unterbringung von Flüchtlingen oder Asylbegehrenden in § 31 Abs. 2 Nr. 1 BauGB als Allgemeinwohlbedarf angeführt. Hat diese Neuregelung zwar nur klarstellenden Charakter, kommt für eine Befreiung nach § 31 Abs. 2 BauGB zur Unterbringung von Flüchtlingen und Asylbegehrenden damit nur noch dieser spezielle Tatbestand zum Tragen. An der Grundstruktur der Befreiung nach § 31 Abs. 2 BauGB hat sich hierdurch nichts geändert. Insbesondere bleibt es bei der Befreiung nach § 31 Abs. 2 BauGB dabei, dass die Grundzüge der Planung nicht berührt sein dürfen.

b) Befreiung nach § 246 Abs. 10 BauGB

Eine für die Genehmigungspraxis wichtige Erleichterung wurde durch das Flüchtlingsunterbringungs-Maßnahmengesetz bereits 2014 in § 246 Abs. 10 BauGB eingeführt. Ergänzend zu der Befreiungsregelung des § 31 Abs. 2 BauGB wurde hier eine zeitlich begrenzte, spezielle Befreiungsmöglichkeit

---

29 Vgl. ebenda, Rn. 29.

für die Unterbringung von Flüchtlingen und Asylbegehrenden geschaffen. Diese lautet wie folgt:

> *Bis zum 31. Dezember 2019 kann in Gewerbegebieten (§ 8 der Baunutzungsverordnung, auch in Verbindung mit § 34 Absatz 2) für Aufnahmeeinrichtungen, Gemeinschaftsunterkünfte oder sonstige Unterkünfte für Flüchtlinge oder Asylbegehrende von den Festsetzungen des Bebauungsplans befreit werden, wenn an dem Standort Anlagen für soziale Zwecke als Ausnahme zugelassen werden können oder allgemein zulässig sind und die Abweichung auch unter Würdigung nachbarlicher Interessen mit öffentlichen Belangen vereinbar ist. § 36 gilt entsprechend.*

Anwendbar ist diese spezielle Befreiungsvorschrift auf alle Fassungen der Baunutzungsverordnung. Der Gesetzgeber hat mit der Regelung darauf reagiert, dass sich die Ansiedlung von Unterkünften für Flüchtlinge und Asylbegehrende in Gewerbegebieten bislang schwierig gestaltet hat. Ist der Anwendungsbereich des § 246 Abs. 10 BauGB eröffnet, geht diese Regelung als Spezialvorschrift der Befreiung nach § 31 Abs. 2 Nr. 1 BauGB vor.[30] Die erste Voraussetzung ist, dass Anlagen für soziale Zwecke allgemein oder als Ausnahme in dem festgesetzten oder faktischen Gewerbegebiet zulässig sein müssen. Sieht der Bebauungsplan für ein entsprechendes Gewerbegebiet den Ausschluss über § 1 Abs. 9 BauNVO vor, kann die Regelung nicht angewendet werden. Zweitens muss geprüft werden, ob die Abweichung unter Würdigung nachbarlicher Interessen mit den öffentlichen Belangen vereinbar ist. Dies gilt gleichermaßen wie bei einer Befreiung nach § 31 Abs. 2 BauGB. Als öffentlicher Belang ist dabei insbesondere die Wahrung gesunder Wohnverhältnisse zu berücksichtigen. Eine Zulassung von Unterkünften für Flüchtlinge oder Asylbegehrende ist z. B. dann ausgeschlossen, wenn die Bewohner voraussichtlich gesundheitsgefährdenden Immissionen ausgesetzt wären.[31] Die Würdigung nachbarlicher Interessen schließlich fordert, dass festgestellt wird, welche Interessen im Bestand der Erteilung einer Befreiung entgegenstehen. So darf sowohl die wohnähnliche Unterbringung der Flüchtlinge und Asylbegehrenden nicht unzumutbar gestört werden, wie auch eine Einschränkung der zulässigen Nutzungen in dem Gewerbegebiet erfolgen.[32]

---

30 Vgl. VGH München, Beschl. v. 05.03.2015 – 1 ZB 14.2373 – juris.
31 Vgl. VGH Mannheim, Beschl. v. 11.03.2015 – 8 S 492.15 – juris, Rn. 15.
32 Vgl. Fachkommission Städtebau, a. a. O. (Fn 13), S. 11.

Anders als bei § 31 Abs. 2 BauGB wird bei dieser speziellen Befreiungsvorschrift allerdings nicht gefordert, dass die Grundzüge der Planung nicht berührt werden dürfen.[33] So wurde bis zum Erlass des Flüchtlingsunterbringungs-Maßnahmengesetz von der Rechtsprechung regelmäßig die Zulässigkeit von Einrichtungen für Flüchtlinge und Asylbegehrende in Gewerbegebieten verneint, da die wohnähnliche Nutzung die Grundzüge der Planung berührt.[34] Aufgrund der Beschränkung auf Gewerbegebiete, in denen Anlagen für soziale Zwecke entweder allgemein oder ausnahmsweise zulässig sind, ist davon auszugehen, dass die Grundzüge der Planung nicht berührt werden. Grundsätzlich besteht auch hier ein behördliches Ermessen zur Entscheidung über die Befreiung, dass aber vor dem Hintergrund der gesetzgeberischen Intention der Vorschrift stark eingeschränkt, wenn nicht sogar auf null reduziert sein dürfte. Insofern dürfte regelmäßig eine Befreiung zu gewähren sein.

c) Befreiung nach § 246 Abs. 12 BauGB

Mit dem Asylverfahrensbeschleunigungsgesetz wurde eine bis zum 31. Dezember 2019 befristete Erweiterung des Befreiungstatbestandes über den § 246 Abs. 12 BauGB für mobile Unterkünfte sowie Umnutzungen von baulichen Anlagen für Flüchtlingsunterkünfte in Gewerbe- und Industriegebieten sowie in Sondergebieten vorgenommen. Als Beispiel wird im Regierungsentwurf die Errichtung von Behelfsunterkünften auf festgesetzten Gemeinbedarfsflächen, wie z. B. Parkplätzen genannt.[35] Denkbar ist auch die Errichtung in Grünanlagen oder auf Freiflächen von Sportanlagen. Allerdings ist für die Errichtung und den Betrieb der mobilen Unterkünfte eine Befristung auf drei Jahre vorgegeben. Wird eine längerfristige Nutzung angestrebt, ist ein Bauleitplanverfahren durchzuführen.[36] Für die Errichtung der mobilen Unterkünfte, wie z. B. Wohn-Containern oder Zelten, die der Unterbringung von Flüchtlingen oder Asylbegehrenden dienen, kann von

33 Vgl. VGH Mannheim, a. a. O. (Fn. 31), Rn. 14.

34 Vgl. VGH Mannheim, Beschl. v. 17.12.2013 – 8 S 2350.13 – juris; OVG Hamburg, Beschl. v. 17.06.2013 – 2 Bs 151.13 – juris.

35 Vgl. Gesetzentwurf der Fraktionen der CDU/CSU und SPD, a. a. O. (Fn. 28), S. 74.

36 Vgl. Gesetzentwurf der Fraktionen der CDU/CSU und SPD, a. a. O. (Fn. 28), S. 75.

den Festsetzungen des Bebauungsplans befreit werden, wenn diese auch unter Würdigung nachbarlicher Interessen mit den öffentlichen Belangen vereinbar sind.[37] Für die Befreiung ist allerdings nicht von Bedeutung, ob die Grundzüge der Planung berührt werden. Anwendbar ist diese Befreiungsmöglichkeit auf alle Baugebietstypen der Baunutzungsverordnung sowie faktische Baugebiete.

Beschränkt auf Gewerbe- und Industriegebiete sowie Sondergebiete nach den §§ 8 bis 11 BauNVO sowie entsprechende faktische Baugebietstypen ist die Befreiung nach § 246 Abs. 12 S. 1 Nr. 2 BauGB, die eine Nutzungsänderung zulässigerweise errichteter baulicher Anlagen in Aufnahmeeinrichtungen, Gemeinschaftsunterkünfte oder sonstige Unterkünfte für Flüchtlinge oder Asylbegehrende ermöglicht, anwendbar. Auch hier ist zu prüfen, ob die nachbarlichen Interessen mit den öffentlichen Belangen vereinbar sind. Für die Befreiung kommt es wiederum nicht mehr darauf an, ob die Grundzüge der Planung berührt werden.

2. Zulässigkeit im unbeplanten Innenbereich

Liegt ein Vorhaben zur Unterbringung von Flüchtlingen und Asylbegehrenden innerhalb des Bebauungszusammenhangs eines Ortsteils, beurteilt sich die bauplanungsrechtliche Zulässigkeit entweder nach Festsetzungen eines einfachen Bebauungsplans und ergänzend nach den Vorgaben des § 34 BauGB. Liegt kein einfacher Bebauungsplan vor, richtet sich die Beurteilung alleine danach, ob sich das Vorhaben in die Eigenart der näheren Umgebung nach Art und Maß der baulichen Nutzung, Bauweise und der Grundstücksfläche, die überbaut werden soll, einfügt und die Erschließung gesichert ist.[38] Begründet das Vorhaben bodenrechtliche Spannungen, die nur durch eine Planung gelöst werden können, überschreitet es den Rahmen des Vorgegebenen und kann nicht über § 34 BauGB zugelassen werden.[39]

Darüber hinaus ist zu prüfen, ob die Anforderungen an gesunde Wohn- und Arbeitsverhältnisse gewahrt bleiben und das Ortsbild nicht beeinträchtigt

---

37 Vgl. Krautzberger/Stüer, Flüchtlingsunterbringung: Die BauGB-Novellen 2014 und 2015, DVBl. 2015, 1545 (1548).

38 Vgl. Mitschang/Reidt, in: Battis/Krautzberger/Löhr (Hrsg.), Baugesetzbuch Kommentar, 12. Auflage, München 2014, § 34 Rn. 20.

39 Vgl. BVerwG, Urt. v. 26.05.1978 – 4 C 9.77 – BVerwGE 55, 369, 387.

wird. Zum anderen ist auch hier das Gebot der Rücksichtnahme zu berücksichtigen. Danach kann sich das Vorhaben zwar grundsätzlich einfügen, aber trotzdem rücksichtslos gegenüber der benachbarten Bebauung sein. Grundsätzlich gilt dabei, je uneinheitlicher die Eigenart der näheren Umgebung ist, desto mehr Bedeutung hat das Gebot der Rücksichtnahme im Einzelfall. Je einheitlicher und homogener die vorhandene Bebauung ist, desto geringer ist bei einem Vorhaben, das sich in diese Umgebung einfügt, die Bedeutung des Rücksichtnahmegebots.[40] Wichtig im Hinblick auf die Zulässigkeit von Anlagen für soziale Zwecke ist das Vorhandensein faktischer Baugebiete nach § 34 Abs. 2 BauGB. Denn dann beurteilt sich die Zulässigkeit nach seiner Art alleine danach, ob es nach den jeweiligen Baugebietskategorien der Baunutzungsverordnung allgemein oder ausnahmeweise zulässig ist.

Eine Änderung im Hinblick auf die bauplanungsrechtliche Zulässigkeit eines Vorhabens zur Unterbringung von Flüchtlingen und Asylbegehrenden im Innenbereich hat sich durch den mit dem Flüchtlingsunterbringungs-Maßnahmengesetz eingefügten § 246 Abs. 8 BauGB ergeben. So kann die Regelung des sogenannten *„erweiterten Bestandsschutzes“* in § 34 Abs. 3a BauGB nach der vom Erfordernis des Einfügens abgewichen werden kann, wenn die Abweichung der Erweiterung, Änderung, Nutzungsänderung oder Erneuerung eines zulässigerweise errichteten Gewerbe- oder Handwerksbetriebs, einschließlich der Nutzungsänderung zu Wohnzwecken dient, befristet bis zum 31. Dezember 2019, auf die Nutzungsänderung zulässigerweise errichteter Geschäfts-, Büro- oder Verwaltungsgebäude in bauliche Anlagen, die der Unterbringung von Flüchtlingen oder Asylbegehrenden dienen, und für deren Erweiterung, Änderung oder Erneuerung angewendet werden.

Der Anwendungsbereich dieser Neuregelung ist allerdings deutlich eingeschränkt. Angewendet werden kann diese nur in Gemengelagen, die im Hinblick auf die Art der baulichen Nutzung keinem Baugebiet der Baunutzungsverordnung zugeordnet werden können. Denkbar sind z. B. Baugebiete mit gewerblicher Prägung, die aber kein faktisches Gewerbegebiet bilden. Ist ein Vorhaben im unbeplanten Innenbereich auch unter Berücksichtigung der Neuregelung des § 246 Abs. 8 BauGB nicht zulässig, ist die Aufstellung eines Bebauungsplans notwendig. Zu beachten ist insbesondere, dass kein

40 Vgl. Mitschang/Reidt, a. a. O. (Fn. 38), Rn. 32.

faktisches Gewerbegebiet vorliegen darf, da in diesem Fall § 246 Abs. 10 BauGB anzuwenden ist. Ebenso darf auch kein faktisches Baugebiet vorhanden sein, in das sich eine Anlage für soziale Zwecke von Vornherein in die Eigenart der näheren Umgebung einfügt. Daher findet die Vorschrift auch keine Anwendung auf faktische Wohn- oder Mischgebiete.

3. Zulässigkeit im unbeplanten Außenbereich

Außerhalb der Gebiete, die durch einen qualifizierten Bebauungsplan oder einen vorhabenbezogenen Bebauungsplan nach § 30 Abs. 1 und 2 BauGB überplant sind oder zum unbeplanten Innenbereich nach § 34 BauGB gehören, richtet sich die Zulässigkeit eines Vorhabens nach den Vorschriften des § 35 BauGB und ergänzend den Festsetzungen eines ggf. vorhandenen einfachen Bebauungsplans. Anlagen für soziale Zwecke, zu denen Einrichtungen zur Unterbringung von Flüchtlingen und Asylbegehrenden zählen, sind bauplanungsrechtlich im Außenbereich bislang als sonstige Vorhaben nach § 35 Abs. 2 BauGB zu beurteilen. Ein sonstiges Vorhaben ist zulässig, wenn seine Ausführung oder Benutzung öffentliche Belange des § 35 Abs. 3 BauGB nicht beeinträchtigt und die Erschließung gesichert ist. Durch die bis 31.12.2019 anwendbare Neuregelung des § 246 Abs. 9 BauGB kommt es nun zu einer zeitlich befristeten Teilprivilegierung dieser Anlagen. Danach kann dem Vorhaben nicht entgegengehalten werden,

- Darstellungen eines Flächennutzungsplans oder Landschaftsplans zu widersprechen,
- die natürliche Eigenart der Landschaft zu beeinträchtigen,
- die Entstehung einer Splittersiedlung zu ermöglichen.

Sonstige Belange, die nicht nach § 35 Abs. 4 S. 1 BauGB angeführt sind, dürfen allerdings nicht beeinträchtigt werden. Hierzu zählen:

- Schädliche Umwelteinwirkungen/ Rücksichtnahmegebot.
- Unwirtschaftliche Aufwendungen für die Erschließung.
- Belange der Natur, der Landschaft und des Denkmalschutzes.
- Belange der Agrarstruktur und der Wasserwirtschaft.
- Ziele der Raumordnung.
- Störung der Funktionsfähigkeit von Funkstellen und Radaranlagen.

Voraussetzung ist allerdings, dass ein unmittelbarer räumlicher Zusammenhang mit dem Geltungsbereich eines qualifizierten Bebauungsplans nach § 30 Abs. 1 BauGB oder unbeplanten Innenbereichsflächen nach § 34 BauGB besteht. In einer aktuellen Entscheidung des VG München wurde die Zulässigkeit einer Unterbringungseinrichtung für Flüchtlinge und Asylbegehrende unter Anwendung des § 246 Abs. 9 BauGB bestätigt. Hierbei wurde eine Außenbereichsfläche im Innenbereich, die von drei Seiten von Bebauung umgeben ist, mit einer Fläche von rund 1,3 ha und die nicht mehr am Bebauungszusammenhang teilnimmt im Hinblick auf die mögliche Verletzung drittschützender Normen in Form des Immissionsschutzes, des Rücksichtnahmegebots und des Hochwasserschutzes geprüft und die Zulässigkeit bestätigt.[41]

Die mit dem § 246 Abs. 9 BauGB eingeführte Teilprivilegierung wird durch das Asylverfahrensbeschleunigungsgesetz 2015 mit dem § 246 Abs. 13 BauGB ausgeweitet auf die für längstens drei Jahre zu befristende Errichtung mobiler Unterkünfte und für die Umnutzung bestehender Gebäude in Flüchtlingsunterkünfte. Hierbei wird allerdings nicht mehr gefordert, dass diese Flächen im räumlichen Zusammenhang mit nach § 30 Abs. 1 BauGB überplanten Gebieten oder Gebieten, die nach § 34 BauGB zu beurteilen sind, stehen müssen. Insofern können somit auch Konversionsflächen außerhalb des Siedlungszusammenhangs, wie z. B. Kasernen umgenutzt bzw. mit mobilen Einrichtungen ergänzt werden. Voraussetzung ist allerdings eine Rückbauverpflichtung entsprechend § 35 Abs. 5 S. 2 und 3 BauGB. Diese ist allerdings nicht notwendig, wenn ein öffentlicher Träger die Vorhaben errichtet. Außerdem kann diese nach § 246 Abs. 13 S. 4 BauGB entfallen, wenn eine zulässige Anschlussnutzung aufgenommen wird.

Ist die Genehmigung des Vorhabens im unbeplanten Außenbereich auf dieser Grundlage nicht möglich, verbleibt – vor der Aufstellung eines Bebauungsplans – noch die Möglichkeit die bauplanungsrechtliche Zulässigkeit eines Vorhabens über eine Satzung nach § 34 Abs. 4 BauGB vorzubereiten.[42] In Frage kommen dafür zum einen die Entwicklungssatzung und zum anderen die Ergänzungssatzung. Über die Entwicklungssatzung nach § 34 Abs. 4 S. 1 Nr. 2 BauGB kann eine Außenbereichsfläche in den

41 Vgl. VG München, Beschl. v. 11.02.2015 – M 8 SN 14.4430 – juris, Rn. 11.
42 Vgl. Fachkommission Städtebau, a. a. O. (Fn 13), S. 22.

Bebauungszusammenhang im Sinne des § 34 Abs. 1 BauGB einbezogen werden. Voraussetzung hierfür ist es, dass die Fläche als Baufläche im Flächennutzungsplan dargestellt ist. Über eine Ergänzungssatzung nach § 34 Abs. 4 S. 1 Nr. 3 BauGB können Außenbereichsflächen in den Innenbereich einbezogen werden, die an einen im Zusammenhang bebauten Ortsteil angrenzen und durch die bauliche Nutzung der angrenzenden Bereiche entsprechend geprägt sind.[43]

4. Allgemeine Abweichung von den Vorschriften des Baugesetzbuch

Eine auf den ersten Blick sehr weit reichende Ermächtigung zur Abweichung von Vorschriften des Baugesetzbuchs wurde durch das Asylverfahrensbeschleunigungsgesetz mit dem § 246 Abs. 14 BauGB eingeführt. Diese ermöglicht für Flüchtlingsunterkünfte von den Vorschriften des Baugesetzbuch oder den aufgrund des Baugesetzbuchs erlassenen Vorschriften abzuweichen, soweit dringend benötigte Unterkunftsmöglichkeiten im Gebiet der Gemeinde, in der sie entstehen sollen, nicht rechtzeitig bereitgestellt werden können. Zuvor müssen aber die genannten bauplanungsrechtlichen Möglichkeiten, insbesondere die Regelungen des § 246 Abs. 8 bis 13 BauGB zur Zulassung eines Vorhabens geprüft werden. Ebenso sind räumliche Alternativen zu prüfen; allerdings beschränkt auf das Gemeindegebiet.[44] Insofern müssen vor der Anwendung des § 246 Abs. 14 BauGB alle anderen Möglichkeiten zur Genehmigung ausgeschöpft und quasi alternativlos sein. Inhaltlich kann so weit von den Vorgaben des Baugesetzbuchs abgewichen werden, wie dies aus Sicht der Gemeinde erforderlich ist, um das Ziel der Schaffung von Unterkunftsmöglichkeiten zu erreichen. Als Grenzen für die Anwendung werden in der Gesetzesbegründung beispielhaft die Anforderungen an gesunde Wohn- und Arbeitsverhältnisse genannt, die auch hier zu wahren sind. Macht eine Gemeinde von der Regelung des § 246 Abs. 14 BauGB Gebrauch, sollen die Behörden informelle Möglichkeiten der Öffentlichkeitsbeteiligung nutzen.[45] Für die Abweichung ist das Einvernehmen

---

43 Vgl. Mitschang/Reidt, a. a. O. (Fn. 38), Rn. 88.

44 Vgl. Fachkommission Städtebau, a. a. O. (Fn. 13), S. 19.

45 Vgl. Gesetzentwurf der Fraktionen der CDU/CSU und SPD, a. a. O. (Fn. 28), S. 75.

mit der Gemeinde nicht erforderlich. Ausreichend ist vielmehr, dass die Gemeinde angehört wird. Dies wurde bereits im Gesetzgebungsverfahren von den kommunalen Spitzenverbänden kritisiert.[46] Die Anwendung dieser Generalklausel ist zeitlich befristet bis zum 31. Dezember 2019.

5. Zeitliche Befristung der Regelungen

Die in der ersten Flüchtlingsnovelle noch offen gelassene Frage, inwiefern auf der Grundlage der zeitlich befristeten Regelungen des § 246 Abs. 8 bis 10 BauGB befristete oder unbefristete Genehmigungen erteilt werden können bzw. müssen,[47] wurde mit der Regelung des § 246 Abs. 17 BauGB klargestellt. Danach bezieht sich die Befristung in den Absätzen 8 bis 16 (abgesehen von der Befristung für mobile Unterkünfte[48]) bis zum 31. Dezember 2019 nicht auf die Geltungsdauer einer Genehmigung, sondern auf den Zeitraum, bis zu dessen Ende im bauaufsichtlichen Zulassungsverfahren von den Vorschriften Gebrauch gemacht werden kann. Insofern können – abgesehen von den oben genannten Einschränkungen – unbefristete Genehmigungen erteilt werden.[49] Unabhängig hiervon werden in der Praxis erteilte Genehmigungen im Zusammenhang mit der Unterbringung von Flüchtlingen und Asylbegehrenden bereits vielfach nur befristet erteilt.

IV. Aufstellung eines Bebauungsplans

Können auch unter Zuhilfenahme der oben genannten weitreichenden Möglichkeiten zur Zulassung von Vorhaben in den verschiedenen Gebietskategorien nicht die Zulässigkeitsvoraussetzungen geschaffen werden, ist die Aufstellung eines Bebauungsplans notwendig. Die Planung muss sich dabei an dem Gebot der Erforderlichkeit nach § 1 Abs. 3 BauGB messen, was allerdings vor dem Hintergrund der aktuellen Flüchtlingszahlen und der daraus resultierenden Notwendigkeit der Schaffung von Unterbringungsmöglichkeiten

46 Vgl. Deutscher Städte- und Gemeindebund, Stellungnahme zur Anhörung im Innenausschuss, Ausschussdrucksache 18(4)404 B; Deutscher Städtetag, Stellungnahme zur Anhörung im Innenausschuss v. 09.10.2015, Ausschussdrucksache 18(4) 404 D.

47 Offen: VGH Mannheim, a. a. O. (Fn. 13), Rn. 21.

48 Vgl. § 246 Abs. 12 S. 1 Nr. 1 BauGB.

49 Vgl. Mitschang/Reidt, a. a. O. (Fn. 38), 1545 (1550).

keine wirkliche Hürde darstellt. Der in das Dauerrecht aufgenommene § 1 Abs. 6 Nr. 13 BauGB verdeutlicht dabei, dass die Belange von Flüchtlingen und Asylbegehrenden und ihrer Unterbringung bei der Aufstellung von Bauleitplänen zu berücksichtigen sind.

1. Umsetzung eines gesamtgemeindlichen Konzeptes

Für die Vorbereitung der Aufstellung entsprechender Bebauungspläne zur Unterbringung von Einrichtungen für Flüchtlinge und Asylbegehrende ist von Vorteil, wenn ein entsprechendes Konzept vorliegt, dass bereits auf gesamtstädtischer Ebene die räumliche Verteilung der Flüchtlingsunterbringungen plant. Dies richtet sich insbesondere an die Ebene des Flächennutzungsplans mit dem gemeindeweit Standorte für entsprechende Einrichtungen dargestellt werden können. Hierbei sollten verschiedene Aspekte berücksichtigt werden. Grundsätzlich sollten Standorte im Bebauungszusammenhang eines Ortsteils oder zumindest im Anschluss hieran liegen. Weniger geeignet sind im Umkehrschluss isolierte Standorte im Außenbereich, wie z. B. ehemalige Kasernen im Außenbereich, aufgrund der in der Regel schlechten ÖPNV-Anbindung. Hier sollte eine ausreichende Nutzungsmöglichkeit vorhandener, regelmäßig verkehrender öffentlicher Beförderungsmittel (Bus/ Bahn) einem eigens eingerichteten Shuttle-Service vorgezogen werden. Ebenso sollte eine räumliche Nähe der Einrichtungen zu medizinischen, schulischen und sonstigen Einrichtungen des täglichen Lebens, wie z. B. Behörden, Kindergärten, Vereinen, Einkaufsmöglichkeiten beachtet werden. Hierzu gehört auch die Möglichkeit zur Nutzung integrationsrelevanter Einrichtungen, wie z. B. Volkshochschulen für Sprachkurse oder Sozialberatungen.

2. Planinhalte

a. Art der baulichen Nutzung

Mit der wichtigste Aspekt bei der Aufstellung eines Bebauungsplans zur Unterbringung von Flüchtlingen und Asylbegehrenden ist die Bestimmung der Art der baulichen Nutzung. Als Anlagen für soziale Zwecke sind entsprechende Einrichtungen zur Unterbringung von Flüchtlingen und Asylbegehrenden in den Gebietskategorien eines allgemeinen Wohngebiets, eines besonderen Wohngebiets sowie eines Dorf-, Misch- oder Kerngebiets allgemein zulässig.

Ausnahmeweise zulässig sind Anlagen für soziale Zwecke in Kleinsiedlungsgebieten, reinen Wohngebieten, Gewerbegebieten oder Industriegebieten.[50] Darüber hinaus kann von den Möglichkeiten der Feinsteuerung der Zulässigkeit über § 1 Abs. 5 oder 9 BauNVO Gebrauch gemacht werden.[51] Eine weitere Möglichkeit zur Festsetzung bietet das Sondergebiet nach § 11 BauNVO, das über eine entsprechende Konkretisierung der Zweckbestimmung *„Flüchtlingsunterbringung“* die entsprechenden bauplanungsrechtlichen Zulässigkeitstatbestände schafft.[52] Darüber kommt auch die Festsetzung einer Gemeinbedarfsfläche nach § 9 Abs. 1 Nr. 5 BauGB in Frage. Hierbei ist die Zweckbestimmung entsprechend zu konkretisieren,[53] z. B. als *„Erstaufnahmeeinrichtung für Asylbewerber (EAE/ Verwaltung)“*[54].

Für die langfristige Unterbringung der Flüchtlinge und Asylbegehrenden, insbesondere nach Abschluss des Asylverfahrens und der damit verbundenen Möglichkeit in Deutschland zu bleiben, ist natürlich entsprechender Wohnraum zu schaffen. Hierbei handelt es sich dann bauplanungsrechtlich um eine Wohnnutzung, deren Zulässigkeit sich nach Maßgabe der jeweiligen Baugebietskategorien der Baunutzungsverordnung richtet.

b. Bedingte oder befristete Nutzungen

Speziell zur Umsetzung einer Zwischennutzung kommen bedingte oder befristete Nutzungen nach § 9 Abs. 2 BauGB in Frage. Die Regelung bestimmt, dass im Bebauungsplan festgesetzte bauliche und sonstige Nutzungen und Anlagen nur für einen bestimmten Zeitraum zulässig sind oder bis zum Eintritt bestimmter Umstände zulässig sind oder unzulässig werden. Voraussetzung für die Befristung oder Bedingung ist dabei das Vorliegen einer

---

50 Vgl. Scheidler, Bauplanungsrechtliche Fragen im Zusammenhang mit Asylbewerberunterkünften, GewArch 2015, 337 (342).

51 Die Feinsteuerung nach § 1 Abs. 5 BauNVO ist allerdings nicht in reinen Wohngebieten möglich.

52 Vgl. Deutscher Städte- und Gemeindebund (Hrsg.), Erleichterungen im Bauplanungsrecht zur Unterbringung von Flüchtlingen in Kraft, im Internet unter: http://www.dstgb.de/, Zugriff am 04.12.2015.

53 Vgl. Gaentzsch, in: Schlichter/Stich (Hrsg.), Berliner Kommentar zum Baugesetzbuch, 3. Auflage, Loseblattsammlung, Stand: 10. Lfg.; April 2008, § 9 Rn. 26.

54 OVG Münster, Urt. v. 10.04.2014 – 7 D 100.12.NE – juris, Rn. 56.

besonderen städtebaulichen Situation.[55] Hiernach muss ein spezifisches städtebauliches Erfordernis für eine befristete oder bedingte Zulässigkeit nach § 1 Abs. 3 BauGB vorliegen, dass sich entweder gar nicht mit dem Instrumentarium des abschließenden Festsetzungskatalogs nach § 9 Abs. 1 BauGB oder zumindest besser mit dem Instrument einer befristeten oder bedingten Zulässigkeit lösen lässt.[56] Der Gesetzentwurf zur Einführung der Regelung nennt z. B. Zweckbauten mit befristet konzipierten Nutzungszeiten, was durchaus auf mobile Einrichtungen zur Unterbringung zutreffend ist. Ist die Nutzung einer bestimmten Einrichtung zur Unterbringung von Flüchtlingen oder Asylbegehrenden für einen bestimmten Zeitraum geplant, bietet sich entsprechend eine Befristung an. Weniger geeignet erscheint dahingegen eine bedingte Festsetzung, die ggf. an ein Absinken der Flüchtlingszahlen anknüpft, da dies zu unbestimmt sein dürfte.

Abschließend zu beachten ist, dass auch die Folgenutzung festgesetzt werden soll. Diese kann natürlich eine vorangegangene Nutzung wieder aufgreifen oder auch eine neue Nutzung festsetzen. So könnte es sich anbieten nach Ablauf einer bestimmten Frist, eine allgemeine Wohnnutzung zu entwickeln.

3. Verfahren

Für das Verfahren zur Aufstellung eines Bebauungsplans zur Unterbringung von Flüchtlingen oder Asylbegehrenden kommen sowohl das Normalverfahren, als auch das vereinfachte[57] oder das beschleunigte Verfahren[58] in Frage. Vor dem Hintergrund der Dringlichkeit der Maßnahmen ist insbesondere das beschleunigte Verfahren mit den dafür vorgesehenen Erleichterungen von Bedeutung für die Praxis. Dabei kommt es darauf an, dass die Voraussetzung für die Anwendung des § 13a BauGB vorliegen. Aufgestellt werden kann ein Bebauungsplan im beschleunigten Verfahren, wenn dieser

55 Vgl. OVG Magdeburg, Urt. v. 17.02.2011 – 2 K 102/09 – juris, Rn. 54 = BauR 2011, 1618 (1619); OVG Münster, Urt. v. 13.09.2012 – 2 D 38.11.NE – BauR 2013, 1408 (1413).

56 Vgl. Heinrich, Befristung und Bedingung baulicher und sonstiger Nutzungsrecht nach § 9 Abs. 2 BauGB, Frankfurt am Main 2009, S. 85.

57 Vgl. § 13 BauGB.

58 Vgl. § 13a BauGB.

der Wiedernutzbarmachung von Flächen, der Nachverdichtung oder anderen Maßnahmen der Innenentwicklung dient. So können entsprechende Nutzungsänderungen oder auch die Nachnutzung von Konversionsflächen im Innenbereich als solche Maßnahmen der Innenentwicklung eingestuft werden. Ebenso bereits von der Rechtsprechung entschieden ist die Überplanung von Außenbereichsinseln im Innenbereich.[59] Zu beachten ist weiter, dass kein Vorhaben hierdurch vorbereitet werden darf, welches der Pflicht zur Durchführung einer Umweltverträglichkeitsprüfung nach der Anlage 1 des Gesetzes zur Umweltverträglichkeitsprüfung unterliegt.[60] Ebenso dürfen sich keine Anhaltspunkte für eine Beeinträchtigung der in § 1 Abs. 6 Nr. 7b BauGB genannten Schutzgüter in Form der Gebiete von gemeinschaftlicher Bedeutung ergeben.[61]

Für das beschleunigte Verfahren selbst gelten die Regelungen des vereinfachten Verfahrens nach § 13 BauGB. So kann nach § 13 Abs. 2 Nr. 1 BauGB eine vereinfachte Öffentlichkeits- und Behördenbeteiligung durchgeführt werden, in dem von der frühzeitigen Beteiligung nach § 3 Abs. 1 BauGB und § 4 Abs. 1 BauGB ganz abgesehen oder den Betroffenen innerhalb einer angemessenen Frist Gelegenheit zur Stellungnahme gegeben wird. Bei der Beteiligung der Öffentlichkeit besteht ein Wahlrecht zwischen dem Normalverfahren der Bürgerbeteiligung nach § 3 Abs. 2 BauGB und einer Anhörung, die sich auf die betroffenen Bürgerinnen und Bürger beschränkt.[62] Auch hinsichtlich der Beteiligung der Behörden und der Träger öffentlicher Belange kann die planende Gemeinde entweder eine Anhörung der berührten Träger und Behörden oder aber eine Beteiligung nach § 4 Abs. 2 BauGB durchführen.[63]

Die weiteren Verfahrenserleichterungen ergeben sich im beschleunigten Verfahren durch den Verzicht auf die Umweltprüfung nach § 2 Abs. 4 BauGB, dem Umweltbericht nach § 2a BauGB, der Angabe nach § 3 Abs. 2 S. 2 BauGB, welche Arten umweltbezogener Informationen verfügbar sind, sowie von der zusammenfassenden Erklärung nach § 10 Abs. 4 BauGB.

---

59 Vgl. OVG Koblenz, Urt. v. 24.02.2010 – 1 C 10852.09 – juris, Rn. 39.
60 § 13 Abs. 1 Nr. 1 BauGB.
61 § 13 Abs. 1 Nr. 2 BauGB.
62 § 13 Abs. 2 Nr. 2 BauGB.
63 § 13 Abs. 2 Nr. 3 BauGB.

Ebenso ist die naturschutzrechtliche Eingriffsregelung bei den Bebauungsplänen mit einer Grundfläche von unter 20.000 m² nicht anzuwenden, da in diesem Fall der Eingriff bereits vor der planerischen Entscheidung als erfolgt oder zulässig gilt.[64] Eine Abweichung von den Darstellungen des Flächennutzungsplans ist möglich. Der Flächennutzungsplan wird dann im Wege der Berichtigung – ohne ein förmliches Verfahren – angepasst.[65]

Unter Zuhilfenahme der Generalklausel des § 246 Abs. 14 BauGB erscheint es möglich, diese Verfahrenserleichterungen auch auf das Normalverfahren zur Aufstellung eines Bebauungsplans zu übertragen, wenn der Anwendungsbereich der Regelung eröffnet ist, der sich allerdings zunächst an die Genehmigungsebene wendet. Allerdings darf dann von Verfahrensschritten, die sich aus dem Europarecht ergeben (Umweltprüfung, FFH-Vorprüfung, Artenschutz) nicht abgesehen werden, da der nationale Gesetzgeber auch durch § 246 Abs. 14 BauGB keinen Dispens von den europarechtlichen Vorgaben erteilen darf.

V. Fazit

Die letzten beiden Novellierungen des Baugesetzbuchs im Jahr 2014 und 2015 greifen die aktuelle Aufgabe der Bereitstellung von Unterkünften für die Unterbringung von Flüchtlingen und Asylbegehrenden auf und vereinfachen die Möglichkeiten der Zulassung dieser Einrichtungen. Die nunmehr zur Verfügung stehenden Möglichkeiten sind so weitreichend, dass eine Aufstellung von Bebauungsplänen kaum noch notwendig erscheint. Während also die kurzfristige Bereitstellung von Gemeinschaftsunterkünften und Wohnheimen damit ermöglicht wird, stehen die Großstädte und Verdichtungsräume vor der mittel- bis langfristigen Aufgabe der Schaffung von Wohnraum für eine größer werdende Einwohnerzahl mit unterschiedlichen Ansprüchen. Die Bauleitplanung ist das Instrument, um hierfür die planungsrechtlichen Grundlagen zu schaffen und gleichzeitig eine Abschätzung der infrastrukturellen Folgeeinrichtungen zu ermöglichen und räumliche Standorte zu finden. Angesprochen sind damit explizit die

---

64 Vgl. Battis, in: Battis/Krautzberger/Löhr (Hrsg.), Baugesetzbuch Kommentar, 12. Auflage, München 2014, § 13a Rn. 17.

65 Vgl. ebenda, Rn. 15.

Flächennutzungsplanung für die gesamtstädtische Festlegungen von Standorten für die Unterbringung von Flüchtlingen und Asylbegehrenden und die Entwicklung von Wohnbauflächen, wie auch die nachfolgende Bebauungsplanung. Vorbereitend können auch informelle Konzepte im Sinne des § 1 Abs. 6 Nr. 11 BauGB erstellt werden.

Stephan Mitschang

Lärmschutzbezogene Festsetzungen

Abstract Neben der Betrachtung rechtlicher Anforderungen an lärmschutzbezogene Festsetzungen befasst sich der Beitrag ebenso mit Möglichkeiten zur Festsetzung von lärmschutzbezogenen Vorgaben. Dem folgt eine Betrachtung vertraglicher Möglichkeiten und der Vertiefung von rechtlicher Anforderungen an die Verwendung von DIN-Normen im Kontext des Lärmschutzes.

Among the consideration of legal requirements on the stipulations regarding noise protection this article also deals with the possibilities of stipulate regulations of noise protection. It follows possibilities to handle the noise protection contractually as well as the legal requirements of the use of DIN-standards.

A Einführung

Aspekte des Lärmschutzes spielen im Zusammenhang mit der Aufstellung, Änderung, Ergänzung und Aufhebung von Bauleitplänen regelmäßig eine Rolle. Vor allem im Zusammenhang mit einer am Leitbild der Innenentwicklung ausgerichteten städtebaulichen Entwicklung tauchen regelmäßig auch Fragen zum ausreichenden Lärmschutz auf, insbesondere soweit es sich um Verdichtungsmaßnahmen handelt. Gleichwohl besteht in vielen Städten der Bundesrepublik Deutschland ein erheblicher Bedarf in der Bereitstellung von Wohnbauland, einerseits zur Bewältigung der Flüchtlingsproblematik,[1] andererseits zur Versorgung von Bevölkerungskreisen mit geringeren oder auch gar keinen Einkommen. Besonders geeignet für die wohnbauliche Nutzung sind dabei bereits erschlossene und im fußläufig erreichbaren Grundstücksumfeld mit sozialen und sonstigen Infrastruktur- und Dienstleistungsbetrieben ausgestattete sowie durch den Öffentlichen Personennahverkehr erreichbare minder- oder ungenutzte Grundstücksflächen, deren Heranziehung auch einen Beitrag zur Innenentwicklung darstellen würde. Oftmals scheitert aber ein solches Heranrücken lärmempfindlicher Nutzungen am

---

1 Vgl. Battis/Mitschang/Reidt, Das Gesetz über Maßnahmen im Bauplanungsrecht zur Erleichterung der Unterbringung von Flüchtlingen, NVwZ 2014, 1609 (1609 ff.).

Vorhandensein benachbarter lärmemittierender Anlagen, weil der insoweit erforderliche Lärmschutz nicht gewährleistet werden kann.

Nach wie vor gibt es in Deutschland kein allgemeines Gesetz zum Schutz vor Lärm. Lärmschutzfragen müssen unter Zuhilfenahme und Berücksichtigung umfangreicher gesetzlicher sowie untergesetzlicher Regelwerke angegangen und bewältigt werden. Vor diesem Hintergrund existieren Emissions- und Immissionsgrenz-, Richt- und Orientierungswerte, die getrennt nach verschiedenen Lärmquellen oder -arten bei planerischen Entscheidungen herangezogen und unter Berücksichtigung der in ihnen enthaltenen Anforderungen an Berechnungs- und Bewertungsverfahren eingehalten oder gegebenenfalls sogar überschritten werden dürfen. Im Einzelnen aber dennoch differenziert zu betrachten sind. Diese nur noch eingeschränkt überschaubare Regelungsvielfalt führt in der Planungspraxis, aber ebenso auch bei den von Lärm Betroffenen, regelmäßig zu nicht mehr nachvollziehbaren Entscheidungen und letztlich auch zu Akzeptanzproblemen. Hinzu kommt eine immer stärker den Einzelfall in den Blick nehmende Rechtsprechung.

Um den Lärmschutzanforderungen im Rahmen von städtebaulichen Planungen gerecht zu werden, verlangt es das Abwägungsgebot regelmäßig, im Zuge der zu treffenden Planungsentscheidungen, mittels planerischer Festsetzungen, eine Bewältigung bestehender oder zu erwartender Lärmkonflikte vorzunehmen. Im Folgenden werden daher, ausgehend von den rechtlichen Anforderungen an lärmschutzbezogene Festsetzungen, die den Städten und Gemeinden zur Verfügung stehenden Möglichkeiten, lärmschutzbezogene Vorgaben in ihren Bauleitplänen zu verankern, dargestellt und vor dem Hintergrund der aktuellen Rechtsprechung hinsichtlich der an sie gestellten Anforderungen erörtert. Dabei werden sowohl die Möglichkeiten, die sich aus dem Festsetzungskatalog des § 9 BauGB[2] in Verbindung mit der Baunutzungsverordnung[3] ergeben als auch der flankierende Einsatz städtebaulicher Verträge gemäß § 11 BauGB näher betrachtet.

---

2 Baugesetzbuch (BauGB) i. d. F. der Bek. v. 23.09.2004 (BGBl. I S. 2414) zul. geänd. d. G. v. 20.10.2015 (BGBl. I S. 1722).

3 Verordnung über die bauliche Nutzung der Grundstücke (Baunutzungsverordnung – BauNVO) i. d. F. v. 23.01.1990 (BGBl. I S. 132) zul. geänd. d. G. v. 11.06.2013 (BGBl. I S. 1548).

B Rechtliche Anforderungen an lärmschutzbezogene Festsetzungen

I Parzellenschärfe

Mit den Festsetzungen in einem Bebauungsplans steuert die Gemeinde die Bodennutzung im Plangebiet rechtsverbindlich und hat dadurch die Möglichkeit, ihre städtebaulichen Entwicklungsvorstellungen gegenüber den Grundstückseigentümern durchzusetzen. Der Katalog an Festsetzungsmöglichkeiten ist abschließend und ein darüber hinausgehendes „Festsetzungserfindungsrecht“ steht der Gemeinde nicht zu.[4] Darin unterscheiden sich die Festsetzungen des Bebauungsplans im Wesentlichen von den Darstellungen des Flächennutzungsplans. Aufgrund ihrer verbindlichen Wirkung müssen die Festsetzungen des Bebauungsplans parzellenscharf[5] getroffen werden. Allerdings ergibt sich allein aus der Festsetzung in einem Bebauungsplan für den Grundstückseigentümer weder ein unmittelbarer noch ein mittelbarer Handlungszwang. Ein Grundstückseigentümer muss daher nur, weil der Bebauungsplan aufgrund der bestehenden oder zu erwartenden Lärmsituation passive Schallschutzmaßnahmen vorsieht, nicht die derzeit ausgeübte Nutzung ändern oder gar eine Verwirklichung der festgesetzten Maßnahmen zwingend vornehmen. Dies alles unterliegt dem Bestandsschutz bis zu dem Zeitpunkt, wo der Grundstückseigentümer Veränderungen beabsichtigt, insbesondere die Errichtung, Änderung oder Erweiterung von Vorhaben im Sinne von § 29 Abs. 1 BauGB. Dann kann die Baugenehmigungsbehörde die Einhaltung der Festsetzungen des Bebauungsplans durchsetzen. Insoweit können die Festsetzungen eines Bebauungsplans den Eigentümer unmittelbar in seinen Grundrechten treffen.[6]

---

4 Vgl. BVerwG, Urt. v. 11.02.1993 – 4 C 18/91 – BVerwGE 92, 56 (62); OVG Schleswig, Urt. v. 04.04.2013 – 1 LB 7/12 – NuR 2014, 299 (300) zur Festsetzung eines „Bürgerwindparks“ und OVG Koblenz, Urt. v. 23.01.2013 – 8 C 10946/12 – BeckRS 2013, 46701 Rn. 19 zu Festsetzungen für den Anbau von Nahrungspflanzen.

5 Vgl. BVerwG, Urt. v. 30.01.1976 – IV C 26/74 – NJW 1976, 1329 (1330 f.).

6 Vgl. BVerfG, Beschl. v. 30.11.1988 – 1 BvR 1301/84, NHW 1989, 1271 (1272).

II Erforderlichkeit

Nach § 1 Abs. 3 Satz 1 BauGB muss ein Bebauungsplan „erforderlich" sein. Verstößt der Bebauungsplan gegen den Erforderlichkeitsgrundsatz, weil er aus tatsächlichen oder rechtlichen Gründen nicht realisiert werden kann, ist er unwirksam. Das gilt auch für die einzelne Festsetzung des Bebauungsplans,[7] beispielsweise wenn diese die ihr zugedachte städtebauliche Funktion nicht mehr erfüllen kann.[8] In Bezug auf den Lärmschutz spielen insbesondere überlagernde Festsetzungen[9] eine Rolle, weil Lärmschutzfestsetzungen vielfach nur die eigentlich zulässige Bodennutzung um Schutzmaßnahmen ergänzen (z. B. bei passiven Schallschutzmaßnahmen[10]) und daher als rein textliche Festsetzungen zu dieser hinzutreten.[11] Im Falle sich überlagernder Festsetzungen ist dann vor allem zu berücksichtigen, dass diese nicht in einem inhaltlichen Widerspruch zueinander stehen. Im Übrigen gelten die Festsetzungen eines Bebauungsplans unbefristet, es sei denn, es wird von der Möglichkeit in § 9 Abs. 2 BauGB Gebrauch gemacht und in besonderen Fällen eine fristen- oder bedingungsabhängige Regelung durch die Gemeinde getroffen. Unter Lärmschutzgesichtspunkten spielt dies eine nicht unerhebliche Rolle.[12]

III Bestimmtheitsgebot

Da der Bebauungsplan die Grundlage für weit reichende Eingriffsbefugnisse in das Grundstückseigentum bildet, müssen seine Festsetzungen sowohl für den davon Betroffenen als auch für die sie vollziehenden Baugenehmigungsbehörden klar und eindeutig sein.[13] Diese Anforderungen an die Planklarheit und Planbestimmtheit resultieren aus dem Rechtsstaatsgebot.[14] Auch können

---

7 Vgl. BVerwG, Urt. v. 18.03.2004 – 4 CN 4/03, NVwZ 2004, 856 (856).

8 Vgl. Schrödter, in: ders. (Hrsg.), Baugesetzbuch Kommentar, 8. Aufl., Baden-Baden, 2015, § 9 Rn. 10.

9 Vgl. BVerwG, Beschl. v. 02.04.2008 – 4 BN 6/08, ZfBR 2008, 592 (592) zur grundsätzlich zulässigen Überlagerung von festgesetzten öffentlichen Grünflächen und privater Gemeinschaftsanlagen.

10 Vgl. die Beispiele unten C III 3.3.

11 Vgl. unten zu C III.

12 Vgl. unten C II.

13 Vgl. BVerwG, Urt. v. 16.02.1973 – IV C 66/69 – NJW 1973, 1711 (1711).

14 Vgl. BVerwG, Beschl. v. 14.12.1995 – 4 N 2/95 – NVwZ-RR 1996, 429 (430).

von der Öffentlichkeit, aber insbesondere von den Behörden und sonstigen Trägern öffentlicher Belange nur dann qualifizierte Stellungnahmen zu den Inhalten des Bebauungsplans abgegeben werden, wenn die Anforderungen des Bestimmtheitsgebots[15] eingehalten werden. Das bedeutet, dass die Grenzen des Bebauungsplans sowie seine unterschiedlichen Nutzungen eindeutig bestimmbar sein müssen.[16] Das Gebot der Planbestimmtheit wird aber nicht eingehalten, wenn sich zwischen planzeichnerischen Festsetzungen und textlichen Festsetzungen Widersprüche ergeben, etwa widersprüchliche passive Lärmschutzmaßnahmen mit unterschiedlichen Zielsetzungen getroffen oder wenn unbestimmte Rechtsbegriffe[17] verwendet werden, die nicht eindeutig bestimmt sind.[18] Die Festsetzungen müssen aus sich heraus verständlich sein, ihr inhaltlicher Gehalt darf sich nicht etwa erst aus den Darlegungen in der Begründung erschließen lassen. Im Zusammenhang mit lärmschutzbezogenen Festsetzungen ist darüber hinaus auch von Bedeutung, dass es im Einzelfall sinnvoll sein kann, wenn von einer planerischen Zurückhaltung[19] Gebrauch gemacht wird, etwa wenn sich ändernde oder auch unterschiedliche technische Möglichkeiten, wie dies gerade beim Immissionsschutz häufig der Fall sein kann, berücksichtigt werden sollen. Es kann im Einzelnen sogar angeraten sein, dass auf mögliche Festsetzungen im Bebauungsplan zugunsten einer flexibleren Regelung in städtebaulichen Verträgen verzichtet wird,[20] wenn dadurch die Verwirklichung der städtebaulichen Zielsetzungen sichergestellt werden kann.

---

15 Verstöße gegen das Bestimmtheitsgebot sind durch ein ergänzendes Verfahren behebbar, soweit sie ohne einen Eingriff in die Grundzüge der Planung korrigierbar sind. Vgl. BVerwG, Urt. v. 16.12.1999 – 4 CN 7/98, ZfBR 2000, 266 (268).

16 Vgl. Mitschang/Reidt, in: Battis/Krautzberger/Löhr (Hrsg.), Baugesetzbuch Kommentar, 12. Aufl., München, 2014, § 9 Rn. 6.

17 Zur Zulässigkeit, vgl. BVerwG, Beschl. v. 24.01.2012 – 4 NB 3/95 – NVwZ-RR 1995, 311 (312).

18 Ausführlich zu den Anforderungen des Bestimmtheitsgebots bei der Festsetzung von Emissionskontingentierungen, vgl. OVG Münster, Urt. v. 13.09.2012 – 2 D 38/11.NE – BeckRS 2012, 60096. Vgl. hierzu auch C I 2.4.

19 Dies gilt allerdings nicht für vorhabenbezogene Bebauungspläne, da diese gerade aufgestellt werden, um ein spezifisches Vorhaben zu realisieren.

20 Hierzu unten D.

IV Städtebauliche Gründe

Nach § 9 Abs. 1 BauGB dürfen Festsetzungen nur aus städtebaulichen Gründen erfolgen.[21] Was im Sinne dieser Bestimmung unter städtebaulichen Gründen zu verstehen ist, ist nach der Maßgabe des Städtebaurechts zu klären. Die Festsetzungen setzen die städtebaulichen Entwicklungsvorstellungen der Gemeinde in Bezug auf die bauliche und sonstige Nutzung der Grundstücke im Plangebiet mit rechtsverbindlicher Wirkung um. Der in § 9 Abs. 1 BauGB enthaltene Festsetzungskatalog soll es dabei ermöglichen, die von der Gemeinde verfolgten städtebaulichen Entwicklungs- und/ oder Ordnungsziele nach § 1 Abs. 5 bis 7 BauGB und § 1a BauGB optimal zu erreichen.[22] Entsprechend weit ist der Begriff der „städtebaulichen Gründe" daher auszulegen. Die gesetzliche Ermächtigung muss allerdings durch eine verfassungsrechtliche Ermächtigung gedeckt und entweder durch das Bodenrecht oder durch einen anderen Kompetenztitel sowie außerdem nach der dem Bebauungsplan zugrunde liegenden planerischen Abwägung gerechtfertigt sein.

C Möglichkeiten zur Festsetzung lärmschutzbezogener Vorgaben

Der Gemeinde stehen eine Vielzahl von Möglichkeiten zur Verfügung, um den Belangen des Lärmschutzes Rechnung zu tragen. So erlaubt es der Katalog des § 9 Abs. 1 BauGB, zunächst im Bebauungsplan eine Festsetzung zur Art der baulichen Nutzung zu treffen. Die hierzu von der Baunutzungsverordnung zur Verfügung gestellten Baugebietstypen in den §§ 2 ff. BauNVO können anhand der Gliederungs- und Modifizierungsmöglichkeiten des § 1 Abs. 4 bis 9 BauNVO[23] auch unter Lärmschutzgesichtspunkten modifiziert werden. Dabei ist zusätzlich auf die Möglichkeit

---

21 Zum klarstellenden Charakter dieser Anforderung, vgl. Söfker, in: Ernst/Zinkahn/Bielenberg/Krautzberger (Hrsg.), Baugesetzbuch Kommentar, Loseblattsammlung, Stand: 105. Lfg., Juni 2012, § 9 Rn. 15.

22 Vgl. Mitschang/Reidt, a. a. O. (Fn. 16), § 9 Rn. 9; Söfker, a. a. O. (Fn. 21), § 9 Rn. 15; Gaentzsch, in: Schlichter/Stich/Driehaus/Paetow (Hrsg.), Berliner Kommentar zum Baugesetzbuch, Loseblattsammlung, Stand: Lfg., April 2008, § 9 Rn. 8.

23 Vgl. dazu nachstehend C I 2.

der sog. „Fremdkörperfestsetzung" hinzuweisen, mit der insbesondere Lärmkonflikte im Zusammenhang mit schon bestehenden Betrieben und Anlagen im Falle einer Überplanung angegangen werden können. Einschlägig und nahezu in jedem Planungsfall herangezogen werden die einschlägigen Lärmschutzfestsetzungen, die auf der Grundlage von § 9 Abs. 1 Nr. 24 BauGB den Gemeinden zur Verfügung gestellt werden.[24] Und schließlich befindet sich in § 9 Abs. 2 BauGB eine weitere Festsetzungsmöglichkeit, nach der befristet oder bedingt Anforderungen an die zeitliche Realisierung des Bebauungsplans gestellt werden können.[25] Auch diese Möglichkeiten können zur Bewältigung von Lärmschutzgesichtspunkten herangezogen werden. Im Folgenden werden diese unterschiedlichen Festsetzungsmöglichkeiten vor dem Hintergrund der dazu ergangenen Rechtsprechung, praktischer Fallgestaltungen und bestehender Schranken und Einschränkungen näher betrachtet.

I Art der baulichen Nutzung – Baugebiete (§ 9 Abs. 1 Nr. 1 i. V. m. §§ 1 bis 15 BauNVO)

Nach § 9 Abs. 1 Nr. 1 BauGB kann im Bebauungsplan die Art der baulichen Nutzung festgesetzt werden. Die §§ 1 bis 15 BauNVO konkretisieren diese Festsetzungsmöglichkeit. In diesem Sinne enthält § 1 Abs. 2 BauNVO eine Auflistung aller grundsätzlich in Frage kommenden Baugebiete, welche dann in den §§ 2 bis 11 BauNVO hinsichtlich der in ihnen zulässigen Arten von Nutzungen sowie weiterer spezifischer gebietsbezogener Anforderungen näher ausgestaltet werden.[26] Schon mit der Festsetzung zur Art der baulichen Nutzung trifft eine Gemeinde bereits eine Raumnutzungsentscheidung über die zulässige Bodennutzung auf den betreffenden Grundstücksflächen. Sie entscheidet nämlich über die Schutzbedürftigkeit des Baugebiets selbst, aber auch über das Lärmverhalten des Baugebiets in Bezug auf die benachbarten Bodennutzungen. Setzt die Gemeinde insoweit ein reines Wohngebiet nach § 3 BauNVO fest, so bringt sie damit eine spezifischere Schutzbedürftigkeit dieses Gebiets gegenüber Lärmbelastungen zum Ausdruck, als dies etwa bei der Festsetzung einer anderen

24 Dazu genauer unter C III.
25 Dazu unten C II.
26 Vgl. nur Schrödter, a. a. O. (Fn. 8), § 9 Rn. 17 ff.

Baugebietsart, wie bei einem Misch- oder Gewerbegebiet, der Fall ist. Die Grundstücksnutzer können erwarten, dass mit der Wohnnutzung unvereinbare Lärmbelastungen im Gebiet nicht zulässig sind. Die Schutzwürdigkeit des reinen Wohngebiets ist graduell höher als bei einem gemischtgenutzten oder gewerblich genutzten Baugebiet.

Bei der Festsetzung von Baugebieten spielen natürlich auch die dem Baugebiet benachbarten Bodennutzungen eine wichtige Rolle, wenn es nämlich um die gegenseitige räumliche Zuordnung von Baugebieten geht. Insoweit ist die Gemeinde aus Gründen des Lärmschutzes gehalten, grundsätzlich die einzelnen Baugebiete abgestuft nach dem Grad ihrer Schutzbedürftigkeit auszuweisen. Dadurch kann ein Nebeneinander von unverträglichen Nutzungen vermieden und den Anforderungen des immissionsschutzrechtlichen Planungsgrundsatzes in § 50 BImSchG[27] Rechnung getragen werden.

1 *Der immissionsschutzrechtliche Planungsgrundsatz in § 50 BImSchG*

§ 50 Satz 1 BImSchG verlangt nach einer räumlichen Trennung von schutzbedürftigen und störenden Nutzungen, so dass schädliche Umwelteinwirkungen „so weit wie möglich“ vermieden werden.[28] Es handelt sich dabei um einen elementaren Grundsatz städtebaulicher Planung.[29] Nach § 3 Abs. 1 BImSchG ist Lärm eine Ausprägung dieser schädlichen Umwelteinwirkungen.[30] Hiernach sind bei raumbedeutsamen Planungen und Maßnahmen die für eine bestimmte Nutzung vorgesehenen Flächen einander so zuzuordnen, dass schädliche Umwelteinwirkungen und von schweren Unfällen im Sinne

27 Gesetz zum Schutz vor schädlichen Umwelteinwirkungen durch Luftverunreinigungen, Geräusche, Erschütterungen und ähnliche Vorgänge (Bundes-Immissionsschutzgesetz – BImSchG) i. d. F. d. Bek. v. 17.05.2013 (BGBl. I S. 1274) zul. geänd. d. G. v. 20.11.2014 (BGBl. I S. 1740).

28 Die besonderen Anforderungen des Störfallschutzes werden hier nicht weiter betrachtet.

29 Vgl. BVerwG, Urt. v. 05.07.1974 – IV C 50/72 – NJW 1975, 70 (75); dass., Beschl. v. 23.01.2002 – 4 BN 3/02 – JuS 2002, 932 (932).

30 § 50 BImSchG erfasst aber generell die Vermeidung von schädlichen Umwelteinwirkungen nicht nur von Geräuschen.

des Art. 3 Nr. 5 der Richtlinie 96/82/EG[31] in Betriebsbereichen hervorgerufene Auswirkungen auf die ausschließlich oder überwiegend dem Wohnen dienenden Gebiete sowie auf sonstige schutzbedürftige Gebiete, insbesondere öffentlich genutzte Gebiete, wichtige Verkehrswege, Freizeitgebiete, und unter dem Gesichtspunkt des Naturschutzes besonders wertvolle oder besonders empfindliche Gebiete und öffentlich genutzte Gebäude, so weit wie möglich vermieden werden. Zwar werden von dieser Bestimmung zunächst und uneingeschränkt die ausschließlich oder überwiegend dem Wohnen dienenden Gebiete (§§ 2 bis 4a BauNVO) sowie auch Sondergebiete, die der Erholung dienen (§ 10 BauNVO), erfasst. § 50 Satz 1 BImSchG öffnet aber über den unbestimmten Rechtsbegriff „sonstige schutzbedürftige Gebiete" seinen Anwendungsbereich und erfasst daher außer Gewerbe- und Industriegebiete (vgl. §§ 8 und 9 BauNVO) sowie ggf. einzelne Sondergebiete nach § 11 BauNVO nahezu alle Baugebietstypen der Baunutzungsverordnung. Auch Misch- und Dorfgebiete beziehen in ihre Zweckbestimmungen die Wohnnutzung ein und werden daher ebenfalls von den Anforderungen des § 50 Satz 1 BImSchG betroffen. Schließlich kann auch schon vorsorgend durch räumliche Zuordnung,[32] nämlich durch räumliche Trennung der einzelnen Baugebiete, Lärmschutzkonflikten vorgebeugt werden.

Der Trennungsgrundsatz greift schon zu einem frühen Zeitpunkt der Planung, wo planerische Verfestigungen noch nicht Platz gegriffen haben[33] und richtet sich deshalb auch primär an die Ebene der Flächennutzungsplanung. Der Bebauungsplan ist im Regelfall aus diesem zu entwickeln, so dass eine durch die Zuordnung von störempfindlichen und störungsintensiven Nutzungen entstehende Konfliktsituation regelmäßig schon auf der Ebene der vorbereitenden Bauleitplanung bewältigt werden muss. Der aus dem Flächennutzungsplan entwickelte Bebauungsplan hat dann meistens nur noch die Feinsteuerung der Nutzungen zum Gegenstand. Insbesondere, wenn also erste planerisch-konzeptionelle Ideen entwickelt werden

---

31 Richtlinie 96/82/EG des Rates v. 09.12.1996 zur Beherrschung der Gefahren bei schweren Unfällen mit gefährlichen Stoffen (ABl. L 10 v. 14.01.1997 S. 13).

32 Vgl. Wahlhäuser, in: Bönker/Bischopink (Hrsg.), Baunutzungsverordnung Kommentar, Baden-Baden, 2014, ImmSchR Rn. 3.

33 Vgl. Kuschnerus, Die planerische Steuerung von Industrievorhaben (Teil 1), BauR 2011, 602 (610).

und es dabei um die grundlegende Zuordnung von Baugebieten geht, ist die räumliche Trennung von störenden Nutzungen und schutzbedürftigen Nutzungen zu berücksichtigen, um dem Vorsorgegrundsatz entsprechend bereits dem Entstehen von Konflikten bei den zu treffenden Raumnutzungsentscheidungen Rechnung zu tragen und so weit wie möglich vorzubeugen. Oftmals handelt es sich dabei um die Darstellung oder Festsetzung von gewerblich/ industriellen Bodennutzungen in der räumlichen Nachbarschaft von Wohnnutzungen, aber auch um emissionsträchtige Sport- und Freizeitanlagen sowie um das Nebeneinander von wichtigen Verkehrswegen und schutzbedürftigen Nutzungen. Wichtig ist in diesen Fällen, dass die Gemeinde sich mit Standortalternativen beschäftigt.[34]

Außer der vorangehend dargestellten planerischen Bedeutung kommt § 50 Satz 1 BImSchG auch ein rechtlicher Stellenwert im Rahmen der bauleitplanerischen Abwägung zu. Vor allem die Rechtsprechung hat in den zurückliegenden Jahren zur Konkretisierung der allgemeinen Abwägungsanforderungen einige zentrale Planungsgrundsätze entwickelt. Anzuführen sind insoweit das Gebot der planerischen Konfliktbewältigung und dieses konkretisierend, das Gebot der räumlichen Trennung von unverträglichen Nutzungen, wie es in § 50 Satz 1 BImSchG im Sinne eines „Konfliktvermeidungsprinzips" zum Ausdruck gebracht und über die Planungsleitlinie in § 1 Abs. 6 Nr. 1 BauGB inhaltlicher Gegenstand der Bauleitplanung wird.

1.1 Das Gebot der planerischen Konfliktbewältigung

Das Gebot der planerischen Konfliktbewältigung[35] verlangt, dass die Lösung planerisch zu bewältigender Konflikte grundsätzlich auf der Planungsebene angestrebt und nicht auf ein nachfolgendes Verfahren, meistens ein Baugenehmigungsverfahren,[36] und damit zu Lasten der Betroffenen verlagert wird. Eng mit dem Gebot der planerischen Konfliktbewältigung verbunden ist das Gebot der planerischen Zurückhaltung. Danach sollen solche

34 So deutlich auch OVG Münster, Urt. v. 17.10.1996 – 7a D 122/94.NE – BeckRS 1996, 13848 Rn. 38.

35 Vgl. BVerwG, Beschl. v. 25.02.2015 – 4 VR 5/14 – ZfBR 2015, 381 Rn. 18; dass., Beschl. v. 17.02.1984 – 4 B 191/83 – NVwZ 1984, 235 (236).

36 Dann kann ergänzend zwar über § 15 Abs. 1 BauNVO eine Nachsteuerung stattfinden, aber keine Plankorrektur erfolgen. Vgl. BVerwG, Urt. v. 06.03.1989 – 4 NB 8/89 – NVwZ 1989, 960 (960).

Konflikte, die auf der Vollzugsebene bewältigt werden können, nicht schon auf der planerischen Ebene gelöst werden müssen.[37] Für den Lärmschutz hat dies besondere Bedeutung, weil insoweit vor allem bauliche und technische Schutzvorkehrungen eine Rolle spielen.

Dem Gebot planerischer Zurückhaltung sind allerdings dort Schranken gesetzt, wo eine sachgerechte Konfliktbewältigung nicht sichergestellt werden kann, weil eine nachfolgende Genehmigung einerseits an rechtlichen Hindernissen scheitern kann[38] und dadurch die gemeindliche Bauleitplanung vollzugsunfähig wird, andererseits weil sich die Gemeinde keine Gewissheit darüber verschafft hat, dass die für eine Konfliktbewältigung erforderlichen Informationen und Angaben im nachfolgenden Genehmigungsverfahren auch vorliegen, damit sie zu Recht auf eine planerische Konfliktbewältigung verzichtet hat.[39] Dazu bedarf es einer prognostischen Einschätzung,[40] die im Falle einer gemeindlichen Angebotsplanung verlangt, dass ihr all diejenigen Nutzungen zugrunde gelegt werden, die bei einer vollständigen Ausnutzung der im Bebauungsplan getroffenen Festsetzungen möglich sind.

In der Sache wird die Abwägung durch das Konfliktbewältigungsgebot keineswegs eingeschränkt, sondern vielmehr darauf verwiesen, dass die durch die Planung berührten Belange zu einem gerechten Ausgleich gebracht werden müssen.[41] Die Abwägung wird gesteuert und zwar dergestalt, dass solange im Planungsverfahren der gerechte Ausgleich der berührten Belange noch nicht erreicht ist, solche „Konflikte" eben bestehen bleiben, die entweder auf der Planungsebene selbst oder in einem nachfolgenden Verfahren gelöst werden müssen.

---

37 Hierzu: BVerwG, a. a. O. (Fn. 35), NVwZ 1984, 235 (236); dass., Urt. v. 11.03.1988 – 4 C 56/84 – NVwZ 1989, 659 (659 f.); dass., Beschl. v. 15.09.1995 – 11 VR 16/95 – NVwZ 1996, 396 (399); dass., Urt. v. 18.09.2003 – 4 CN 3/02 – NVwZ 2004, 229 (229).

38 Etwa am Artenschutz.

39 Vgl. Kuschnerus, a. a. O. (Fn. 33), 602 (607 ff.). Vgl. auch BVerwG, Beschl. v. 16.03.2010 – 4 BN 66/09 – NVwZ 2010, 1246 Rn. 26 ff.

40 Hierzu BVerwG, Urt. v. 14.07.1994 – 4 NB 25/95 – NVwZ-RR 1995, 130 (131).

41 BVerwG, a. a. O. (Fn. 40), NVwZ-RR 1995, 130 (131).

1.2 Der Trennungsgrundsatz

Der dem Trennungsgrundsatz zugrunde liegende Gedanke spielt für die Bewältigung von Lärmschutzkonflikten in der Bauleitplanung eine maßgebliche Rolle, soweit räumlich eine funktionale Trennung konfligierender Nutzungen stattfinden soll,[42] indem diese einander so zugeordnet werden, dass schädliche Umwelteinwirkungen durch Lärm vermieden werden. Der Trennungsgrundsatz ist daher Ausdruck des umweltrechtlichen Vorsorgeprinzips, unterliegt aber der planerischen Disposition und damit der Abwägung mit anderen abwägungserheblichen Belangen. Er rangiert als eine erste Stufe des immissionsschutzrechtlichen Lärmschutzkonzepts noch vor den Anforderungen des § 41 BImSchG, so dass er noch vor der in dieser Vorschrift enthaltenen Lärmschutzschwelle zum Tragen kommt.[43] Er erfordert insoweit keiner strikten Beachtung.[44] Gleichwohl ist die planerische Gestaltungsfreiheit der Gemeinde durch den Trennungsgrundsatz eingeschränkt, in dem dieser zwar der bauleitplanerischen Abwägung unterliegt, ihm aber darin „so weit wie möglich" Rechnung zu tragen ist.[45] In der Rechtsprechung ist der Trennungsgrundsatz zunächst als Planungsgrundsatz in der Form eines Optimierungsgebots,[46] aufgrund der diesbezüglich aber

---

42 Vgl. Schink, Immissionsschutz in der Bauleitplanung, UPR 2011, 41 (43).

43 Vgl. ebenda, 41 (43).

44 Im Einzelnen, vgl. Jarass, Bundes-Immissionsschutzgesetz Kommentar, 11. Aufl., München, 2015, § 50 Rn. 19 ff.

45 Siehe hierzu auch: Stapelfeldt, Lärmschutz in der Bauleitplanung – eine Einführung, KommJur 2012, 415 (418).

46 Die Bedeutung eines solchen Optimierungsgebots besteht darin, der in ihr enthaltenen Zielvorgabe ein besonderes Gewicht zuzumessen und insoweit die planerische Gestaltungsfreiheit einzuschränken. Ein Optimierungsgebot ist daher nicht dem strikten Recht zuzuordnen, sondern unterliegt der Abwägung und kann, wenn gewichtige Gründe es rechtfertigen, im Wege der Abwägung gegenüber anderen ebenfalls gewichtigen Belangen zurückgestellt und damit überwunden werden. Aufgrund des besonderen Gewichts des Optimierungsgebots muss im Falle einer Zurückstellung des Belanges, dies im Rahmen eines erhöhten Rechtfertigungs- und Begründungsaufwand getragen werden. Vgl. BVerwG, Urt. v. 22.03.1985 – 4 C 73/82, NJW 1986, 82 (82 f.); dass., Beschl. v. 20.08.1992 – 4 NB 20/91, BVerwGE 90, 329 (331); dass., Beschl. v. 12.06.1990 – 7 B 72/90 – NVwZ 1990, 962 (963).

bestehenden begrifflichen Schwierigkeiten, dann als Abwägungsdirektive[47] bezeichnet worden. Abwägungsdirektiven dienen ebenfalls der Konkretisierung von in der Abwägung zu berücksichtigenden Belangen und können im Rahmen der Abwägung überwunden werden.[48]

Allerdings kann der Trennungsgrundsatz auch in seinem rechtlichen Stellenwert als Abwägungsdirektive in der bauleitplanerischen Abwägung an Grenzen im Hinblick auf seine Durchsetzung gelangen, und zwar sowohl bei der Neuplanung als auch bei der Überplanung des baulichen Bestandes.[49] Gleichwohl richtet sich der Trennungsgrundsatz in erster Linie an die Planung von unbebauten Flächen.[50] Scheidet aber das Einhalten größerer Abstände aus, wie dies regelmäßig in dicht besiedelten Gebieten der Fall ist, muss durch geeignete bauliche und technische Vorkehrungen dafür Sorge getragen werden, dass keine ungesunden Wohn- und Arbeitsverhältnisse entstehen.[51] Für den Lärmschutz kommen in dieser Hinsicht vor allem die Gestaltung und Gliederung von Baugebieten, die Festsetzung von Schallleistungspegeln[52] sowie die Festsetzung von aktiven und passiven Schallschutzmaßnahmen in Frage. Eine Zurückstellung des Trennungsgrundsatzes im Rahmen der Abwägung erfolgt deshalb regelmäßig nicht durch einen vollständigen Verzicht

47 Vgl. BVerwG, Urt. v. 19.04.2012 – 4 CN 3/11 – NVwZ 2012, 1338 Rn. 29; dass., Beschl. v. 06.03.2013 – 4 BN 39/12 – BeckRS 2013, 48423 Rn. 6; dass., Urt. v. 28.01.1999 – 4 CN 5/98, BVerwGE 108, 248 (256); dass., Beschl. v. 11.01.2001 – 4 B 37/00 – NVwZ 2001, 1398 (1399); dass., Urt. v. 22.03.2007 – 4 CN 2/06 – NVwZ 2007, 831 (831); dass., Beschl. v. 05.12.2008 – 9 B 28/08 – NVwZ 2009, 320 (323); dass., Urt. v. 16.03.2006 – 4 A 1075/04 – BVerwGE 125, 116 (172); dass., a. a. O. (Fn. 39), NVwZ 2010, 1246 Rn. 46. Insgesamt ist ihnen wohl eine schwächere Steuerungskraft im Rahmen der Abwägung zuzurechnen als Optimierungsgeboten.

48 Kritisch zu den Begrifflichkeiten, vgl. Berkemann, Der Störfallbetrieb in der Bauleitplanung - Skizzen zur rechtlichen Problembehandlung nach Maßgabe der RL 96/82/EG (SEVESO II), ZfBR 2010, 18 (20 f.).

49 Vgl. BVerwG, a. a. O. (Fn. 47), NVwZ 2007, 831 (831 f.).

50 Vgl. OVG Lüneburg, Urt. v. 25.06.2001 – 1 K 1850/00 – NVwZ-RR 2002, 172 (173) sowie Bischopink, Immissionsschutz in der Bauleitplanung, BauR 2006, 1070 (1073).

51 Bei Planungen „auf der grünen Wiese“ kommt dem Trennungsgrundsatz umgekehrt größere Bedeutung zu.

52 Vgl. Röckinghausen, Lärmkonflikte zwischen überplanter Wohnbebauung und unbeplanten industriell genutzten Flächen, I+E 2013, 190 (198 f.).

auf räumliche Trennung, sondern im Sinne einer Relativierung, bei der eben ein geringeres Maß an Trennung hinzunehmen ist. Daraus ergibt sich, dass zum Schutz vor schädlichen Umwelteinwirkungen § 50 Satz 1 BImSchG keine strikte Pflicht enthält, also keine zwingend einzuhaltende gesetzliche Vorgabe für die planende Gemeinde darstellt.[53]

Zusammenfassend kann der Trennungsgrundsatz in zwei Fällen überwunden werden, nämlich wenn angesichts der konkreten planerischen Situation

- auf der Grundlage einer Prognose geklärt ist, dass schädliche Umwelteinwirkungen nicht oder nur in unerheblichem Maße eintreten können sowie
- städtebauliche Gründe mit einem solchen Gewicht existieren, die es rechtfertigen, dass der rechtliche Stellenwert des Trennungsgrundsatzes in Form einer Abwägungsdirektive hintangestellt werden kann.

Allerdings kann § 50 Satz 1 BImSchG nicht entnommen werden, welches Schutzniveau durch die Vermeidung von schädlichen Umwelteinwirkungen bei der räumlichen Zuordnung von konfligierenden Nutzungen erreicht werden soll. Für die Bestimmung der Zumutbarkeitsgrenze können allerdings die technischen Regelwerke zum Lärmschutz mit ihren Grenz-, Richt- und Orientierungswerten konkretisierend herangezogen werden. Im Bereich des Lärmschutzes fallen insbesondere die 16. BImSchV[54], die 18. BImSchV[55], die TA Lärm[56] sowie die DIN 18005[57] oder die DIN 4109[58] darunter.[59] Vielfach

---

53 Vgl. Schink, a. a. O. (Fn. 42), 41 (44); Wahlhäuser, a. a. O. (Fn. 32), ImmSchR Rn. 7.

54 Sechzehnte Verordnung zur Durchführung des Bundes-Immissionsschutzgesetzes (Verkehrslärmschutzverordnung) v. 12.06.1990 (BGBl. I S. 1036) zul. geänd. d. ÄndVO v. 18.12.2014 (BGBl. I S. 2269).

55 Achtzehnte Verordnung zur Durchführung des Bundes-Immissionsschutzgesetzes (Sportanlagenlärmschutzverordnung) v. 16.07.1991 (BGBl. I S. 1588, ber. S. 1790) zul. geänd. d. ÄndVO v. 09.02.2006 (BGBl. I S. 324).

56 Sechste Allgemeine Verwaltungsvorschrift zum Bundes-Immissionsschutzgesetz (Technische Anleitung zum Schutz gegen Lärm) v. 26.08.1998 (GMBl S. 503).

57 DIN 18005 „Schallschutz im Städtebau“, Deutsches Institut für Normung, Berlin, Ausgabe 1987.

58 DIN 4109 „Schallschutz im Hochbau“, Berlin, Ausgabe November 2013.

59 Vgl. Wahlhäuser, a. a. O. (Fn. 32), ImmSchR Rn. 21 ff.

werden in der Planungspraxis auch auf weitere Verwaltungsvorschriften der Länder, wie auf den nordrhein-westfälischen Abstandserlass[60], der im Übrigen auch – in modifizierter Form – in anderen Ländern Anwendung findet sowie die Freizeitlärm-Richtlinie[61] zurückgegriffen.[62] Zur Einhaltung der in diesen technischen Regelwerken niedergelegten Anforderungen kann die Gemeinde von den planerischen Festsetzungsmöglichkeiten Gebrauch machen.

2 Horizontale Gliederung

Hat sich die Gemeinde für die Festsetzung eines Baugebiets entschieden, kann sie von den Möglichkeiten der in den § 1 Abs. 4 bis 10 BauNVO geregelten Feinsteuerung Gebrauch machen. Denn nach § 1 Abs. 3 Satz 2 BauNVO werden durch die Festsetzung eines Baugebiets die Vorschriften der §§ 2 bis 14 BauNVO Bestandteil des Bebauungsplans, sofern die Gemeinde nicht Abweichendes gemäß § 1 Abs. 4 bis 10 BauNVO geregelt hat. Die Baugebiete unterliegen einer Typisierung im Sinne einer durch den Verordnungsgeber normativ vorweggenommenen Abwägung, nach der Nutzungen sinnvollerweise zusammengehören und auch hinsichtlich ihrer Störungsintensität und Störempfindlichkeit zueinander passen.[63] Die Feinsteuerungsinstrumente erlauben es nun der Gemeinde, diese typisierten Baugebiete durch eine Gliederung oder Modifikation der zulässigen Arten von baulichen Nutzungen auch unter Lärmschutzgesichtspunkten entsprechend der angestrebten städtebaulichen Entwicklung zu optimieren und damit den starren vorgegebenen Katalog an zulässigen und ausnahmsweise zulässigen Arten baulicher Nutzungen zu durchbrechen und dadurch mehr Flexibilität zu schaffen.

---

60 Vgl. „Immissionsschutz in der Bauleitplanung – Abstände zwischen Industrie- bzw. Gewerbegebieten und Wohngebieten im Rahmen der Bauleitplanung und sonstige für den Immissionsschutz bedeutsame Abstände“, Runderlass des Ministeriums für Umwelt und Naturschutz, Landwirtschaft und Verbraucherschutz – V-3-8804.25.1 v. 06.06.2007.

61 Vgl. z. B. Freizeitlärm-Richtlinie, Runderlass des Ministeriums für Umwelt v. 08.01.2001 – 305-40502/2.2 (Nds. MBl. 2001 S. 201) zul. geänd. d. Runderlass zur Freizeitlärm-Richtlinie v. 25.05.2012 (Nds. MBl. 2012 S. 500).

62 Vgl. nur OVG Münster, Urt. v. 22.05.2014 – 8 A 3002/11 – BeckRS 2014, 53032.

63 Vgl. Schiller, in: Bracher/Reidt/ders. (Hrsg.), Bauplanungsrecht, 8. Aufl., Berlin, 2014, Rn. 1850.

Eine besondere Bedeutung kommt hier § 1 Abs. 4 BauNVO zu, mit dessen Heranziehung eine horizontale Nutzungsgliederung für das einzelne Baugebiet sowie für insgesamt alle Gewerbe- und Industriegebiete der Gemeinde im Verhältnis zueinander festgesetzt werden kann. Hierfür kann die Gemeinde zunächst § 1 Abs. 4 BauNVO heranziehen, wonach für die Baugebiete nach den §§ 4 bis 9 BauNVO, das Baugebiet nach

- der Art der zulässigen Nutzung (Nr. 1) sowie
- nach der Art der Betriebe und Anlagen und deren besonderen Bedürfnissen und Eigenschaften (Nr. 2)

gegliedert werden kann. Möglich ist es auch, beide Gliederungsmöglichkeiten miteinander zu kombinieren.[64] Dies erlaubt es, insgesamt vier unterschiedliche Anwendungsbereiche der Vorschrift abzuleiten. Diese sollen in ihrer Bedeutung für den Lärmschutz im Folgenden skizziert werden.

2.1 *Gliederung nach der Art der zulässigen Nutzung (§ 1 Abs. 4 Satz 1 Nr. 1 BauNVO)*

Die sog. „In-Sich-Gliederung" basiert auf der Rechtsgrundlage von § 1 Abs. 4 Satz 1 Nr. 1 BauNVO, kann allerdings nicht in allen Baugebieten zur Anwendung gebracht werden. Ausgeschlossen sind insoweit Kleinsiedlungsgebiete und reine Wohngebiete, weil diese durch eine homogene Nutzungsstruktur gekennzeichnet sind und andererseits Sondergebiete, weil in diesen Fällen kein Bedarf für eine Baugebietsgliederung besteht, da die Gemeinde ohnehin die zulässigen bzw. ausnahmsweise zulässigen Arten baulicher Nutzungen selbst bestimmt. Gegliedert werden kann nach der Art der zulässigen Nutzung, also nach den jeweils in Abs. 2 und 3 der einzelnen Baugebietsvorschriften aufgelisteten einzelnen Nutzungsarten. Das sog. Nummerndogma[65] findet dabei keine Anwendung. Das bedeutet, dass die Gliederung nicht nach den unter einer Nummer in den Baugebietskatalogen aufgelisteten Nutzungsarten, sondern auf jede einzelne dort angeführte

64 Vgl. Bönker, in: ders./Bischopink (Hrsg.), Baunutzungsverordnung Kommentar, Baden-Baden, 2014, § 1 BauNVO Rn. 102.

65 Vgl. Roeser, in: König/ders./Stock, Baunutzungsverordnung Kommentar, 3. Aufl., München, 2014, § 1 Rn. 51. Aus der Rechtsprechung, vgl. BVerwG, Urt. v. 26.03.2009 – 4 C 21/07 – NVwZ 2009, 1228 (1228) sowie dass., Urt. v. 22.05.1987 – 4 N 4/86 – NVwZ 1987, 1072 (1074).

Nutzungsart Anwendung finden darf. Die Festsetzungsmöglichkeit richtet sich an das jeweilige Baugebiet[66] und nicht noch auf weitere ebenfalls durch diesen Bebauungsplan oder andere festgesetzte Gebiete.[67]

§ 1 Abs. 4 Satz 1 Nr. 1 BauNVO ermöglicht es also, durch eine Verteilung der Nutzungen innerhalb des Baugebiets oder in Teilen davon, schädliche Umwelteinwirkungen in Form von Geräuschen in benachbarten Baugebieten zu vermeiden. Die Gliederung führt dazu, dass in bestimmten Teilen eines Baugebiets nur die dort jeweils festgesetzten Arten von baulichen Nutzungen zulässig sind. Nicht jede in einem bestimmten Baugebiet zulässige Nutzung darf also an jeder Stelle des Baugebiets zugelassen werden, sondern nur diejenige, die nach der Gliederung des Baugebiets dort zulässig ist. Die Bestimmung kann damit dafür herangezogen werden, die einzelnen in einem Baugebiet zulässigen Arten der baulichen Nutzung nach ihrer Schädlichkeit räumlich innerhalb des Baugebiets so anzuordnen, dass eine möglichst weitgehende Abstandshaltung zu schutzbedürftigen Nutzungen erreicht werden kann.

Allerdings werden verschiedene Anforderungen an die Anwendung dieser Bestimmung gestellt. Zunächst ist dabei wichtig, dass alle Arten von zulässigen Nutzungen bei einer In-Sich-Gliederung des Baugebiets an irgendeiner Stelle des Baugebiets zulässig sein müssen,[68] denn diese Gliederungsmöglichkeit ist – wie alle anderen auch – daran gebunden, dass die Zweckbestimmung des Baugebiets gewahrt bleibt.[69] Bei einer Gesamtbetrachtung des Baugebiets muss dessen Typik eingehalten werden. Insoweit muss etwa ein Mischgebiet auch unter Anwendung der verschiedenen Gliederungs- und Modifizierungsmöglichkeiten stets eine gemischte Nutzung aufweisen und nicht etwa dergestalt gegliedert und modifiziert werden, dass nur noch an einer Stelle des Baugebiets eine gewerbliche Grundstücksnutzung möglich ist. Eine solche Vorgehensweise „zweckentfremdet" das Mischgebiet. Eine weitere Voraussetzung ist darin zu sehen, dass es stets

---

66 Faktische Baugebiete scheiden aus.
67 Vgl. Bönker, a. a. O. (Fn. 64), § 1 BauNVO Rn. 95.
68 Vgl. ebenda, § 1 BauNVO Rn. 101.
69 Vgl. BVerwG, Urt. v. 23.04.2009 – 4 CN 5/07 – ZfBR 2009, 679 (680); dass., Urt. v. 22.12.1989 – 4 NB 32/89 – NVwZ-RR 1990, 171 (171).

der Darlegung städtebaulicher Gründe bedarf, wenn die Gemeinde von der Möglichkeit einer Baugebietsgliederung Gebrauch machen möchte.

Etwas anderes gilt nur, soweit die Gemeinde auch von einer Festsetzung nach § 1 Abs. 4 Satz 2 BauNVO Gebrauch macht. Hiernach dürfen verschiedene Industrie- und Gewerbegebiete im Verhältnis zueinander gegliedert werden und insoweit die Arten der baulichen Nutzung über die gesamten Industrie- und Gewerbegebiete verteilt werden.[70] Aber auch hier gilt, dass alle in den Gewerbe- und Industriegebieten zulässigen Nutzungen insgesamt betrachtet, in den im Verhältnis zueinander gegliederten Baugebieten zulässig sind. Eine erfolgreiche Anwendung dieser baugebietsübergreifenden horizontalen Gliederungsmöglichkeiten[71] ist in erster Linie im Rahmen von Neuplanungen im Zusammenhang mit bereits bekannten lärmemittierenden Betrieben zu sehen. Sie können aber auch für den Fall zum Einsatz gebracht werden, dass noch nicht bekannt ist, welche Nutzungen sich im Einzelnen niederlassen werden, gleichwohl müssen dann aber diejenigen schutzbedürftigen Nutzungen, die einschränkende Festsetzungen verlangen, entweder bereits vorhanden oder zumindest bekannt sein.

2.2 *Gliederung nach der Art der Betriebe und Anlagen (§ 1 Abs. 4 Satz 1 Nr. 2 BauNVO)*

Rechtsgrundlage für eine Gliederung nach der Art der Betriebe und Anlagen ist § 1 Abs. 4 Satz 1 Nr. 2 BauNVO. Anders als bei der Gliederung nach der Art der zulässigen Nutzung ist diese Gliederungsmöglichkeit nicht auf die in den Absätzen 2 und 3 nach den §§ 4 bis 9 BauNVO und die in ihnen enthaltenen Baugebietskataloge beschränkt. Von dieser Vorschrift werden vielmehr die konkreten Nutzungstypen und Betriebsformen erfasst. Hiernach können also einzelne Arten von Betrieben (z. B. metallverarbeitende Betriebe oder Galvanikbetriebe) sowie Arten von Anlagen (z. B. Sportanlagen wie Tennisplätze, Turnhallen oder Sportstadien) für eine Gliederung zusammengefasst und räumlich im Baugebiet verteilt werden. Für eine nach Lärmschutzgesichtspunkten danach mögliche räumliche Verteilung kann dies eine wichtige Bedeutung erlangen. Allerdings setzt eine Anwendung dieser Gliederungsmöglichkeit voraus, dass Detailkenntnisse über die

70 Siehe hierzu genauer unten C I 2.4.
71 Vgl. Bönker, a. a. O. (Fn. 64), § 1 BauNVO Rn. 109.

betreffenden Betriebe und Anlagen bereits vorliegen, es sich also um die Überplanung eines bereits bebauten Gebiets handelt. Ansonsten dürfte es, vorausgesetzt es handelt sich nicht um eine vorhabenbezogene Planung, im Rahmen einer Angebotsplanung für die Gemeinde schwierig sein, konkrete Betriebe und Anlagen räumlich zu verorten.

2.3 Gliederung nach besonderen Bedürfnissen (§ 1 Abs. 4 Satz 1 Nr. 2 BauNVO)

§ 1 Abs. 4 Satz 1 Nr. 2 BauNVO erlaubt, neben der Gliederung nach der Art der Betriebe und Anlagen, noch eine andere Form der Gliederung, nämlich nach den „besonderen Bedürfnissen" von Betrieben und Anlagen. Derlei Bedürfnisse beziehen sich regelmäßig auf den Betriebs- oder Anlagenstandort.[72] Es geht dabei um spezifische Betriebs- oder Anlagenbedürfnisse oder um Belange, die Betrieben und Anlagen einer bestimmten Art zugeschrieben werden können,[73] die für diese typisch sind und gerade nicht für Betriebe und Anlagen insgesamt gelten. Für den Lärmschutz hat diese Festsetzungsmöglichkeit, anders als die Gliederung nach besonderen Eigenschaften,[74] keine erstrangige Bedeutung. Allerdings ist es möglich, sofern eine Gemeinde von der nach § 1 Abs. 4 Satz 2 BauNVO ebenfalls zulässigen Festsetzung Gebrauch macht und alle vorhandenen oder beabsichtigten Gewerbe- und Industriegebiete auf ihrem Gemeindegebiet im Verhältnis zueinander gliedert, auch auf § 1 Abs. 4 Satz 1 Nr. 2 BauNVO zurückzugreifen. Dann kann sich aus einzelnen Betriebsbedürfnissen heraus eine unter Lärmschutzgesichtspunkten zu betrachtende Gliederungsmöglichkeit der Gewerbe- und Industriegebiete insgesamt als notwendig und sinnvoll herausstellen. Zu denken ist dabei an den Fall, dass Betriebe und Anlagen mit besonderen infrastrukturellen Bedürfnissen, wie z. B. einem Autobahn- oder Gleisanschluss, räumlich im Gemeindegebiet gesteuert werden müssen. Soweit es aber um eine horizontale Gliederung nach besonderen Betriebs- und Anlagenbedürfnissen innerhalb eines Baugebiets geht,

---

72 Wenn es etwa um wasser- oder hafengebundene Betriebe, um Betriebe mit einem erforderlichen Gleisanschluss geht.

73 Vgl. Söfker, in: Ernst/Zinkahn/Bielenberg/Krautzberger (Hrsg.), Baugesetzbuch Kommentar, Loseblattsammlung, Stand: 113 Lfg., April 2014, § 1 BauNVO Rn. 58.

74 Hierzu nachstehend genauer.

dürfte die Festsetzungsmöglichkeit nach § 1 Abs. 4 Satz 1 Nr. 2 BauNVO kaum einen Anwendungsbereich finden, weil insoweit spezifische Kenntnisse über das Lärmverhalten der betreffenden Betriebe und Anlagen erforderlich sind, die jedenfalls im Rahmen einer Angebotsplanung regelmäßig nicht vorliegen.

2.4 Gliederung nach besonderen Eigenschaften (§ 1 Abs. 4 Satz 1 Nr. 2 BauNVO)

Als letzte Möglichkeit, ein Baugebiet zu gliedern, bietet § 1 Abs. 4 Satz 1 Nr. 2 BauNVO an, Festsetzungen nach den besonderen Eigenschaften von Betrieben und Anlagen im Bebauungsplan zu treffen. Mit einer solchen anlagen- und betriebsbezogenen Typisierung wird in Bezug auf die Bewältigung von Lärmkonflikten ein planungspraktisch bedeutsames und gleichzeitig schwieriges Themenfeld[75] angesprochen, denn die Lärmauswirkungen eines Betriebes oder einer Anlage können sowohl innerhalb des Baugebiets als auch in Baugebieten der Nachbarschaft Konflikte auslösen.[76] Eine Konfliktbewältigung, indem im Bebauungsplan sog. „Zaunwerte" oder Immissionsgrenzwerte entweder isoliert oder als Summenpegel festgesetzt werden, ist weder nach § 1 Abs. 4 Satz 1 Nr. 2 BauNVO noch auf der Grundlage der einschlägigen Festsetzungsmöglichkeit nach § 9 Abs. 1 Nr. 24 BauGB möglich.[77]

Allerdings ist zunächst darauf hinzuweisen, dass es nach § 1 Abs. 4 Satz 1 Nr. 2 BauGB möglich ist, Emissionskontingente[78] im Bebauungsplan

---

75 Die Anforderungen an die Bestimmtheit solcher Festsetzungen sind hoch, die Ermittlung der Emissionskontingente ist kostenintensiv einerseits auf der Ebene der Planung, andererseits noch einmal im Genehmigungsverfahren für das Einzelvorhaben.

76 Neben Lärmschutzfragen sowie sonstigen Umweltbelangen allgemein können unter die besonderen Eigenschaften von Betrieben und Anlagen auch etwa Kriterien wie der Arbeitskräftebedarf oder auch das von dem Betrieb erzeugte Verkehrsaufkommen gerechnet werden. Im Einzelnen hierzu Porger, Immissionsschutz bei Bebauungsplänen, Düsseldorf, 1995, S. 192 ff.

77 Vgl. BVerwG, Beschl. v. 09.03.2015 – 4 BN 26/14 – ZfBR 2015, 490 (491). Im Einzelnen hierzu unten C III 3.

78 Ausführlich Tegeder/Heppekausen, Geräusch- Immissionsschutz in der Bauleitplanung; Immissionswirksame-Flächenbezogene-Schallleistungs-Pegel (IFSP), BauR 1999, 1095 (1098 ff.); Fischer/Tegeder, Geräuschkontingentierung als Konfliktlösung in der Bauleitplanung, NVwZ 2005, 30 ff.; Bünnigmann,

festzusetzen, also eine Gliederung durch Emissionsgrenzwerte vorzunehmen und so unter Lärmschutzgesichtspunkten eine planerische Steuerung der Zulässigkeit von Betrieben und Anlagen anzugehen. Erreicht wird die Festsetzung von Emissionskontingenten durch die Berechnung von sog. „flächenbezogenen Schallleistungspegeln (FSP)“ und von sog. „immissionswirksamen flächenbezogenen Schallleistungspegeln (IFSP)“.[79]

Bei den flächenbezogenen Schallleistungspegeln besteht die nach § 1 Abs. 4 Satz 1 Nr. 2 BauNVO geforderte „besondere“ Eigenschaft darin, dass durch die bauliche Inanspruchnahme des Grundstücks der festgelegte Schallleistungspegel nicht überschritten werden darf. Dieser wird unter Berücksichtigung aller absehbaren Einflussgrößen wie dem Abstandsmaß, der Bodendämpfung sowie sonstigen Hindernissen für die Schallausbreitung durch Rückrechnung der Gesamtimmissionen berechnet und dann einzelnen Flächenanteilen, meistens jedem Quadratmeter des Grundstücks als Kontingent zugeordnet.

Im Unterschied zu den flächenbezogenen Schallleistungspegeln wird bei der Festsetzung von immissionswirksamen flächenbezogenen Schallleistungspegeln im Wesentlichen nur das Abstandsmaß berücksichtigt. Erst im Genehmigungsverfahren werden dann die Zusatzdämpfungen und sonstige Hindernisse der Schallausbreitung eingerechnet. Selbst wenn ein Betrieb oder eine Anlage dann den Schallleistungspegel überschreitet, kann sie dennoch zugelassen werden, wenn etwa aufgrund der Grundrissgestaltung, durch Abschirmungswirkung, die durch andere bauliche Anlagen hervorgerufen wird, oder durch sonstige Maßnahmen, wie z. B. Einhausungen oder Filtereinbau bei realer Schallausbreitung, das Immissionskontingent doch eingehalten wird.[80] Gegenüber einer Festsetzung auf der Grundlage von § 9 Abs. 1 Nr. 24 BauGB ist es bei der Emissionskontingentierung gemäß § 1 Abs. 4 Satz 1

Bauplanungsrechtlicher und vorhabenbezogener Ausgleich im Durcheinander von lärmender Industrie- und schutzbedürftiger Wohnbebauung, NVwZ 2013, 1454 (1456); Röckinghausen, a. a. O. (Fn. 52), 190 (197 f.); Fricke, Lärmemissionskontingente in Bebauungsplänen, UPR 2015, 92 (93); Schink, a. a. O. (Fn. 42), 41 (42).

79 Vgl. BVerwG, a. a. O. (Fn. 77), ZfBR 2015, 490 (491); dass., Beschl. v. 27.01.1998 – 4 NB 3/97 – NVwZ 1998, 1067 (1067); dass., Urt. v. 12.06.2008 – 4 BN 8/08 – ZfBR 2008, 689 (689).

80 Vgl. Schiller, a. a. O. (Fn. 63), Rn. 1867.

Nr. 2 BauNVO in erster Linie dem Vorhabenträger selbst überlassen, mit welchen Mitteln er eine Überschreitung der für seine Grundstücksfläche festgelegten Emissionskontingente verhindert, um das von der Gemeinde angestrebte Immissionsschutzniveau sicherzustellen.[81] Der Vorteil liegt auf der Hand: Unsicherheiten, die darauf beruhen, dass zum Zeitpunkt der Aufstellung des Bebauungsplans noch nicht absehbar ist, wie sich die konkrete Schallausbreitung nach der Realisierung des Betriebs oder der Anlage darstellen wird, können vermieden werden. Doch setzt dies auch voraus, dass bei veränderten Rahmenbedingungen, etwa dem Abriss einer baulichen Anlage, die die reale Schallausbreitung verhinderte, dauerhaft eine Anpassung des Emissionsverhaltens gesichert werden muss.[82]

In der Planungspraxis führt die Festsetzung von immissionswirksamen flächenbezogenen Schallleistungspegeln oftmals zu Mängeln[83] in Bezug auf das Bestimmtheitsgebot.[84] Dieser Anforderung ist nur dann genügt, wenn der Bebauungsplan klare Vorgaben für die in jedem Genehmigungsverfahren vorzunehmende Prüfung enthält, ob der vom Satzungsgeber bezweckte Lärmschutz mit Blick auf den konkret geplanten Betrieb und seine Umgebung auch tatsächlich erreicht wird.[85] Es muss also gewährleistet werden, dass durch die Festsetzung von Emissonskontingenten das Emissionsverhalten jedes einzelnen Betriebs und jeder einzelnen Anlage in dem betreffenden Plangebiet verbindlich geregelt wird.[86] Vor allem müssen klare Vorgaben darüber gemacht

81 Vgl. Mitschang/Reidt, a. a. O. (Fn. 16), § 9 Rn. 146.

82 Dies kann im Rahmen von Nebenbestimmungen zur Baugenehmigung erfolgen.

83 Vgl. z. B. OVG Münster, Urt. v. 17.06.2011 – 2 D 106/09.NE – BeckRS 2013, 46270 – in Bezug auf die Umrechnung der betrieblichen Schallleistung in den flächenbezogenen Schallleistungspegel, das Regelwerk, nach dem die Schallausbreitungsrechnung erfolgt und die in den Blick zu nehmende Bezugsfläche; dass., Urt. v. 14.04.2011 – 8 A 320/09 – BeckRS 2011, 50513 – in Bezug auf die Definition der Betriebsfläche; VGH Mannheim, Urt. v. 24.03.2005 – 8 S 595/04 – BeckRS 2005, 26533 – in Bezug auf klare Vorgaben für die Anwendung des IFSP im Genehmigungsverfahren.

84 Im Einzelnen Fricke, a. a. O (Fn. 78), 92 (94). Siehe hierzu schon vorangehend B III.

85 So VGH Mannheim, a. a. O. (Fn. 83), BeckRS 2005, 26533.

86 Vgl. BVerwG, a. a. O. (Fn. 77), ZfBR 2015, 490 (491); dass., Beschl. v. 02.10.2013 – 4 BN 10/13 – ZfBR 2014, 148 Rn. 5.

werden, auf welche Bezugsfläche die Schallleistung zu verteilen und nach welcher Methode (Regelwerk) die tatsächliche Ausbreitung der betrieblichen Schallleistung im Genehmigungsverfahren zu berechnen ist.[87]

Mittlerweile wird die Berechnung des immissionswirksamen flächenbezogenen Schallleistungspegels durch die DIN 45691[88] geregelt[89] und durch die Verwendung eines anderen Berechnungsverfahrens, anderer Berechnungsgrößen, eine Irrelevanzklausel und die Möglichkeit der „Verschiebung" von Kontingenten im Übrigen auch eine erleichterte Ermittlung der Emissionskontingente ermöglicht.[90] Ebenfalls möglich ist nach diesem Regelwerk die Festsetzung von richtungsabhängigen Emissionskontingentierungen.[91] Die Festsetzungsmöglichkeit stellt auf festgesetzte Baugebiete eines Bebauungsplans ab, die dann nach den Eigenschaften von Anlagen und Betrieben einer internen Gliederung unterzogen werden.[92] Da § 1 Abs. 4 Satz 1 Nr. 2 BauNVO eine „Gliederung" voraussetzt, ist es nicht als ausreichend anzusehen, wenn für ein Baugebiet ein einheitliches Emissionskontingent festgesetzt wird.[93] Dies ist nur dann möglich, wenn die im Gemeindegebiet insgesamt vorhandenen Gewerbe- und Industriegebiete durch die Lärmkontingentierung in ihrem Verhältnis zueinander gegliedert werden. Allerdings setzt dies voraus, dass in der Gemeinde mindestens ein weiteres Gewerbegebiet vorhanden ist, und dass mindestens in einem Gewerbegebiet oder in allen Gewerbegebieten der Gemeinde im Ergebnis alle gewerblichen Nutzungen entsprechend dem Nutzungskatalog in § 8 BauNVO allgemein zulässig sind.

---

87 Vgl. OVG Koblenz, Urt. v. 08.03.2012 – 1 C 10775/11.OVG – ZfBR 2012, 473 (475); OVG Münster, Urt. v. 24.04.2013 – 7 D 24/12.NE – BauR 2013, 1073 (1074).

88 DIN 45691 „Geräuschkontingentierung", Berlin, Ausgabe Dezember 2006.

89 Hierzu Fischer/Tegeder, Geräuschkontingentierung-DIN 45691, BauR 2007, 323 ff. sowie Versteyl/Schiller/Storr, Die schalltechnische Überplanung von bebauten Gewerbe- und Industriegebieten mit Emissionskontingenten, I+E 2011, 163 ff.

90 Vgl. Versteyl/Schiller/Storr, a. a. O. (Fn. 89), 163 (166 f.).

91 Vgl. OVG Koblenz, a. a. O. (Fn. 87), ZfBR 2012, 473 (475).

92 Vgl. BVerwG, a. a. O. (Fn. 77), ZfBR 2015, 490 (491). Auch Roeser, a. a. O. (Fn. 65), § 1 Rn. 61; Bönker, a. a. O. (Fn. 64), § 1 BauNVO Rn. 109.

93 Siehe OVG Koblenz, Urt. v. 02.05.2011 – 8 C 11261/10 – NVwZ-RR 2011, 858 (859); OVG Münster, a. a. O. (Fn. 18) – BeckRS 2012, 60096; dass., Urt. v. 27.11.2014 – 7 D 25/13 – NVwZ-RR 2015, 370 (371).

Das bedeutet, dass unter den gemeindlichen Gewerbegebieten insgesamt mindestens ein Gewerbegebiet vorhanden ist, für das keinerlei emissionsbezogene Einschränkungen gelten.[94] Schließlich können Festsetzungen zu Emissionskontingenten auf der Grundlage von § 1 Abs. 4 Satz 1 Nr. 2 BauNVO auch in Sondergebieten, allerdings unter Berücksichtigung der Gebietsgrenzen für die Sondernutzung, getroffen werden.[95]

Eine besondere Eigenschaft von Betrieben und Anlagen ist nach dem Dargelegten auch ihr Emissionsverhalten.[96] Gerade im Rahmen von Neuplanungen kann das Lärmverhalten von Betrieben und Anlagen dazu eingesetzt werden, eine räumliche Gebietsgliederung vorzunehmen. Dies kann sowohl Bedeutung im Hinblick auf die Gliederung innerhalb eines Baugebietes als auch für das Verhältnis aller Gewerbe- und Industriegebiete in der Gemeinde zueinander erlangen. Praktische Anwendung hat der hier zugrunde liegende Gedanke schon seit langer Zeit[97] über den bereits in Bezug genommenen nordrhein-westfälischen Abstandserlass,[98] der eine Gliederung nach besonderen Eigenschaften von Betrieben und Anlagen dergestalt vorgenommen hat, dass in bestimmten Bereichen bestimmte Betriebe und Anlagen bestimmter Abstandsklassen zulässig oder umgekehrt unzulässig sind. Dabei handelt es sich um eine grundsätzlich neben der Lärmkontingentierung stehende Festsetzungsmöglichkeit zur räumlichen Steuerung von Betrieben und Anlagen. Für die wichtigsten störintensiven Betriebe und Anlagen enthält nämlich der nordrhein-westfälische Abstandserlass in der beigefügten Abstandsliste diejenigen Schutzabstände,[99] bei deren Einhaltung Gefahren, erhebliche Nachteile und erhebliche Belästigungen für benachbarte schutzbedürftige Nutzungen nicht zu erwarten sind, sofern der Stand der Technik durch die

94 BVerwG, a. a. O. (Fn. 77), ZfBR 2015, 490 (491). Im betreffenden Fall waren in der Gemeinde zwei mit Emissionskontingenten beschränkte Gewerbegebiete vorhanden, so dass eine Gliederung i. S. v. § 1 Abs. 4 Satz 2 BauNVO ausschied.

95 Dazu BVerwG, a. a. O. (Fn. 86), ZfBR 2014, 148 Rn. 7; OVG Münster, Urt. v. 09.11.2012 – 2 D 63/11.NE – BeckRS 2013, 47280.

96 Grundlegend: BVerwG, Beschl. v. 18.12.1990 – 4 N 6/88 – NVwZ 1991, 881 (882).

97 Vgl. etwa OVG Münster, Urt. v. 13.11.1992 – 11a D 48/91.NE – BeckRS 1992, 09842 Rn. 62; sowie dass., Urt. v. 30.01.2009 – 7 D 11/08.NE – ZfBR 2009, 583 (585).

98 Vgl. vorangehend C I 1.2.

99 Zur Festsetzung im Bebauungsplan, vgl. unten C III 1.2.

Betriebe und Anlagen eingehalten wird. Dadurch ist es der Gemeinde möglich, unter Bezugnahme auf die Abstandsklassen nicht nur einzelne Betriebe, sondern mehrere in den nach Abstandsklassen zu gliedernden Bereichen des Plangebiets als zulässig oder ausnahmsweise (sog. „Positivkatalog") bzw. als unzulässig und auch nicht ausnahmsweise zulässig festzusetzen.[100]

3 Ausschluss und ausnahmsweise Zulässigkeit allgemein zulässiger Nutzungen (§ 1 Abs. 5 BauNVO) sowie Ausschluss und allgemeine Zulässigkeit ausnahmsweise zulässiger Nutzungen (§ 1 Abs. 6 BauNVO)

Während § 1 Abs. 5 BauNVO Modifikationsmöglichkeiten allgemein zulässiger Nutzungsarten regelt, übernimmt § 1 Abs. 6 BauNVO diese Funktion für ausnahmsweise zulässige Nutzungsarten. Die Modifikation der in den Baugebietskatalogen enthaltenen Nutzungsarten stellt die wohl einfachste Form dar, wie den Belangen des Lärmschutzes bei der Bestimmung der Art der baulichen Nutzung Rechnung getragen werden kann.

Die Regelungen finden Anwendung auf alle Baugebiete nach den §§ 2 bis 9 BauNVO, nicht jedoch für Sondergebiete nach den §§ 10 und 11 BauNVO.

Nach § 1 Abs. 5 und 6 BauNVO kann die Gemeinde eine Modifikation der Nutzungskataloge der einzelnen Baugebietsarten vornehmen. Sie kann so zur Umsetzung ihrer gemeindlichen Entwicklungsvorstellungen festsetzen, dass nur einzelne Nutzungen der in Abs. 2 der Baugebiete nach den §§ 2 bis 9 BauNVO genannten Arten von baulicher Nutzung entweder unzulässig oder nur ausnahmsweise zulässig sind (§ 1 Abs. 5 BauNVO). So kann aus Gründen des Lärmschutzes etwa ein Gewerbegebiet dergestalt modifiziert werden, dass im Ergebnis nur noch Geschäfts-, Büro- und Verwaltungsgebäude zulässig sind.[101] Verarbeitendes und produzierendes Gewerbe werden in diesem Falle generell ausgeschlossen. In umgekehrter Form kann sie auch bestimmen, dass einzelne der in Abs. 3 des jeweiligen Baugebiets angeführten ausnahmsweise zulässigen Nutzungsarten in dem

---

100 Vgl. z. B. OVG Münster, Urt. v. 24.04.1996 – 11a D 6/93.NE – BeckRS 1996, 13783 Rn. 2; dass., Urt. v. 17.06.2009 – 8 B 1864/08 – BeckRS 2009, 35783.

101 Vgl. BVerwG, Urt. v. 08.11.2004 – 4 BN 39/04 – NVwZ 2005, 324 (326 f.).

betreffenden Baugebiet allgemein zulässig oder unzulässig sind (§ 1 Abs. 6 BauNVO).

Unter Lärmschutzgesichtspunkten erhält die Gemeinde so die Möglichkeit, bestimmte emissionsträchtige Nutzungen von vornherein durch Modifizierung des Baugebietskatalogs hinsichtlich ihrer Zulässigkeit zu steuern. Macht die Gemeinde von der Anwendung dieser Modifikationsmöglichkeiten im konkreten Planungsfall Gebrauch, hat sie zwei wichtige Schrankersetzungen zu berücksichtigen. Es muss immer die Zweckbestimmung des Baugebiets gewahrt werden und es müssen für die vorgenommene Modifizierung der zulässigen und ausnahmsweise zulässigen Nutzungen stets städtebauliche Gründe vorliegen. Im Übrigen ist es zulässig, die Modifikationsmöglichkeiten des § 1 Abs. 5 BauNVO mit einer Baugebietsgliederung nach § 1 Abs. 4 BauNVO zu kombinieren und damit eine räumliche Steuerung und betriebliche Steuerung der Zulässigkeit von Nutzungen vorzunehmen. Hierauf weist § 1 Abs. 4 Satz 3 BauNVO ausdrücklich hin.

4 Allgemeine oder ausnahmsweise Zulässigkeit oder Unzulässigkeit bestimmter Arten von Nutzungen (§ 1 Abs. 9 BauNVO)

Eine noch über § 1 Abs. 5 und 6 BauNVO hinausgehende Feinsteuerung ist auf der Grundlage von § 1 Abs. 9 BauNVO möglich. Diese Bestimmung erlaubt es der Gemeinde, bei Anwendung der Abs. 5 bis 8 festzusetzen, dass nur bestimmte „Unterarten“[102], der in den Baugebieten allgemein oder ausnahmsweise zulässigen Nutzungen zulässig oder nicht zulässig sind oder nur ausnahmsweise zugelassen werden können. Um von dieser Festsetzungsmöglichkeit Gebrauch machen zu können, müssen besondere städtebauliche Gründe[103], also im Verhältnis zu § 1 Abs. 5 und 6 BauNVO besonders gewichtige Gründe, vorliegen. Aspekte des städtebaulichen Lärmschutzes fallen hierunter. Im Übrigen gilt auch hier die Wahrung der Zweckbestimmung des Baugebiets.[104]

102 Vgl. Schiller, a. a. O. (Fn. 63), Rn. 1883.

103 Vgl. hierzu BVerwG, Urt. v. 22.05.1987 – 4 C 77/84 – ZfBR 1987, 1074 (1075 f.).

104 Vgl. BVerwG, Urt. v. 06.05.1996 – 4 NB 16/96 – BeckRS 1996, 31312867.

Eine Gemeinde könnte danach etwa die in den Abendstunden aufgrund des An- und Abfahrtverkehrs besonders lärmintensiven Spielhallen als Unterart der Vergnügungsstätten durch eine Kombination der Festsetzungsmöglichkeiten nach § 1 Abs. 5 und 9 BauNVO im Plangebiet oder in Teilen davon (in weiterer Kombination mit § 1 Abs. 8 BauNVO) ausschließen. Allerdings darf es sich dabei nicht um einzelfallbezogene Reglungen handeln, sondern es müssen vielmehr stets Anlagentypen[105] gesteuert werden, die von anderen Anlagentypen derselben Nutzungsart deutlich unterscheidbar sind.[106] Als Kriterium für die geforderte Differenzierung kommt auch das Emissionsverhalten in Frage, etwa bei der Kategorie der metallverarbeitenden Betriebe.

5 Fremdkörperfestsetzungen

Für den Lärmschutz kommt § 1 Abs. 10 BauNVO im Sinne einer anlagenbezogenen Planung[107] eine besonders weitreichende Bedeutung zu. Insbesondere dann, wenn es sich um eine städtebauliche Gemengelage handelt, kann die Gemeinde mit der sog. „Fremdkörperfestsetzung" einen wichtigen Beitrag zur Bewältigung von Lärmkonflikten leisten. Nach der Vorschrift können im Bebauungsplan Erweiterungen, Änderungen, Nutzungsänderungen und Erneuerungen von baulichen oder sonstigen Anlagen für allgemein oder für ausnahmsweise zulässig erklärt werden, obwohl diese Anlagen in dem festgesetzten Baugebiet oder infolge eines Ausschlusses nach § 1 Abs. 5, 6 oder 9 BauNVO an sich in dem Baugebiet unzulässig wären. Anwendungsvoraussetzung ist insoweit, dass es sich um ein nach den §§ 2 bis 9 BauNVO festgesetztes Baugebiet handelt.[108] Durch Festsetzungen nach § 1 Abs. 10 BauNVO erfährt dann ein in einem überwiegend bebauten Gebiet[109] nicht zulässiger, aber schon vorhandener Betrieb, einen erweiterten

105 Vgl. Schiller, a. a. O. (Fn. 63), Rn. 1885.

106 Vgl. Porger, a. a. O. (Fn. 76), S. 214 f.

107 Vgl. Bönker, a. a. O. (Fn. 64), § 1 BauNVO Rn. 217.

108 Vgl. Söfker, a. a. O. (Fn. 73), § 1 BauNVO Rn. 106a.

109 Dabei kann es sich auch um einen Teil eines Baugebiets handeln, da der Gebietsbegriff des § 1 Abs. 10 BauNVO nicht identisch ist mit dem Baugebietsbegriff des § 1 Abs. 2 BauNVO. Vgl. BVerwG, Urt. v. 06.02.2002 – 4 BN 11/02 – ZfBR 2002, 687 (687).

Bestandsschutz.[110] Von der vorhandenen Bebauung dürfen die bestandsgeschützten Anlagen gemäß § 1 Abs. 10 BauNVO nur einen untergeordneten, regelmäßig auch räumlich abgegrenzten Teil[111] ausmachen, da ansonsten die allgemeine Zweckbestimmung des Baugebiets in den übrigen Teilen nicht mehr gewahrt werden kann.[112] Die zu einem Betrieb benachbarten Nutzungen dürfen dabei in ihrer Situation nicht verschlechtert werden. Es handelt sich um eine Einzelfallregelung, denn im Zentrum der Festsetzungsmöglichkeit stehen nicht wie bei § 1 Abs. 4 bis 9 BauNVO Anlagen- und Nutzungsarten, sondern bestimmte vorhandene bauliche und sonstige Anlagen.[113]

Nach dieser Vorschrift kann daher sowohl eine planungsrechtliche Absicherung sowie gleichermaßen eine zukünftige Erweiterung, Änderung, Nutzungsänderung oder Erneuerung vorhandener Anlagen im Rahmen der Aufstellung, Änderung oder Ergänzung von Bebauungsplänen festgesetzt werden. Es gilt also ein Verbesserungsgebot,[114] wodurch das Potenzial dieser Bestimmung für die Bewältigung von Lärmkonflikten deutlich erkennbar wird. Dabei können auch nähere Bestimmungen über die Zulässigkeit getroffen werden (vgl. § 1 Abs. 10 Satz 2 BauNVO[115]). Besondere Bedeutung für den Lärmschutz erlangt dies, wenn dabei in Bezug auf das Emissionsverhalten von Betrieben abgestellt wird.[116] Wie bei den Gliederungs- und Differenzierungsmöglichkeiten nach § 1 Abs. 4 ff. BauNVO muss auch bei Anwendung von § 1 Abs. 10 BauNVO stets die Zweckbestimmung des Baugebiets gewahrt bleiben. Ebenso bedarf es auch hier einer hinreichenden städtebaulichen Rechtfertigung einer getroffenen Festsetzung.

---

110 Dieser gilt aber nur in Bezug auf die Art der baulichen Nutzung, nicht für das Maß und die überbaubaren Grundstücksflächen. Vgl. VGH Mannheim, Urt. v. 29.10.2008 – 3 S 1318/97 – BeckRS 2008, 40687.

111 Zum Umfang, vgl. OVG Münster, Urt. v. 12.06.2013 – 7 A 1028/11 – BeckRS 2013, 52825.

112 Vgl. Schiller, a. a. O. (Fn. 63), Rn. 1899.

113 Vgl. ebenda, Rn. 1895.

114 Vgl. Söfker, a. a. O. (Fn. 73), § 1 BauNVO Rn. 110.

115 Z. B. in Bezug auf Nutzungsänderungen.

116 Beispielsweise bei einer Großdiskothek in einem Mischgebiet.

II Zeitlich gestaffelte Nutzungen (§ 9 Abs. 2 BauGB)

1 Allgemeines

Die Möglichkeit, befristete bzw. bedingte Festsetzungen in einem Bebauungsplan zu treffen, besteht seit dem Inkrafttreten des Europaanpassungsgesetz Bau 2004.[117] Die entsprechende Bestimmung findet sich in § 9 Abs. 2 BauGB. Vor der Ergänzung des Städtebaurechts um diese Vorschrift waren derlei Festsetzungen unzulässig.[118]

Nach § 9 Abs. 2 BauGB kann im Bebauungsplan in besonderen Fällen festgesetzt werden, dass bestimmte der in ihm festgesetzten baulichen und sonstigen Nutzungen und Anlagen nur für einen bestimmten Zeitraum zulässig (Nr. 1) oder bis zum Eintritt bestimmter Umstände zulässig oder unzulässig sind (Nr. 2). Außerdem soll auch die Folgenutzung festgesetzt werden (§ 9 Abs. 2 Satz 2 BauGB). Während die nach § 9 Abs. 1 BauGB getroffenen Festsetzungen eines Bebauungsplans keinerlei zeitlichen Beschränkungen unterliegen, enthalten Regelungen auf der Grundlage von § 9 Abs. 2 BauGB demgegenüber eine Modifikation, nach der ihre Zulässigkeit im Falle des § 9 Abs. 2 Satz 1 Nr. 1 BauGB zeitlich befristet und im Falle des § 9 Abs. 2 Satz 1 Nr. 2 BauGB von dem Eintritt bestimmter Umstände abhängig gemacht wird. Im Zusammenhang mit § 9 Abs. 2 Satz 1 Nr. 2 BauGB kann dann noch einmal in sog. „auflösend" und „aufschiebend" bedingte Festsetzungen differenziert werden. Der Unterschied liegt darin, dass bei der auflösend bedingten Festsetzung ein Vorhaben bis zum Eintritt bestimmter Umstände zulässig ist, während bei der aufschiebend bedingten

---

117 Gesetz zur Anpassung des Baugesetzbuchs an EU-Richtlinien (Europarechtsanpassungsgesetz Bau – EAG Bau) v. 24.06.2004 (BGBl. I S. 1359). Vgl. Schieferdecker, Baurecht auf Zeit im BauGB 2004, BauR 2005, 320 ff.; Battis/Otto, Planungsrechtliche Anforderungen an Bedingungen und Befristungen gem § 9 Abs 2 BauGB, UPR 2006, 165 (165 ff.) sowie Kuschnerus, Befristete und bedingte Festsetzungen in Bebauungsplänen – Zur praktischen Anwendung des neuen § 9 Abs 2 BauGB –, ZfBR 2005, 125 (125 ff.), Dziallas, Enge Grenzen für ein „Baurecht auf Zeit" NZBau 2012, 101 ff.

118 Siehe zur vormaligen Rechtslage BVerwG, Beschl. v. 06.12.2000 – 4 BN 59/00 – NVwZ 2001, 431 (432); OVG Lüneburg, Urt. v. 08.02.2000 – 1 K 5513/98 – BauR 2000, 1302 (1305) sowie auch OVG Magdeburg, Urt. v. 17.02.2011 – 2 K 102/09 – BeckRS 2011, 48532.

Festsetzung ein Vorhaben bis zum Eintritt bestimmter Umstände unzulässig und erst nach deren Eintritt zulässig ist.

Schon der Gesetzesbegründung kann die Bedeutung der Bestimmung für die Bewältigung von Lärmschutzkonflikten entnommen werden. Danach ist die Regelung mitunter geeignet, die Zulässigkeit einer Wohnnutzung davon abhängig zu machen, dass zunächst die im Bebauungsplan festgesetzten schallschützenden Maßnahmen errichtet werden.[119] Der Vorteil für die Gemeinde, aber auch für Vorhabenträger liegt auf der Hand: Es braucht erstens nur einmal ein Bebauungsplan aufgestellt zu werden, der zweitens dem Vorhabenträger schon zu einem frühen Zeitpunkt ein verlässliches Maß an Planungssicherheit liefert, und zwar für die Realisierung einer Nutzung, die zeitlich gestaffelt im Anschluss an eine vorangehende Nutzung anschließt.

Für den Lärmschutz hat in erster Linie die aufschiebend bedingte Festsetzung praktische Relevanz.[120] Sie kann nämlich dafür herangezogen werden, die Verwirklichung der beabsichtigten städtebaulichen Entwicklungsvorstellungen mit den Anforderungen des Lärmschutzes zu verknüpfen.[121] Planungspraktisch relevant wird dies beispielweise, wenn aus Gründen des Lärmschutzes zunächst eine bestimmte Bodennutzung realisiert sein muss (z. B. ein Gebäuderiegel), bevor weitere schutzbedürftige Bodennutzungen (z. B. Gebiete mit überwiegender Wohnnutzung) verwirklicht werden können. Ein anderer Anwendungsfall besteht darin, dass eine Zufahrt zu einem Logistikzentrum so lange als Provisorium aufrechterhalten wird, bis ein Anschluss des Gebietes an eine Autobahnzufahrt stattgefunden hat.[122] Gleichwohl sind an die Heranziehung von Festsetzungen nach § 9 Abs. 2 BauGB spezifische Voraussetzungen gebunden, die ihren Anwendungsbereich

---

119 Vgl. BT-Drs. 15/2250 v. 17.12.2003, S. 49.

120 Aus diesem Grund spielt für die Bewältigung von Lärmschutzkonflikten § 9 Abs. 2 Satz 2 BauGB keine Rolle, denn diese Bestimmung greift allein in den Fällen, in denen eine Nutzung nur für einen bestimmten Zeitraum oder bis zum Eintritt bestimmter Umstände zulässig ist.

121 Andere Anwendungsbeispiele beziehen sich etwa auf zeitlich nachfolgende Nutzungen bei einmaligen Großveranstaltungen wie z. B. Bundesgartenschauen, private Folgenutzungen ehemaliger Bahnbetriebsanlagen oder auch von Militärflugplätzen.

122 Vgl. OVG Lüneburg, Beschl. v. 24.03.2009 – MN 267/08 – NVwZ-RR 2009, 549 (551).

einschränken. Gerade in Bezug auf die Bewältigung von Lärmschutzkonflikten hat die Rechtsprechung hohe Maßstäbe an die Anwendung dieser Festsetzungsmöglichkeit gestellt.

2 *Anwendungsvoraussetzungen*

Schon aus dem Wortlaut der Vorschrift ergibt sich eine erste wichtige Anwendungsvoraussetzung. So darf die Bestimmung nur „in besonderen Fällen" zur Anwendung gebracht werden. Damit soll berücksichtigt werden, dass die nach § 9 Abs. 2 BauGB möglichen Befristungen oder Bedingungen der Zulässigkeit der im Bebauungsplan festgesetzten Nutzungen und Anlagen nicht generell, sondern nur – in besonderen Fällen – getroffen werden können.[123] Ein solcher Fall kann folglich nicht regelmäßig, also in städtebaulichen Standardsituationen gegeben sein, sondern nur in davon abweichenden Fällen.[124] Diese müssen ein besonderes städtebauliches Gewicht aufweisen und nicht nur auf eine kurzzeitige Nutzung begrenzt sein, wie etwa der Weihnachtsbaumverkauf auf einem Parkplatz.[125] Deshalb darf eine Regelung nach § 9 Abs. 2 BauGB auch nur getroffen werden, wenn ihre Rechtfertigung auf städtebauliche Gründe[126] zurückgeführt werden kann, sie ihren Anlass also in spezifischen Erfordernissen der städtebaulichen Entwicklung und Ordnung hat. Vereinfacht ausgedrückt muss die konkrete Bodennutzungsentscheidung mit einer befristeten oder bedingten Bestimmung den zu bewältigenden städtebaulichen Anforderungen besser Rechnung tragen können als dies mit den übrigen Festsetzungsmöglichkeiten des § 9 Abs. 1

---

123 So ausdrücklich: BT-Drs. 15/2250, a. a. O. (Fn. 119), S. 49.

124 Vgl. OVG Magdeburg, a. a. O. (Fn. 118), BeckRS 2011, 48532; auch Jäde, in: ders/Dirnberger/Weiss (Hrsg.), Baugesetzbuch Kommentar, 7. Aufl., Stuttgart, 2013, § 9 Rn. 85; Gaentzsch, a. a. O. (Fn. 22), § 9 Rn. 73b; Söfker, a. a. O. (Fn. 21), § 9 Rn. 240p; Schrödter, a. a. O. (Fn. 8), § 9 Rn. 241.

125 Zu Recht Reidt, Die Festsetzung bedingter und befristeter Baurechte gemäß § 9 Abs. 2 BauGB, in: Mitschang (Hrsg.), Konfliktfelder und aktuelle Entwicklungen bei städtebaulichen Planungen, Berliner Schriften der Stadt- und Regionalplanung, Band 24, Frankfurt am Main, 2014, 213 (218).

126 Vgl. Schrödter, a. a. O. (Fn. 8), § 9 Rn. 240; VGH Kassel, Urt. v. 22.04.2010 – 4 C 306/09.N – ZfBR 2010, 588 (592 f.); dass., Urt. v. 29.03.2012 – 4 C 694/10.N – BeckRS 2012, 52446.

BauGB erreicht werden kann.[127] Insoweit eröffnet § 9 Abs. 2 BauGB keine selbstständigen inhaltlichen Festsetzungsmöglichkeiten, sondern modifiziert Festsetzungen nach Abs. 1, auf den sich Abs. 2 als Folgeregelung bezieht und dessen Anwendbarkeit diese Vorschrift voraussetzt.[128] Dadurch wird es den Gemeinden ermöglicht, dem gesetzgeberischen Anliegen nach Begrenzung des Regelungsinhalts und darüber hinaus auch den Anforderungen an die städtebauliche Erforderlichkeit[129] und des Grundsatzes der Verhältnismäßigkeit Rechnung zu tragen. Gleichwohl bedarf es bei der Festsetzung von aufschiebenden Bedingungen der genauen Bezeichnung derjenigen baulichen und sonstigen Nutzungen und Anlagen im Bebauungsplan.

Allerdings wird durch eine Festsetzung nach § 9 Abs. 2 BauGB der Bebauungsplan als solcher weder zeitlich befristet noch hängt er hinsichtlich seiner Wirksamkeit von dem Eintritt bestimmter Bedingungen ab.[130] Vielmehr sind lediglich die konkret festgesetzten baulichen und sonstigen Nutzungen und Anlagen nur für einen bestimmten Zeitraum zulässig oder bis zum Eintritt bestimmter Umstände zulässig oder unzulässig.[131]

Eine weitere Anwendungsvoraussetzung ergibt sich aus dem für Festsetzungen eines Bebauungsplans grundsätzlich geltenden Bestimmtheitsgebot.[132] Gerade wenn eine Bodennutzung von bestimmten Bedingungen abhängig ist, muss das verfassungsrechtliche Bestimmtheitsgebot (Art. 20 Abs. 3 GG[133]) beachtet werden, denn es muss der Zeitpunkt oder es müssen die Umstände, bei deren Eintritt eine Bodennutzung aufzugeben ist oder erst zulässig werden soll, genau bestimmt werden.[134] Dass dies unter Umständen

---

127 Vgl. BT-Drs. 15/2250, a. a. O. (Fn. 119), S. 49. Aus der Rechtsprechung etwa: OVG Münster, Urt. v. 13.09.2012 – 2 D 38/11.NE – BauR 2013, 1408 (1408); dass., Urt. v. 07.07.2011 – 2 D 137/09.NE – BeckRS 2011, 53091; OVG Magdeburg, a. a. O. (Fn. 118), BeckRS 2011, 48532.

128 Vgl. BVerwG, Beschl. v. 08.12.2010 – 4 BN 24/10 – ZfBR 2011, 275 (276).

129 Vgl. § 1 Abs. 3 Satz 1 BauGB.

130 Vgl. Mitschang/Reidt, a. a. O. (Fn. 16), § 9 Rn. 166.

131 Zur daraus folgenden Ungenauigkeit des Begriffs „Baurecht auf Zeit“, vgl. Reidt, a. a. O. (Fn. 125), 213 (218).

132 Genauer oben B III.

133 Grundgesetz für die Bundesrepublik Deutschland v. 23.05.1949 (BGBl. I S. 1) zu. geänd. d. G. v. 23.12.2014 (BGBl. I S. 2438).

134 So ausdrücklich: OVG Magdeburg, a. a. O. (Fn. 118), BeckRS 2011, 48532; OVG Münster, Urt. v. 21.07.2011 – 2 D 59/09.NE – BeckRS 2011, 53676;

schwierig sein kann, zeigt die Planungspraxis. Diesen Anforderungen genügt eine Festsetzung etwa dann nicht, wenn sie die Aufgabe des Gartens durch den derzeitigen Nutzer als Bedingung für einen Wechsel der zulässigen Art der baulichen Nutzung vorsieht.[135]

Des Weiteren spielt neben dem Bestimmtheitsgebot auch der zeitliche Faktor eine Rolle, denn die Umstände, die eine zeitliche Nutzungsstaffelung erfordern, müssen in absehbarer Zeit auch eintreten.[136] Ansonsten wäre der Bebauungsplan nicht vollziehbar.[137] Die betreffende aufschiebend bedingte Festsetzung käme dann einer „Bausperre" gleich.[138] Es fehlt der Planung an der entsprechenden städtebaulichen Rechtfertigung im Sinne von § 1 Abs. 3 Satz 1 BauGB.

Wie alle anderen Festsetzungen des Bebauungsplans unterliegen auch solche nach § 9 Abs. 2 BauGB den Anforderungen einer ordnungsgemäßen Abwägung. Dies betrifft sowohl die Befristung als auch die Bedingung sowie auch die Vor- und soweit eine ausdrückliche Festsetzung erforderlich ist, die Folgenutzung. Darüber hinaus muss auch dem Entwicklungsgebot des § 8 Abs. 2 BauGB entsprochen werden.[139]

3 *Spezifische Anforderungen an bedingte Festsetzungen zum Lärmschutz*

Für die Bewältigung lärmschutzbezogener Anforderungen kommen insbesondere aufschiebende Bedingungen nach § 9 Abs. 2 Satz 1 Nr. 2 BauGB in Betracht. Diese Festsetzungsmöglichkeit bezieht sich darauf, dass bestimmte

---

dass., a. a. O. (Fn. 127), BeckRS 2011, 53091; VGH Kassel, a. a. O. (Fn. 126), ZfBR 2010, 588 (592 f.).

135 Siehe OVG Magdeburg, a. a. O. (Fn. 118), BeckRS 2011, 48532.

136 So auch OVG Münster, Urt. v. 06.10.2011 – 2 D 132/09 – BeckRS 2013, 46271, wonach es an einer positiven planerischen Konzeption fehlen kann, wenn eine Verwirklichungsperspektive fehlt, weil mit dem Bedingungseintritt nicht absehbar zu rechnen ist.

137 Zur Frage der Vollziehbarkeit, vgl. grundlegend BVerwG, Beschl. v. 25.08.1997 – 4 NB 12/97 – NVwZ-RR 1998, 162 (163).

138 Vgl. Kuschnerus, Der sachgerechte Bebauungsplan, 4. Aufl., Bonn, 2010, S. 472.

139 Vgl. Schrödter, a. a. O. (Fn. 8), § 9 Rn. 241. Zu befristeten oder bedingten Darstellungen des Flächennutzungsplans, vgl. Schmidt-Eichstaedt, Das EAG Bau – ein Jahr danach, ZfBR 2005, 751 (756).

der in einem Bebauungsplan festgesetzten baulichen und sonstigen Nutzungen und Anlagen bis zum Eintritt bestimmter Umstände zulässig oder unzulässig sind (§ 9 Abs. 2 Satz 1 Nr. 2 BauGB). Anwendungsfälle sind hier vor allem in zeitlich aufeinander folgenden Bodennutzungen zu sehen. Dabei muss der Eintritt der Bedingung rechtlich gesichert sein. Gerade hinsichtlich dieses Merkmals bestehen gegenwärtig noch keine einheitlichen Vorstellungen, insbesondere darüber, wie eine langfristige rechtliche Sicherung beschaffen sein muss. Besonders strenge Maßstäbe sind diesbezüglich einer Entscheidung des Verwaltungsgerichtshof Kassel[140] zu entnehmen, die hinsichtlich der Anforderungen an diese langfristige Sicherung nicht am weitesten geht, sondern in fachlicher sowie in rechtlicher Hinsicht die Problematik am deutlichsten zum Ausdruck bringt und deshalb einer näheren Betrachtung bedarf.

Im betreffenden Fall ist an die aufschiebend bedingt zulässige Wohnnutzung die Anforderung geknüpft worden, dass diese erst dann verwirklicht werden darf, wenn zuvor ein möglichst geschlossener Gebäuderiegel zur Abschirmung der schutzbedürftigen Wohnnutzung gegenüber Geräuscheinwirkungen eines räumlich benachbarten Industriebetriebs errichtet worden ist. Nach der im Bebauungsplan getroffenen Festsetzung ist eine Bebauung erst zulässig, nachdem in den jeweils gegenüberliegenden Plangebietsteilen Gebäude errichtet sind, so dass sichergestellt ist, dass an den Fassaden mit Fenstern von Aufenthaltsräumen die maßgeblichen Immissionsrichtwerte eingehalten werden. Der Verwaltungsgerichtshof Kassel hegte Zweifel an der Rechtmäßigkeit einer solchen Festsetzung, weil der Fortbestand einer solchen abschirmenden Bebauung nicht hinreichend rechtlich gesichert war. Hierzu kann der in Rede stehenden Festsetzung weiterhin entnommen werden, dass der bebauungsplankonforme Bestand der Gebäude zusätzlich dauerhaft öffentlich-rechtlich oder privat-rechtlich zu sichern ist. Da im vorliegenden Falle nur ein Eigentümer im Plangebiet vorhanden war, kam es nach Auffassung des Gerichts zwar in Betracht, dass dieser den Bestand der abschirmenden Bebauung durch die Übernahme von Bauerhaltungspflichten oder im Falle der Zerstörung der Gebäude durch Brand oder andere Ereignisse einer Wiederherstellungspflicht in Form einer Baulast

140 Vgl. VGH Kassel, a. a. O. (Fn. 126), ZfBR 2010, 588 (591 ff.); dass., a. a. O. (Fn. 126), BeckRS 2012, 52446.

sichern kann, doch scheidet eine Sicherung der Wiederbebauung jedenfalls durch die Bestellung von Grunddienstbarkeiten aus, weil diese nur auf ein das Grundstück betreffendes Dulden oder Unterlassen gerichtet sind, nicht aber auf ein Tun. Auch in Bezug auf die Eintragung einer Baulast hatte der Verwaltungsgerichtshof Kassel grundlegende Bedenken, inwieweit so weit reichende Verpflichtungen wie jene zur Bauerhaltung und Wiederherstellung Inhalt einer Baulasterklärung sein können. Aber auch jenseits solcher öffentlich-rechtlicher und privat-rechtlicher Verpflichtungen ist der Bestand der Gebäude nach der Auffassung des Gerichts nicht effektiv gesichert. Im Falle des Abrisses eines Gebäudes oder einer Zerstörung durch Brand bestehe zwar eine Pflicht zur Wiederherstellung, aber dies ist dann, wenn die Grundstückseigentümer finanziell nicht leistungsfähig oder bauunwillig sind, nicht sichergestellt. Außerdem kann nicht angenommen werden, dass es in diesen Fällen angesichts angespannter öffentlicher Haushalte in jedem Fall zu einer Bebauung im Wege der Ersatzvornahme kommt.[141]

Diese Entscheidung ist in mehrfacher Hinsicht nur schwer nachvollziehbar. Zunächst ist anzuführen, dass ein Bebauungsplan zwar an den städtebaulichen Entwicklungsvorstellungen einer Gemeinde in dem betreffenden Plangebiet orientiert sein muss, dass sich dabei aber in aller Regel die angestellten Prognosen im Bereich des Gewerbe-, ebenso wie des Verkehrslärmschutzes an einem Prognosezeitraum von zehn bis 20 Jahren orientiert. Und, dass ein neu errichteter Gebäuderiegel innerhalb eines Zeitraums von 20 Jahren etwa durch Brand vollends zerstört, gleichzeitig der Grundstückseigentümer aber finanziell nicht mehr leistungsfähig oder noch schlimmer, dass er bauunwillig ist und auch die Gemeinde aufgrund finanziell angespannter öffentlicher Haushalte ebenfalls nicht in der Lage ist, eine Ersatzvornahme anzugehen, scheint noch weniger wahrscheinlich zu sein.[142]

Aus hiesiger und wohl auch einhelliger Auffassung im Schrifttum[143] sind die Anforderungen, die der Verwaltungsgerichtshof Kassel an die

141 Vgl. VGH Kassel, a. a. O. (Fn. 126), BeckRS 2012, 52446.

142 In diesem Sinne auch Reidt, a. a. O. (Fn. 125), 213 (221).

143 Vgl. ebenda; Heyn, Lärmschutz und Innenentwicklung, Berliner Schriften zur Stadt- und Regionalplanung, Band 23, Frankfurt am Main, 2014, S. 132; Oerder/Beutling, Bewältigung des Gewerbelärmkonflikts in der Vorhabenzulassung und Bauleitplanung, BauR 2013, 1196 (1208); Upmeier, Schutz vor heranrückender Wohnbebauung, BauR 2011, 413 (413).

rechtliche Sicherung des Umstandseintritts stellt, überhöht und tragen in der Planungspraxis dazu bei, von einer Anwendung der Vorschrift im Falle von Lärmschutzkonflikten eher Abstand zu nehmen.[144] Es ist im Rahmen der Aufstellung, Änderung oder Ergänzung eines Bebauungsplans weder realistisch noch verhältnismäßig zu verlangen, dass vor dem Hintergrund eines zeitlich unbefristeten Planwerks nach seinem Inkrafttreten stattfindende Veränderungen im Plangebiet selbst oder in seiner Nachbarschaft in ihren komplexen öffentlich-rechtlichen sowie privat-rechtlichen Auswirkungen rechtlich dergestalt zu fixieren, dass die umweltbezogene Ausgangssituation dauerhaft erhalten bleibt. Jedenfalls nicht realistisch ist es, solche Forderungen wie sie die Rechtsprechung in Bezug auf die Bauerhaltungs- bzw. Wiederherstellungspflichten verlangt, aufrechterhalten zu wollen. Dies führt in der Planungspraxis dazu, anderen Instrumenten des Lärmschutzes den Vorrang vor Festsetzungen nach § 9 Abs. 2 Satz 1 Nr. 2 BauGB einzuräumen.[145] Anzuführen sind hier in erster Linie städtebauliche Verträge nach § 11 BauGB,[146] Fremdkörperfestsetzungen nach § 1 Abs. 10 BauNVO[147] gegebenenfalls auch in Kombination mit aufschiebend bedingten Festsetzungen[148] oder durch Nebenbestimmungen und Modifikationen zur Baugenehmigung.[149]

III Schutzflächen, aktive und passive Maßnahmen des Lärmschutzes (§ 9 Abs. 1 Nr. 24 BauGB)

Neben der Möglichkeit, auf der Grundlage von § 1 Abs. 4 BauNVO, Emissionskontingente im Bebauungsplan festzusetzen, handelt es sich bei § 9 Abs. 1 Nr. 24 BauGB um die wohl wichtigste Bestimmung des Festsetzungskataloges in § 9 Abs. 1 BauGB, um Lärmschutzkonflikten, die sich

144 Siehe hierzu auch die Kritik bei Mitschang/Reidt, a. a. O. (Fn. 16), § 9 Rn. 167.
145 Vgl. Schrödter, a. a. O. (Fn. 8), § 9 Rn. 237.
146 Vgl. hierzu unten D.
147 Vgl. oben C I 4.
148 Zu Recht: Heyn, a. a. O. (Fn. 143), S. 132; Gaentzsch, a. a. O. (Fn. 22), § 9 Rn. 73d.
149 Vgl. Schrödter, a. a. O. (Fn. 8), § 9 Rn. 250.

aus der Nachbarschaft unterschiedlicher Nutzungen ergeben, begegnen zu können.[150] Sie besteht aus drei alternativen Festsetzungsmöglichkeiten:

- Der Festsetzung von freizuhaltenden Schutzflächen und ihrer Nutzung.
- Der Festsetzung von Flächen für Anlagen und Vorkehrungen zum Schutz gegen schädliche Umwelteinwirkungen.
- Der Festsetzung von aktiven und passiven Lärmschutzmaßnahmen.[151]

Die Anwendung von § 9 Abs. 1 Nr. 24 BauGB bei der Bewältigung von Lärmschutzkonflikten setzt voraus, dass sich die planende Gemeinde mit der Lärmsituation im Plangebiet und seiner Nachbarschaft, insbesondere mit der Frage, bei welcher Immissionsbelastung nach ihrer Auffassung die Zumutbarkeitsschwelle überschritten ist, auseinandergesetzt hat.[152] Mittlerweile hat sich zu jeder der angeführten Festsetzungsalternativen eine durch die Rechtsprechung konturierte Anwendungspraxis etabliert, die einer näheren Betrachtung lohnt.

1 *Freizuhaltende Schutzflächen und ihre Nutzung (§ 9 Abs. 1 Nr. 24 Alt. 1 BauGB)*

1.1 *Allgemeines*

Die erste Festsetzungsalternative erlaubt es der Gemeinde, zur Bewältigung von schädlichen Umwelteinwirkungen[153] im Sinne von § 3 Abs. 1 BImSchG, wie sie durch Lärm hervorgerufen werden können, Schutzflächen im Sinne von „Puffer- oder Abstandszonen“ festzusetzen. Der Lärmkonflikt wird dabei durch räumliche Trennung der konfligierenden Nutzungen erreicht, unabhängig davon, ob die störungsemfindliche Nutzung an die lärmemittierende Nutzung heranrückt oder umgekehrt. Die Schutzfläche selbst ist von Bebauung freizuhalten und es ist grundsätzlich auch anzugeben welche

150 Zur Entstehungsgeschichte, vgl. insbesondere Porger, a. a. O. (Fn. 76), S. 257 ff.; Gierke, in: Brügelmann (Hrsg.), Baugesetzbuch Kommentar, Loseblattsammlung, Stand: Lfg. Februar 2005, § 9 Rn. 437 f. sowie Söfker, a. a. O. (Fn. 21), § 9 Rn. 198.

151 Die entsprechende Darstellungsmöglichkeit im Flächennutzungsplan enthält § 5 Abs. 2 Nr. 6 BauGB.

152 Vgl. OVG Hamburg, Urt. v. 07.06.2012 – 2 E 8/09 – BeckRS 2012, 60825.

153 Daneben werden auch sonstige Gefahren, insbesondere durch Störfallrisiken, erfasst.

Nutzung auf dieser Fläche zulässig ist. Der Gemeinde steht für die festzulegende Flächennutzung ein weiter Spielraum zur Verfügung, mit der Folge, dass sie all jene Nutzungen festlegen kann, die einerseits dem Schutzzweck Rechnung tragen und andererseits zu keiner Verschärfung der Lärmsituation führen. Umgekehrt scheiden aufgrund der Lärmbelastung der Schutzfläche auch solche Nutzungen aus, die selbst vor schädlichen Umwelteinwirkungen zu schützen sind, wie bestimmte Grünflächennutzungen (z. B. Zeltplätze).[154] Das Freihalten von Bebauung ist dabei so zu verstehen, dass sich Menschen, jedenfalls nicht dauerhaft auf der Schutzfläche aufhalten und der Lärmsituation aussetzen dürfen.[155]

Meistens findet für die Festsetzung von Schutzflächen deshalb eine Überlagerung mit anderen Festsetzungen statt. Dabei handelt es sich in der Regel um Grünflächen oder Wasserflächen, Flächen für Aufschüttungen und Abgrabungen sowie land- oder forstwirtschaftlich genutzte Flächen.[156] Wird keine Nutzung festgesetzt, so kommen alle Nutzungen, außer der baulichen, in Betracht.[157] Die Anwendung der ersten Festsetzungsalternative nach § 9 Abs. 1 Nr. 24 BauGB ist regelmäßig flächenintensiv und macht angesichts dessen gleichzeitig deutlich, dass sie für eine Konfliktlösung in Gemengelagen jedenfalls regelmäßig und zur Lösung von bereits bestehenden Lärmkonflikten eigentlich gar nicht geeignet ist.[158]

1.2 Abwägungsdirektive und Schutzflächenumfang

Da die erste Festsetzungsalternative das Ziel der räumlichen Trennung unterschiedlicher Nutzungen durch Einhaltung eines den Lärmkonflikt bewältigenden Abstandes erreichbar werden lässt, kann mittels dieser

---

154 Auch Schrödter, a. a. O. (Fn. 8), § 9 Rn. 181.

155 Vgl. Gierke, a. a. O. (Fn. 150), § 9 Rn. 449.

156 Häufig ist daher in der Planungspraxis eine Überlagerung mit Festsetzungen nach § 9 Abs. 1 Nr. 25 BauGB zu finden. Sollen Anlagen oder Vorkehrungen im Sinne der zweiten oder dritten Festsetzungsalternative ebenfalls festgesetzt werden, bedarf es auch einer überlagernden Festsetzung.

157 Vgl. Gaentzsch, a. a. O. (Fn. 22), § 9 Rn. 62; Bracher, in: ders./Reidt/Schiller (Hrsg.), Bauplanungsrecht, 8. Aufl., Berlin, 2014, Rn. 371.

158 Vgl. BVerwG, Beschl. v. 08.03.2010 – 4 B 76/09 – BeckRS 2010, 47840 Rn. 7 sowie VGH Kassel, Urt. v. 13.01.20111 – 3 A 1987/09 – BeckRS 2011, 48054.

Festsetzungsmöglichkeit dem in § 50 BImSchG verankerten Trennungsgrundsatz[159] in hohem Maße Rechnung getragen werden. Diese Bestimmung stellt für die bauleitplanerische Abwägung eine Abwägungsdirektive dar[160], also kein zwingendes Gebot, so dass der Trennungsgrundsatz vielmehr durch andere Belange von höherem Gewicht überwunden werden kann. Ob sich die Abwägungsdirektive dann in der Abwägung durchsetzt, entscheidet sich erst in einer Bewertung der konkreten Einzelfallumstände.[161] Aus diesen heraus ist auch zu bestimmen, wie groß die einzuhaltenden Schutzflächen sein sollen.

Der Bestimmung selbst kann dazu keine Angabe entnommen werden. Diesbezüglich ist auf technische Regelwerke, Normen und Richtlinien zurückzugreifen. Im Falle schädlicher Umwelteinwirkungen durch Geräusche sind es vor allem die 16. und 18. BImSchV, die DIN 18005, die TA Lärm, die VDI 4109[162] oder die Freizeitlärmrichtlinien der Länder,[163] die als Hilfestellungen herangezogen werden können.[164] Überdies können auch dem nordrhein-westfälischen Abstandserlass umfangreiche Angaben zu Abständen zwischen Industrie- und Gewerbegebieten und störungsempfindlichen Wohngebieten entnommen werden. Aus den jeweiligen technischen Regelwerken, Normen oder Richtlinien kann also ermittelt werden, welchen Umfang die Schutzfläche haben soll. Je geringer die Zumutbarkeitsschwelle desto größeren Umfang hat die Schutzfläche.

---

159 Vgl. oben C I 1 2.

160 Vgl. BVerwG, a. a. O. (Fn. 45), NVwZ 2012, 1338 Rn. 29; BVerwG, a. a. O. (Fn. 39), NVwZ 2010, 1246 (1251) sowie BVerwG, Urt. v. 22.03.2007 – 4 CN 2/06 – BVerwGE 128, 238 (240).

161 Ausnahmen vom Trennungsgrundsatz sind dann zulässig, wenn sichergestellt werden kann, dass von der beabsichtigten Nutzung nur unerhebliche Emissionen ausgehen und städtebauliche Gründe es rechtfertigen, die planerische Vorsorge durch räumliche Trennung zurücktreten zu lassen.

162 Schallschutz im Hochbau.

163 Zur Problematik der Summation unterschiedlicher Lärmeinwirkungen, vgl. OVG Münster, Urt. v. 06.09.2011 – 2 A 2249/09 – BeckRS 2011, 55763.

164 Vgl. Schrödter, a. a. O. (Fn. 8), § 9 Rn. 182.

Bei Schutzflächen handelt es sich um eigenständige Festsetzungen. Sie sind nicht etwa Teil eines Industriegebiets oder umgekehrt des störungsempfindlichen Wohngebiets.[165] Soweit Festsetzungen nach § 9 Abs. 1 Nr. 24, Alt. 1 BauGB im Bebauungsplan getroffen werden, besteht nach § 40 Abs. 1 Satz 1 Nr. 4 BauGB ein Übernahmeanspruch.[166]

Aus der Wirkung als Abwägungsdirektive, aber auch zur Erfüllung der sich aus § 41 BImSchG ergebenden Verpflichtung, können Festsetzungen nach § 9 Abs. 1 Nr. 24 BauGB im Bebauungsplan erforderlich sein. Nach dieser Bestimmung ist beim Bau oder der wesentlichen Änderung öffentlicher Straßen sowie von Eisenbahnen, Magnetschwebebahnen und Straßenbahnen sicherzustellen, dass durch diese keine Lärmbelastungen durch Verkehrsgeräusche hervorgerufen werden können, die nach dem Stand der Technik vermeidbar sind. Diesbezügliche Schutzmaßnahmen betreffen aber regelmäßig nur die aktiven Maßnahmen. Das ergibt sich daraus, dass in solchen Fällen die Gemeinde davon ausgehen kann, dass der Lärmbetroffene den erforderlichen Schutz auch ohne Festsetzung von passiven Schallschutzmaßnahmen im Bebauungsplan über § 42 BImSchG erhalten kann.[167] Denn hiernach hat der Eigentümer einer durch Verkehrslärm betroffenen baulichen Anlage im Falle einer Überschreitung der in der Verkehrslärmschutzverordnung festgelegten Immissionsgrenzwerte gegen den Träger der Baulast einen Anspruch auf angemessene Entschädigung in Geld.[168]

Von der Festsetzung von Schutzflächen wird in der Planungspraxis insbesondere aus zwei Gründen nur wenig Gebrauch gemacht. So ermöglichen es einerseits schon die Gliederungs- und Differenzierungsmöglichkeiten gemäß § 1 Abs. 4 bis 9 BauNVO Baugebiete einander so zuzuordnen und zu gliedern, dass der Abwägungsdirektive Rechnung getragen werden kann. Außerdem gibt es andererseits noch weitere spezialgesetzliche Regelungen, etwa auf dem Gebiet des Fluglärms, die eine Festsetzung nach Alternative 1 nicht

---

165 So zu Recht Porger, a. a. O. (Fn. 76), S. 261; Gierke, a. a. O. (Fn. 150), § 9 Rn. 445; Mitschang/Reidt, a. a. O. (Fn. 16), § 9 Rn. 143; Schrödter, a. a. O. (Fn. 8), § 9 Rn. 180. A. A. Söfker, a. a. O. (Fn. 21), § 9 Rn. 202.

166 Vgl. Gierke, a. a. O. (Fn. 150), § 9 Rn. 451; Schrödter, a. a. O. (Fn. 8), § 9 Rn. 182; Söfker, a. a. O. (Fn. 21), § 9 Rn. 201.

167 Auch Gierke, a. a. O. (Fn. 150), § 9 Rn. 443.

168 Dazu BVerwG, Urt. v. 17.05.1995 – 4 NB 30/94 – NJW 1995, 2572 (2572); dass. Urt. v. 28.01.1999 – 4 CN 5/98 – NVwZ 1999, 1222 (1224).

erforderlich machen.[169] Derlei Festlegungen[170] werden dann als nachrichtliche Übernahme gemäß § 9 Abs. 6 BauGB in den Bebauungsplan aufgenommen.

1.3 Leitbild der Innenentwicklung

In Bezug auf das Leitbild der Innenentwicklung kann dann der erhöhte Flächenverbrauch, der durch die Einhaltung von Schutzabständen regelmäßig erforderlich wird, eine maßgebliche Rolle spielen. In besonderem Maße angesprochen ist hier die in § 1a Abs. 2 BauGB geregelte Bodenschutzklausel, die erst vor kurzem im Rahmen der „Innenentwicklungsnovelle 2013[171]" noch in ihrer Bedeutung gerade in Bezug auf eine Reduzierung der Flächeninanspruchnahme gestärkt worden ist.[172] In vielen Fällen wird daher einer Konfliktbewältigung durch Schutzflächen das Leitbild der Innenentwicklung entgegenstehen. Auch unter nutzungsbezogenen Gesichtspunkten ergeben sich Probleme, da die Schutzflächen nicht für einen dauerhaften Aufenthalt von Menschen geeignet sind und vor dem Hintergrund der bestehenden Verlärmung eine städtebauliche Verwendung dieser Flächen ausscheidet.[173] Auch unter räumlichen Gesichtspunkten würde die Einhaltung von Schutzabständen eher eine Zersiedlung stärken. Daher ist im Rahmen der Bauleitplanung zu prüfen, ob nicht anstelle von Schutzabständen auch technische oder sonstige Schutzvorkehrungen in Betracht kommen und festgesetzt werden können.[174]

---

169 Vgl. Bracher, a. a. O. (Fn. 157), Rn. 370.

170 Vgl. Gaentzsch, a. a. O. (Fn. 22), § 9 Rn. 62; Schrödter, a. a. O. (Fn. 8), § 9 Rn. 182.

171 Gesetz zur Stärkung der Innenentwicklung in den Städten und Gemeinden und weiteren Fortentwicklung des Städtebaurechts v. 11.06.2013 (BGBl. I S. 1548).

172 Vgl. hierzu die Ausführungen bei Mitschang, in: Schlichter/Stich/Driehaus/Paetow (Hrsg.), Berliner Kommentar zum Baugesetzbuch, Loseblattsammlung, Stand: Lfg. Juli 2014, § 1a Rn. 47 sowie 107 ff.

173 Auch Porger, a. a. O. (Fn. 74), S. 262.

174 In diesem Sinne auch BVerwG, Beschl. v. 07.06.2012 – 4 BN 6/12 – ZfBR 2012, 578 (579).

2 *Flächen für Anlagen und Vorkehrungen (§ 9 Abs. 1 Nr. 24 Alt. 2 BauGB)*

2.1 *Allgemeines*

Nach der zweiten Festsetzungsalternative in § 9 Abs. 1 Nr. 24 BauGB können im Bebauungsplan „Flächen für besondere Anlagen und Vorkehrungen zum Schutz gegen schädliche Umwelteinwirkungen und sonstige Gefahren im Sinne des Bundes-Immissionsschutzgesetzes“ festgesetzt werden. Nach dem Wortlaut der Vorschrift geht es ausdrücklich um die „Flächen“, die von Anlagen und Vorkehrungen in Anspruch genommen werden müssen.[175] Die konkreten baulichen oder sonstigen technischen Vorkehrungen sind erst nach der dritten Festsetzungsalternative[176] im Bebauungsplan festsetzbar. Dies führt dann allerdings dazu, dass in der Planungspraxis regelmäßig beide Festsetzungsmöglichkeiten miteinander verknüpft werden.

2.2 *Anlagen und Vorkehrungen*

Zwischen den Begriffen „Anlagen“ und „Vorkehrungen“ ist zu differenzieren.[177] Unter dem Begriff der „Anlagen“ sind ortsfeste[178] bauliche Anlagen und ihnen gleichgestellte Anlagen nach dem Bauordnungsrecht der Länder zu verstehen.[179] Vorkehrungen sind Einrichtungen, die für Zwecke des Immissionsschutzes eingesetzt werden können, unabhängig davon, ob sie bauliche Anlagen sind oder nicht und stellen somit gegenüber Anlagen den Oberbegriff dar. Angesichts dessen sind auch nichtbauliche Anlagen zum Schutz gegen Lärm im Bebauungsplan festsetzbar.[180]

175 Vgl. Gaentzsch, a. a. O. (Fn. 22), § 9 Rn. 63.
176 Hierzu nachfolgend unter C III 3.
177 Siehe hierzu: Porger, a. a. O. (Fn. 76), S. 266 ff.
178 Vgl. Gierke, a. a. O. (Fn. 150), § 9 Rn. 454.
179 Vgl. Schrödter, a. a. O. (Fn. 8), § 9 Rn. 183.
180 Z. B. Anpflanzungen. So auch Schrödter, a. a. O. (Fn. 8), § 9 Rn. 183; Gaentzsch, a. a. O. (Fn. 22), § 9 Rn. 63. A. A. Spannowsky, BeckOK, Baugesetzbuch Kommentar, Stand: 01.10.2015, 32. Edition, § 9 Rn. 104; Söfker, a. a. O. (Fn. 21), § 9 Rn. 205; Gierke, a. a. O. (Fn. 150), § 9 Rn. 455.

2.3 Festsetzung von „Flächen"

Konkret erfasst die Bestimmung in § 9 Abs. 1 Nr. 24 Alt. 2 BauGB die Festsetzung von Flächen für insbesondere Lärmschutzwälle oder -wände bzw. -zäune, Tunnel sowie sonstige Abschirmeinrichtungen als bauliche Anlagen.[181] Es geht bei dieser Festsetzung, die sowohl ergänzend als auch an Stelle von § 9 Abs. 1 Nr. 24 Alt. 1 BauGB getroffen werden kann, gerade nicht um die entsprechenden Lärmschutzeinrichtungen, für die dann eine zusätzliche Festsetzung erforderlich ist.[182] Für sie kann sogar eine flächenbezogene Standortvorsorge getroffen werden, um die erforderlichen Bodenflächen für die Durchführung der Anlagen bzw. Vorkehrungen zu sichern, vor allem, wenn – wie im Rahmen einer Angebotsplanung – die künftigen gewerblichen Industrie- und Gewerbenutzungen noch nicht endgültig feststehen. Dann besteht allerdings die Voraussetzung, dass die erforderlichen Lärmschutzmaßnahmen auch ohne dass eine Festsetzung nach der dritten Festsetzungsalternative getroffen wird, durchsetzbar sind.[183] Im Übrigen ist für § 9 Abs. 1 Nr. 24 Alt. 2 BauGB darauf hinzuweisen, dass ein Übernahmeanspruch nach § 40 Abs. 1 Satz 1 Nr. 4 BauGB besteht.[184]

3 Aktive und passive Schallschutzmaßnahmen (§ 9 Abs. 1 Nr. 24 Alt. 3 BauGB)

3.1 Allgemeines

Nach der dritten Festsetzungsalternative können nun im Bebauungsplan die zum Schutz vor schädlichen Umwelteinwirkungen oder zur Vermeidung oder Minderung dieser zu treffenden baulichen oder sonstigen technischen Vorkehrungen[185] getroffen werden. Im Unterschied zu den beiden anderen

---

181 Im Einzelnen hierzu: BVerwG, Beschl. v. 29.07.2004 – 4 BN 26/04 – BeckRS 2004, 23938; dass., Beschl. v. 04.09.2003 – 4 B 76/03 – BeckRS 2003, 31352671.

182 Vgl. unten C III 3.

183 Hierfür kommt der Abschluss eines städtebaulichen Vertrages in Frage, vgl. dazu unten D.

184 Vgl. Gierke, a. a. O. (Fn. 150), § 9 Rn. 457.

185 Anders als die Festsetzungsalternativen nach § 9 Abs. 1 Nr. 24 Alt. 1 und 2 BauGB können diese keinen Entschädigungs- oder Übernahmeanspruch nach § 40 Abs. 1 Satz 1 Nr. 4 und Abs. 2 BauGB auslösen. Vgl. Schmidt-Eichstaedt, Darstellungen und Festsetzungen zum Lärmschutz, in: Mitschang (Hrsg.),

Festsetzungsalternativen fehlt bei § 9 Abs. 1 Nr. 24 Alt. 3 BauGB der Flächenbezug, so dass derlei Festsetzungen, sowohl auf Schutzflächen als auch auf Flächen für besondere Anlagen und Vorkehrungen zum Schutz vor schädlichen Umwelteinwirkungen getroffen werden können und darüber hinaus auch an sonstigen baulichen Anlagen.[186] Vorkehrungen zum „Schutz" verfolgen dabei das Ziel, dass die schädlichen Umwelteinwirkungen mindestens in ihrer Wirkung eingeschränkt, grundsätzlich aber ausgeschlossen werden. Ein Verzicht auf die Festsetzung von Vorkehrungen kann ebenso abwägungsfehlerhaft sein, wie eine für die Konfliktbewältigung nicht ausreichende.[187] Bei Vermeidungsmaßnahmen sollen die schädlichen Umwelteinwirkungen erst gar nicht entstehen und bei Minderung werden sie zwar nicht vollständig ausgeschlossen, zumindest aber minimiert.

Was nun die baulichen oder sonstigen Vorkehrungen angeht, so ist noch einmal zu differenzieren. Hiervon erfasst werden nämlich die Vorkehrungen an den emittierenden Anlagen selbst (sog. „aktive Schallschutzmaßnahmen") sowie die an den von den Immissionen betroffenen Anlagen oder sonstigen Nutzungen wie etwa der Wohnnutzung (sog. „passive Schallschutzmaßnahmen").[188] Mit den sonstigen technischen Vorkehrungen sind vielmehr bautechnische, jedenfalls nicht produktionstechnische Vorkehrungen, die etwa in Vorgaben für Produktionsabläufe oder für betriebliche Prozesse sowie die Laufzeit von Produktionsbändern bei schallemittierenden Anlagen und Einrichtungen bestehen können, angesprochen.[189] Überhaupt ist es unzulässig, derlei Nutzungsbeschränkungen auf der Grundlage von § 9 Abs. 1 Nr. 24 Alt. 3 BauGB festzusetzen.[190] Dies gilt insbesondere in Bezug auf Festsetzungen zur Regelung von Betriebszeiten,

---

Aktuelle Fach- und Rechtsfragen des Lärmschutzes, Berliner Schriften zur Stadt- und Regionalplanung, Band 9, Frankfurt am Main, 2009, 97 (103); Gierke, a. a. O. (Fn. 150), § 9 Rn. 468.

186 Vgl. Schrödter, a. a. O. (Fn. 8), § 9 Rn. 185.

187 Vgl. Gaentzsch, a. a. O. (Fn. 22), § 9 Rn. 64.

188 Vgl. BVerwG, a. a. O. (Fn. 174), ZfBR 2012, 578 (578 f.), dass., Beschl. v. 07.09.1988 – 4 N 1/87 – NJW 1989, 467 (468 f.).

189 Vgl. Mitschang/Reidt, a. a. O. (Fn. 16), § 9 Rn. 144; Söfker, a. a. O. (Fn. 21) § 9 Rn. 209; Bracher, a. a. O. (Fn. 157), Rn. 373.

190 Vgl. Heilshorn, Schutz vor gewerblichen Immissionen durch passiven Schallschutz?, NVwZ 2009, 137 (139).

Zeiten der An- und Ablieferung,[191] und zwar nicht nur bei emittierenden gewerblichen Anlagen, sondern auch für Sportanlagen und Freizeiteinrichtungen[192] sowie insgesamt zur Dauer von lärmintensiven Arbeiten.[193] Auch nicht möglich ist es – aufgrund der Beschränkung auf bauliche und sonstige technische Vorkehrungen –, in einem Bebauungsplan festzusetzen, dass nur solche Betriebe zulässig sind, die bestehende Betriebe nicht unzumutbar beeinträchtigen und die Immissionsverhältnisse benachbarter Wohngebiete nicht in unzumutbarem Maße verschlechtern.[194]

Von erheblicher Bedeutung bei der Festsetzung von Vorkehrungen nach § 9 Abs. 1 Nr. 24 Alt. 3 BauGB ist das Bestimmtheitsgebot.[195] Bei komplexen Lärmsituationen resultieren daraus erhebliche Anforderungen an die Detaillierung der einzelnen Festsetzungen, so dass dies zu einem überschießenden Regelungsgehalt führen kann. Daher müssen nicht stets bis in die letzte Einzelheit und abschließend bereits im Plan alle baulichen und technischen Vorkehrungen festgesetzt werden. Vielmehr ist es von der Rechtsprechung als ausreichend angesehen worden, wenn auf die Bestimmung der Eigenschaften von baulichen oder technischen Vorkehrungen abgestellt wird. Nicht ausreichend ist es dabei, wenn dies ausschließlich durch Angabe einer Zielvorgabe, etwa eines anzustrebenden Innenraumpegels[196] oder der Schalldämmwirkung[197] zugunsten von Innenräumen erfolgt, sondern zusätzlich muss auch die Schutzvorkehrung angegeben werden, um den Anforderungen des Bestimmtheitsgebots Rechnung tragen zu können. Aufgrund der Komplexität solcher Festsetzungen empfiehlt sich der Gemeinde, eine grundsätzliche Prüfung dergestalt durchzuführen, ob und inwieweit eine Bewältigung des Lärmkonflikts nicht auf das nachfolgende Baugenehmigungsverfahren übertragen werden kann.

---

191 Vgl. VGH Mannheim, Urt. v. 02.08.2012 – 5 S 1444/10 – BeckRS 2012, 57493.

192 Dort insbesondere die Zahl der Veranstaltungen.

193 Siehe hierzu VGH Kassel, Urt. v. 11.12.2012 – 4 C 2052/11 – NVwZ-RR 2013, 349 (351); OVG Lüneburg, Beschl. v. 09.04.2010 – 1 MN 251/09 – BeckRS 2010, 48911; OVG Münster, Urt. v. 21.12.2010 – 2 D 64/08.NE – BeckRS 2011, 45642.

194 Vgl. BVerwG, Urt. v. 14.04.1989 – 4 C 52/87 – NVwZ 1990, 257 (258).

195 Vgl. hierzu oben B III.

196 Vgl. BVerwG, a. a. O. (Fn. 96), NVwZ 1991, 881 (882).

197 Vgl. BVerwG, Beschl. v. 30.01.2006 – 4 BN 55/05 – ZfBR 2006, 355 (356).

3.2 Aktive Schallschutzmaßnahmen

Aktive Schallschutzmaßnahmen sind insbesondere in Lärmschutzwänden, -wällen oder -zäunen[198] sowie in Kombinationen aus ihnen zu sehen.[199] In diesen Fällen ist es zudem erforderlich, auch Angaben zu deren Dimensionierung[200] zu machen. Nur dann kann nämlich eine Aussage zur nach § 41 Abs. 2 BImSchG geforderten Verhältnismäßigkeit der Maßnahme gemacht werden. In gleicher Weise zu betrachten sein dürften auch abschirmende bauliche Anlagen, mit denen, ähnlich wie bei der Errichtung der vorgenannten Anlagen, das Ziel verfolgt wird, Lärmeinwirkungen am Immissionsort zu vermeiden bzw. zu minimieren, in dem ein Hindernis[201] (z. B. ein Gebäude als Riegelbebauung) errichtet werden soll.[202] Insoweit dürfte auch der Einbau von Flüsterasphalt als Maßnahme des aktiven Schallschutzes anzusehen sein.[203] Möglich sind darüber hinaus auch bauliche Maßnahmen an der Emissionsquelle, indem dort besondere Wandstärken bei Außenwänden vorgesehen oder Wandöffnungen in Form von Fenstern oder Türen als unzulässig geregelt werden.

3.3 Passive Schallschutzmaßnahmen

Als passive Schallschutzmaßnahme kann beispielsweise in einem Bebauungsplan die Unzulässigkeit von „schutzwürdigen Aufenthaltsräumen“ wie Schlafräume, Wohnzimmer oder Kinderzimmer festgesetzt werden.[204] Auch etwa der Einbau von Doppel- bzw. Schallschutzfenstern mit schallgedämmten

---

198 Hierbei handelt es sich gleichzeitig um Erschließungsanlagen im Sinne von § 127 Abs. 2 Nr. 5 BauGB, die seit der Innenentwicklungsnovelle 2013 auch Gegenstand eines städtebaulichen Vertrages sein können. Vgl. dazu unten D II 1.2.

199 Vgl. Schrödter, a. a. O. (Fn. 8), § 9 Rn. 183; Söfker, a. a. O. (Fn. 21), § 9 Rn. 205; Wahlhäuser, a. a. O. (Fn. 32), ImmSchR, Rn. 138.

200 Höhe, Länge und Grundfläche.

201 A. A. OVG Münster, Urt. v. 16.10.2003 – 10a B 2515/02.NE – BeckRS 2003, 25479.

202 Befürwortend: Bracher, a. a. O. (Fn. 157), Rn. 373 unter Hinweis auf das Erfordernis der Sicherstellung der Realisierung. Zur Festsetzung von aufschiebend bedingten Baurechten, vgl. unten sowie zu städtebaulichen Verträgen, vgl. unten. Eher verneinend: Schrödter (Fn. 8), § 9 Rn. 187.

203 Vgl. Schrödter, a. a. O. (Fn. 8), § 9 Rn. 185.

204 Vgl. BVerwG, Beschl. v. 26.05.2015 – 4 BN 8/15 – ZfBR 2015, 579.

Lüftungsanlagen[205], sog. „Winterbalkone"[206] oder die immissionshemmende Ausführung von Außenwänden eines Gebäudes[207] sind zulässige Festsetzungsinhalte zur Gewährleistung eines passiven Schallschutzes.

Gerade Festsetzungen zur Ausführung von Außenwänden finden in der Planungspraxis einen häufigen Anwendungsbereich, wenn es um passive Schallschutzmaßnahmen geht, denn das einer Außenwand zuzurechnende Schalldämmmaß wird maßgeblich durch die Stärke der Wand und ihren Aufbau bestimmt. Insoweit einschlägig ist die DIN 4109 „Schallschutz im Hochbau", die dann auch sehr oft im Rahmen von Festsetzungen im Bebauungsplan in Bezug genommen wird. Beispielsweise kann so festgesetzt werden, dass „entsprechend den in der Planzeichnung gekennzeichneten Lärmpegelbereichen, die Außenbauteile eines Gebäudes Schalldämmmaße nach DIN 4109 (Ausgabe November 2013) aufweisen müssen." In diesen Fällen obliegt es dem Bauherrn und seinem Bauvorlageberechtigten unter Zuhilfenahme der DIN 4109 zu bestimmen, welches Schalldämmmaß für den Lärmschutz an seinem Gebäude an Fenstern und Wänden einzuhalten ist. Es ist auch möglich, konkret festzusetzen, welches Schalldämmmaß für die Außenwände herzustellen ist. Es wird auch als zulässig angesehen, wenn dem Bauherrn die Wahlmöglichkeit gelassen wird, er also unter mehreren geeigneten Alternativen des passiven Schallschutzes die für ihn am besten geeignete wählen kann. Gerade mit Blick auf das Übermaßverbot erweisen sich alternative Möglichkeiten als durchaus sinnvoll.[208]

Auch durch eine Festsetzung, die die Anordnung von Räumen im Inneren eines Gebäudes und die ergänzende Verwendung schallschützender Außenbauteile betrifft, kann angemessener Lärmschutz vermittelt werden. Angesichts dieser Festsetzungen wurde es als zulässig angesehen, Wohngebäude an der lärmzugewandten Seite des Gebietes deutlich über den einschlägigen Orientierungswerten liegenden Außenpegeln auszusetzen.[209] Um die Lärmsituation im Bereich einer Gaststätte zu verbessern, wird es beispielsweise auch

205 Vgl. BVerwG, Beschl. v. 07.09.1988 – 3 N 1/87 – BVerwGE 80, 184 (186).
206 Vorgelagerte Räume, die nicht dem dauernden Aufenthalt von Menschen dienen.
207 Vgl. BVerwG, a. a. O. (Fn. 47), BVerwGE 108, 248 (260); dass., a. a. O. (Fn. 174), ZfBR 2012, 578.
208 Vgl. BVerwG, Beschl. v. 02.03.1994 – 4 NB 3/94 – ZfBR 1994, 147 (147).
209 Vgl. BVerwG, a. a. O. (Fn. 160), BVerwGE 128, 238 Rn. 14 f.

als zulässig angesehen, im Bebauungsplan festzusetzen, dass die Ausgänge nur zu einer bestimmten Straße hin gelegen sein dürfen.[210] Gerade im Hinblick auf passive Schallschutzmaßnahmen ist wiederum auf das Bestimmtheitsgebot hinzuweisen.[211] Insoweit ist es als ausreichend anzusehen, wenn Schallschutzfenster sowie der Einbau von Lüftungsanlagen vorgegeben werden. Probleme ergeben sich aber in vielen Fällen bei der zwar zulässigen, aber oftmals unbestimmten Festsetzung von zeichnerischen Lärmpegelbereichen in Verbindung mit unterschiedlichen Schallschutzklassen.[212] So wird in Satz 1 der betreffenden Festsetzung geregelt, dass passive Schallschutzmaßnahmen entsprechend den in der Planzeichnung dargestellten Lärmpegelbereichen an den Außenbauteilen von Aufenthaltsräumen nach DIN 4109 (Schallschutz im Hochbau/ Ausgabe November 1989) zu treffen sind.

Eine Minderung der zu treffenden Schallschutzmaßnahmen ist nach Satz 2 der Festsetzung im Einzelfall zulässig, sofern im Baugenehmigungsverfahren anhand einer schalltechnischen Untersuchung niedrigere Lärmpegelbereiche an einzelnen Gebäudeteilen oder Geschossebenen nachgewiesen werden. Um dem Bestimmtheitsgebot Rechnung zu tragen, ist es vielmehr auch notwendig, die Lärmpegelbereiche genau festzulegen, um aus der Planzeichnung erkennen zu können, welcher Lärmpegelbereich und welche Schallschutzklasse für den einzelnen Grundstückseigentümer maßgeblich sind.[213]

Noch nicht geklärt, aber wohl als zulässig anzusehen, ist die nur beispielhafte, aber nicht abschließend festgesetzte Auflistung von Möglichkeiten, die es dem Grundstückseigentümer bzw. dem Bauherrn überlässt, die geeignete Lärmschutzvorkehrung zu treffen. Voraussetzung für solche Alternativfestsetzungen ist allerdings, dass jedenfalls ihre grundsätzliche Eignung als Schallschutzmaßnahme geklärt und außerdem auch das Maß der Lärmreduzierung vorgegeben sind.[214] Demgegenüber ist die Einrichtung einer Tempo-30-Zone eindeutig weder eine bauliche noch eine technische

---

210 Vgl. OVG Münster, Urt. v. 27.11.2006 – 7 D 118/05 – ZfBR 2007, 351 (354).
211 Ausdrücklich: Wahlhäuser, a. a. O. (Fn. 32), ImmSchR, Rn. 139. Vgl. die grundlegenden Darlegungen oben B III.
212 Vgl. OVG Münster, Urt. v. 05.12.2012 – 7 D 64/10.NE – BeckRS 2013, 47761; dass., Urt. v. 24.10.2012 – 7 D 89 10.NE – BeckRS 2012, 59577.
213 Vgl. Wahlhäuser, a. a. O. (Fn. 32), ImmSchR, Rn. 145.
214 Vgl. auch ebenda, Rn. 143.

Vorkehrung.[215] Aus den gleichen Gründen ist eine Festsetzung unzulässig, nach der im gesamten Bebauungsplangebiet der Einsatz von dieselbetriebenen Lastwagenkühlaggregaten sowie auf bestimmten Flächen der betriebliche Fahrverkehr untersagt sind.[216] Dies gilt auch für die Festsetzung von Emissions- oder Immissionsgrenzwerten,[217] sowohl wenn dadurch Zaunwerte[218] als Summenpegel als auch isolierte Emissions- oder Immissionsgrenzwerte geregelt werden sollen, da sich aus ihnen nicht ergibt, welche Grenzwerte der einzelne Betrieb einhalten muss.[219]

Festsetzungen zum passiven Schallschutz, die in einem als Satzung beschlossenen Bebauungsplan getroffen werden, haben auch erhebliche Bedeutung für den Planvollzug. Sie haben als Regelungen in einer Rechtsnorm Vorrang vor den im Übrigen zu beachtenden untergesetzlichen Regelwerken wie der TA Lärm.[220] Wenn insoweit ein Bebauungsplan, der eine störungsempfindliche Nutzung mit öffenbaren Fenstern in räumlicher Nachbarschaft zu einem lärmemittierenden Betrieb zulässt, Festsetzungen zum passiven Schallschutz enthält, um den Lärmkonflikt zu bewältigen, dann kann eine Baugenehmigung nicht aus dem Grund versagt werden, weil die Immissionsrichtwerte der TA Lärm auf einen Immissionsort vor dem zu öffnenden Fenster abstellen und dort überschritten sind.[221]

---

215 So klar: OVG Koblenz, Urt. v. 23.02.2011 – 8 C 10696/10 – BeckRS 2011, 48791.

216 Vgl. OVG Münster, a. a. O. (Fn. 201), BeckRS 2003, 25479.

217 Vgl. BVerwG, a. a. O. (Fn. 96), NVwZ 1991, 881 (882); dass., Beschl. v. 07.03.1997 – 4 NB 38/96 – NVwZ-RR 1997, 522 (522); dass., a. a. O. (Fn. 15), ZfBR 2000, 266 (267); dass., a. a. O. (Fn. 197), ZfBR 2006, 355 (356 f.).

218 Diese können auch nicht in flächenbezogene Schallleistungspegel umgerechnet werden. Vgl. OVG Lüneburg, Urt. v. 03.07.2000 – 1 K 2107/99 – NVwZ-RR 2001, 499 (500).

219 Vgl. Gierke, a. a. O. (Fn. 150), § 9 Rn. 466. Festsetzungen von flächenbezogenen Schallleistungspegeln sind daher auf dieser Rechtsgrundlage ebenfalls unzulässig. Vgl. zur Möglichkeit der schallschutzbezogenen Kontingentierung oben C I 2.4.

220 Für eine Konfliktbewältigung durch Anwendung der Sonderfallprüfung nach Nr. 3.2.2 der TA Lärm: Rappen/Küas, Neue Herausforderungen für die Innenentwicklung von Städten – Möglichkeiten der Konfliktbewältigung durch passive Schallschutzmaßnahmen, BauR 2013, 674 (679).

221 Vgl. Mitschang/Reidt, a. a. O. (Fn. 16), § 9 Rn. 144; Reidt, Passiver Lärmschutz und TA Lärm – Anmerkungen zu dem Urteil des Bundesverwaltungsgerichts

D Vertragliche Regelungen zum Lärmschutz

I Allgemeine Grundsätze

Mit der Bestimmung über städtebauliche Verträge in § 11 BauGB wird den Gemeinden neben den Darstellungs- und Festsetzungsmöglichkeiten seit dem Inkrafttreten des Investitionserleichterungs- und Wohnbaulandgesetzes[222] im Jahr 1993 ein Instrument des kooperativen Städtebaus flankierend zur Verfügung gestellt. Damit wird das Ziel verfolgt, städtebauliche Anliegen vorzubereiten oder umzusetzen.[223] Für die Gemeinden kann insoweit die eigene Verwaltung entlastet, nicht umlagefähige Aufwendungen eingespart und vor allem solche Planungsziele durchgesetzt werden, die außerhalb der Regelungsmöglichkeiten eines Bebauungsplans liegen. § 11 Abs. 1 Satz 2 BauGB enthält eine nicht abgeschlossene[224] Auflistung möglicher Einsatzbereiche städtebaulicher Verträge:[225]

- § 11 Abs. 1 Satz 2 Nr. 1 BauGB bezieht sich auf städtebauliche Verträge für Aufgabenfelder, die von der Gemeinde selbst wahrzunehmen sind. Im Fokus stehen dabei die Vorbereitung oder Durchführung von städtebaulichen Maßnahmen, insbesondere die Neuordnung der Grundstücksver-

---

vom 29.11.2012 (4 C 8.11), UPR 2013, 166 (169 f.); ders., Beschränkt der Lärmschutz die Innenentwicklung?, in: Mitschang (Hrsg.), Innenentwicklung – Fach- und Rechtsfragen der Umsetzung, Berliner Schriften zur Stadt- und Regionalplanung Band 22, Frankfurt am Main, 2014, 243 (248). A. A. Oerder/Beutling, a. a. O. (Fn. 143), 1196 (1206); Fricke, Zur Bedeutung der TA Lärm im Rahmen der Bebauungsplanung, NVwZ 2015, 650 (652 f.); Heilshorn, a. a. O. (Fn. 190), 137 (139); Kohnen, Schallschutz in der Bauleitplanung – Schutzmaßnahmen gegen Verkehrslärm und Gewerbelärm, in: Spannowsky/Hofmeister (Hrsg.), Umwelt- und energierechtliche Aspekte in der Bauleitplanung – aktuelle Rechtsentwicklungen, Berlin, 2014, 51 (66).

222 Gesetz zur Erleichterung von Investitionen und der Ausweisung und Bereitstellung von Wohnbauland v. 22.04.1993 (BGBl. I S. 466).

223 Vgl. Krautzberger, Der Beitrag der städtebaulichen Verträge zur Lösung von städtebaulichen Problemen des Lärmschutzes, UPR 2009, 213 (213).

224 Vgl. Reidt, in: Battis/Krautzberger/Löhr (Hrsg.), Baugesetzbuch Kommentar, 12. Aufl., München, 2014, § 11 Rn. 12.

225 Dies ergibt sich im Übrigen auch aus § 11 Abs. 4 BauGB, wonach die Zulässigkeit anderer städtebaulicher Verträge unberührt bleibt. Vgl. hierzu Krautzberger, a. a. O. (Fn. 224), 213 (214).

hältnisse, die Bodensanierung und sonstige vorbereitende Maßnahmen, die Erschließung durch nach Bundes- oder Landesrecht beitragsfähige sowie nicht beitragsfähige Erschließungsanlagen, die Ausarbeitung von städtebaulichen Planungen sowie erforderlichenfalls des Umweltberichts.

- § 11 Abs. 1 Satz 2 Nr. 2 BauGB erfasst städtebauliche Verträge über Handlungsverpflichtungen, zu denen sich ein Dritter in Bezug auf die Bauleitplanung gegenüber der Gemeinde bereiterklärt, die ihm aber in der Regel auf hoheitlichem Wege, also über Festsetzungen des Bebauungsplans nach § 9 Abs. 1 BauGB und der § 1 Abs. 4 bis 10 BauNVO, nicht auferlegt werden könnten. Im Mittelpunkt solcher Handlungsverpflichtungen stehen daher die Förderung und Sicherung der mit der Bauleitplanung verfolgten Ziele, insbesondere die Grundstücksnutzung, auch hinsichtlich einer Befristung oder Bedingung, die Durchführung eingriffsrechtlicher Kompensationserfordernisse, die Berücksichtigung baukultureller Belange, die Deckung des Wohnbedarfs von Bevölkerungsgruppen mit besonderen Wohnraumversorgungsproblemen sowie der ortsansässigen Bevölkerung.
- § 11 Abs. 1 Satz 2 Nr. 3 BauGB nimmt städtebauliche Verträge in Bezug, mit denen die Übernahme sog. „Folgekosten“ bei städtebaulichen Maßnahmen geregelt werden kann. Sie betreffen daher solche Kosten und Aufwendungen, die der Gemeinde für städtebauliche Maßnahmen entstehen oder entstanden und die Voraussetzung oder Folge des geplanten Vorhabens sind, einschließlich der Bereitstellung von Grundstücken.
- § 11 Abs. 1 Satz 2 Nr. 4 BauGB erfasst städtebauliche Verträge über die energetische Infrastruktur in Bezug auf die mit städtebaulichen Planungen und Maßnahmen verfolgten Ziele und Zwecke. Insbesondere sind dabei die Errichtung und Nutzung von Anlagen und Einrichtungen zur dezentralen und zentralen Erzeugung, Verteilung, Nutzung oder Speicherung von Strom, Wärme oder Kälte aus erneuerbaren Energien oder Kraft-Wärme-Kopplung anzuführen.
- § 11 Abs. 1 Satz Nr. 5 BauGB ermächtigt zum Abschluss städtebaulicher Verträge in Bezug auf die Energieeffizienz von Gebäuden entsprechend den mit städtebaulichen Planungen und Maßnahmen verfolgten Zielen und Zwecken.

Auch ohne eine besondere Ermächtigungsgrundlage darf eine Gemeinde Verträge abschließen, allerdings dürfen in diesen Fällen Regelungen, die dies oder bestimmte vertragliche Inhalte ausschließen, nicht[226]vorhanden sein. Es liegt grundsätzlich in der Dispositionsfreiheit der beiden Vertragsparteien, ob sie einen städtebaulichen Vertrag abschließen wollen oder nicht.

§ 11 Abs. 1 Satz 1 BauGB erlaubt es zunächst den Gemeinden, städtebauliche Verträge abzuschließen. Gleichzeitig hebt § 11 Abs. 1 Satz 2 Nr. 1 BauGB hervor, dass die Verantwortung der Gemeinde für das gesetzliche Planaufstellungsverfahren unberührt bleibt. Die Gemeinde darf also die zu treffenden förmlichen Beschlüsse nicht etwa vertraglich auf einen Dritten (einen Investor) übertragen und sich dadurch ihrer Aufgabe entledigen.[227] Dem entspricht auch die in § 1 Abs. 3 Satz 2 BauGB enthaltene Bestimmung, dass ein Anspruch auf die Aufstellung eines Bauleitplans oder einer sonstigen städtebaulichen Satzung durch einen städtebaulichen Vertrag nicht begründet werden darf. Eine Verpflichtung der Gemeinde gegenüber einem privaten Dritten einen Bebauungsplan aufzustellen oder auch auf seine Aufstellung zu verzichten, ist damit unzulässig.[228] Ein Dritter kann nur neutraler Verwaltungshelfer sein, mit dessen Zuarbeit[229] sich die Gemeinde nicht nur befassen, sondern diese auch zu eigen machen muss, um eine ordnungsgemäße Planungsentscheidung sicherzustellen.

II Anwendungsbereiche vertraglicher Regelungen zum Lärmschutz

Auch in Bezug auf lärmschutzbezogene Fragestellungen können städtebauliche Verträge dienlich gemacht werden. Der beispielhaften Auflistung entsprechend, ist der Anwendungsbereich städtebaulicher Verträge sehr vielfältig.[230] Nicht alle der vorangehend aufgeführten Fallkonstellationen

---

226 Einen Sonderfall stellt hier der Durchführungsvertrag im Sinne von § 12 BauGB dar, der zwingend abgeschlossen werden muss, wenn ein vorhabenbezogener Bebauungsplan aufgestellt wird.

227 Vgl. Bönker, a. a. O. (Fn. 64), BauLeitPL, Rn. 118.

228 Vgl. BVerwG, Beschl. v. 28.12.2005 – 4 BN 40/05 – UPR 2006, 159.

229 Die Grenzen einer Aufgabenübertragung ergeben sich aus § 4b BauGB.

230 Vgl. z. B. Krautzberger, Einsatzfelder städtebaulicher Verträge für die planerische Konfliktbewältigung, in: Mitschang (Hrsg.), Gerüche, Feinstaub und Gefahrstoffe in der Bauleitplanung und bei der Zulassung von Bauvorhaben, Berliner Schriften zur Stadt- und Regionalplanung Band 18, Frankfurt am Main,

städtebaulicher Verträge haben unmittelbare Bedeutung für die Bewältigung von Lärmkonflikten. Insbesondere gilt dies für die Regelungsbeispiele in § 11 Abs. 1 Satz 2 Nr. 4 und 5 BauGB. Sie werden daher im Rahmen der weiteren Betrachtungen nicht näher verfolgt.

1 Vorbereitung und Durchführung städtebaulicher Maßnahmen

Nach § 11 Abs. 1 Satz 2 Nr. 1 BauGB können die Vorbereitung oder Durchführung städtebaulicher Maßnahmen durch den Vertragspartner auf eigene Kosten übernommen werden. Dazu gehören mit Blick auf die Bewältigung von Lärmkonflikten auch die Erschließung durch nach Bundes- oder Landesrecht beitragsfähigen sowie nicht beitragsfähigen Erschließungsanlagen, die Ausarbeitung von städtebaulichen Planungen sowie erforderlichenfalls des Umweltberichts.

1.1 Herstellung der Erschließung

Die Herstellung der Erschließung hat nur insoweit einen sachlichen Zusammenhang mit dem Lärmschutz als entsprechende Schutzanlagen wie Lärmschutzwände, -wälle oder -zäune von der Gemeinde zu errichten sind. Nach § 127 Abs. 2 Nr. 5 BauGB sind „Anlagen zum Schutz von Baugebieten gegen schädliche Umwelteinwirkungen im Sinne des Bundes-Immissionsschutzgesetzes“ den Erschließungsanlagen zuzurechnen, auch wenn sie nicht Bestandteil der Erschließungsanlagen sind.

Zwar ist der Gemeinde die Erschließungslast[231] zugewiesen, doch bedeutet dies nicht, dass die Gemeinde die Erschließungsanlagen auch zwingend selbst herstellen muss. Sie kann die Durchführung der Erschließung vielmehr auf der Grundlage von § 11 Abs. 1 Satz 2 Nr. 1 BauGB auf einen Dritten übertragen.[232] Vor dem Inkrafttreten der Innenentwicklungsnovelle 2013 enthielt § 124 BauGB-alt[233] eine Bestimmung über den Erschließungsvertrag

---

2011, 205 (207 ff.); Reidt, Städtebaulicher Vertrag und Durchführungsvertrag im Lichte der aktuellen Rechtsentwicklung, BauR 2008, 1541 (1541 ff.).

231 Vgl. § 123 BauGB.

232 Ausführlich Grziwotz, in: Ernst/Zinkahn/Bielenberg/Krautzberger (Hrsg.), Baugesetzbuch Kommentar, Loseblattsammlung, Stand: 110. Lfg., August 2013, § 124 Rn. 1 ff.

233 Baugesetzbuch i. d. F. der Bek. v. 23.09.2004 (BGBl. I S. 2414) zul. geänd. d. G. v. 22.07.2011 (BGBl. I S. 1509).

in Bezug auf die erstmalige Herstellung von nach Bundes- oder nach Landesrecht beitragsfähigen sowie nicht beitragsfähigen Erschließungsanlagen, die der Baureifmachung von Grundstücken im jeweiligen Erschließungsgebiet dienten. Die darüber hinausgehende Erschließung „im weiteren Sinne“, also durch Einrichtungen des Gemeinbedarfs wie Schulen, Kindergärten oder Kindertagesstätten (sog. „Folgeeinrichtungen“), aber auch die Verbesserung und Erweiterung schon vorhandener Erschließungsanlagen wurden hiervon nicht erfasst. Maßgeblich für eine vertragliche Übertragung war hier und ist auch noch nach der Innenentwicklungsnovelle 2013 die Bestimmung über städtebauliche Verträge in § 11 BauGB. Nunmehr fallen alle vorangehend angeführten Erschließungsmaßnahmen unter § 11 Abs. 1 Satz 2 Nr. 1 und Nr. 3 BauGB, denn bei ihnen geht es um die Vorbereitung oder Durchführung von städtebaulichen Maßnahmen.

Wenngleich sowohl nach Bundes- oder Landesrecht beitragsfähige sowie nicht beitragsfähige Erschließungsanlagen seither in den Anwendungsbereich von § 11 BauGB fallen, muss die Gemeinde in Bezug auf die beitragsfähigen Erschließungsanlagen[234] eine Regimeentscheidung treffen.[235] Dies ist deshalb erforderlich, weil die Gemeinde nur dann, wenn sie die Erschließung in Eigenregie[236] durchführt, den ihr entstandenen Aufwand nach Maßgabe von § 127 ff. BauGB durch die Erhebung von Erschließungsbeiträgen oder durch die Erhebung von Beiträgen nach den Kommunalabgabengesetzen der Länder auf die Grundstückseigentümer umlegen kann.[237] Außerdem hat die Gemeinde die Möglichkeit, bei einer in Eigenregie durchgeführten Erschließungsmaßnahme die ihr entstandenen oder noch entstehenden Kosten oder sonstigen Aufwendungen im Rahmen eines Kostenübernahmevertrages[238] zu übertragen. Macht die Gemeinde aber von der Übertragung

234 Vgl. § 127 Abs. 2 BauGB.

235 Vgl. Reidt, a. a. O. (Fn. 225), § 11 Rn. 21; Quaas/Kukk, in: Schrödter (Hrsg.), Baugesetzbuch Kommentar, 8. Aufl., Baden-Baden, 2015, § 11 Rn. 48.

236 Wird die Erschließung in Fremdregie, also auf der Grundlage eines mit einem Dritten abgeschlossenen Erschließungsvertrags durchgeführt, kann sie allerdings eine Kostenvereinbarung über einen beitragsfähigen Erschließungsaufwand vertraglich darin begründen. Vgl. BVerwG, Urt. v. 30.01.2013 – 9 C 11/11 – NVwZ-RR 2013, 479 (480).

237 Vgl. BVerwG, Urt. v. 05.09.1975 – IV C 2/73 – BeckRS 1975, 31295439.

238 Zu den Anforderungen, vgl. unten D II 3.

der Erschließung auf einen Dritten nach § 11 Abs. 1 Satz 2 Nr. 1 BauGB Gebrauch, kann sie weder Erschließungsbeiträge auf der Grundlage von § 127 ff. BauGB erheben noch auf die Beitragserhebung auf der Grundlage der Kommunalabgabengesetze der Länder zurückgreifen.

1.2 Ausarbeitung städtebaulicher Planungen

§ 11 Abs. 1 Satz 2 Nr. 1 BauGB sowie § 11 Abs. 1 Satz 2 Nr. 3 BauGB erlauben eine vertragliche Übertragung spezifischer Leistungen an Private, die mit der Ausarbeitung städtebaulicher Planungen sachlich zusammenhängen. Dies betrifft sowohl die Ausarbeitung der Planung auf eigene Kosten als auch diejenigen Kosten, die entstehen, wenn die Gemeinde eine entsprechende Beauftragung vornimmt. Dabei geht es im Wesentlichen um die rein technische Durchführung der städtebaulichen Planung, wie die Erstellung von Gutachten zum Lärmschutz, aber auch die Erstellung eines städtebaulichen Planungskonzepts sowie seiner Umsetzung in einem Bebauungsplanentwurf, die Erstellung des Umweltberichts als integralen Bestandteil der Begründung sowie um die Behandlung von Stellungnahmen von Behörden einschließlich sonstiger Träger öffentlicher Belange und der Öffentlichkeit.[239] Im Rahmen der Umweltprüfung[240] findet eine gebündelte Erfassung und Bewertung aller Umweltbelange und damit auch der Belange des Lärmschutzes statt. Im Umweltbericht werden die ermittelten und voraussichtlich erheblichen Umweltauswirkungen beschrieben und bewertet. Dabei sind auch sonstige Pläne des Immissionsschutzrechts zu berücksichtigen, etwa Lärmminderungs- und Lärmaktionspläne.[241]

Was die Kostenübernahme angeht, so ist auf zwei wichtige Aspekte hinzuweisen:

239 Vgl. § 2 Abs. 4, § 2a Satz 2 Nr. 2 i. V. m. den §§ 3 bis 4c BauGB.

240 Vgl. § 2 Abs. 4 Satz 1 BauGB.

241 Vgl. hierzu § 2 Abs. 4 Satz 6 i. V. m. § 1 Abs. 6 Nr. 7g BauGB sowie die Ausführungen bei Scheidler, Pläne des Immissionsschutzrechts als Abwägungsbelang für die Bauleitplanung, BauR 2012, 439 (443 f.); ders., Bindung der Gemeinden an Pläne des Wasser-, Abfall- und Immissionsschutzrechts im Rahmen der Bauleitplanung?, KommJur 2012, 241 (245 f.) sowie Blaschke, Lärmminderungsplanung, Schriften zum Umweltrecht, Band 168, Berlin, 2010, S. 369 ff.

- Zur in § 11 Abs. 1 Satz 2 Nr. 1 BauGB angesprochenen Kostenübernahme durch den Vertragspartner ist zunächst anzuführen, dass neben dem allgemeinen Koppelungsverbot und dem Gebot der Angemessenheit auch noch § 11 Abs. 1 Satz 2 Nr. 3 BauGB von Bedeutung ist, da der in beiden Bestimmungen in Bezug genommene Begriff der „städtebaulichen Maßnahme“ jeweils im gleichen Sinne zu verstehen ist.[242] Um Unklarheiten im Verhältnis von § 11 BauGB-alt und § 124 BauGB-alt zu vermeiden, wurde im Rahmen der Innenentwicklungsnovelle 2013 eine Regelungsänderung vorgenommen, nach der die spezielle Vorschrift über Erschließungsverträge[243] aufgehoben wurde, mit der Folge, dass nunmehr nicht nur die Erschließungsverträge im Sinne des § 124 BauGB-alt, sondern auch die mit der Erschließung verbundenen Folgekostenverträge oder sonstigen Vertragsgestaltungen unter § 11 Abs. 1 Satz 2 Nr. 1 oder Nr. 3 BauGB fallen.[244] Sowohl die Durchführung der Umweltprüfung als auch die Erstellung des Umweltberichts, in dessen Rahmen auch die Belange des Lärmschutzes zu ermitteln, zu beschreiben und zu bewerten sind, kann durch einen städtebaulichen Vertrag auf einen Dritten übertragen werden.[245]
- Außerdem können nach § 11 Abs. 1 Satz 2 Nr. 1 oder Nr. 3 BauGB nur die Kosten solcher Maßnahmen übernommen werden, die Voraussetzung oder Folge des Vorhabens sind, das der Vertragspartner der Gemeinde realisieren möchte (sog. „Kausalitätserfordernis“[246]). Das betrifft in erster Linie die vollen oder anteiligen verwaltungsinternen Personal- und Sachkosten der Gemeinde, soweit sie sich auf die städtebauliche Planung der Gemeinde beziehen und eben ganz oder teilweise dem Vorhaben des Privaten zuzurechnen sind. Demgegenüber sind die Kosten, die sich aus der hoheitlichen Tätigkeit der Gemeinde ergeben (z. B. der Aufwand für Ratssitzungen[247]) ebenso wie pauschale Kosten etwa für die gesamte

---

242 Vgl. Reidt, a. a. O. (Fn. 225), § 11 Rn. 13.
243 Siehe hierzu auch BVerwG, Urt. v. 01.12.2010 – 9 C 8/09 – BVerwG 138, 244.
244 Vgl. oben D II 1.1 und D II 3.
245 Vgl. etwa Krautzberger, a. a. O. (Fn. 224), 213 (214).
246 Vgl. hierzu unten D II 3.
247 Vgl. Reidt, in: Bracher/ders./Schiller, Bauplanungsrecht, 8. Aufl., Berlin, 2014, Rn. 1112.

Planaufstellung, die sich nicht an konkreten Leistungen oder Kosten der Gemeinde orientieren lassen, nicht vertraglich übertragbar.[248]

2 *Förderung und Sicherung von Planungszielen*

Lärmschutzkonflikte treten nicht nur im Zusammenhang mit Gewerbegebieten oder einzelnen gewerblichen Anlagen auf, sondern oftmals auch in Bezug auf technische, soziale und kulturelle Infrastruktureinrichtungen. Mit der Förderung und Sicherung von Planungszielen ist unter den Gesichtspunkten des Lärmschutzes ein weites, im zentralen planungspraktischen Interesse gelegenes Feld angesprochen, das durch sog. „Planungsverträge“[249] oder auch „bebauungsplanbegleitende Verträge“ besetzt wird.[250]

§ 11 Abs. 1 Satz 2 Nr. 2 BauGB erfasst zunächst städtebauliche Verträge über die Grundstücksnutzung, durch die eine Gemeinde ihren Vertragspartner verpflichten kann, sich an die Festsetzungen des Bebauungsplans (etwa in Bezug auf den Lärmschutz) zu halten, und zwar in der Regel vor der Aufstellung eines entsprechenden Bebauungsplans und unter Angemessenheitsgesichtspunkten.[251] Außer einer solchen Bindung wird mit Verträgen nach Nr. 2 weiterhin das Ziel verfolgt, entweder die durch einen Bebauungsplan gestalteten Nutzungsmöglichkeiten einzuschränken oder um andere Anforderungen zu ergänzen. Strukturell muss dabei allerdings nach der Art der vertraglichen Regelung differenziert werden, denn nur im Hinblick auf die Zulässigkeit von sog. „festsetzungsergänzenden Vereinbarungen“[252] besteht weithin Einigkeit. Festsetzungsergänzende Vereinbarungen kommen dann in Frage, wenn – wie häufig vorkommend – nicht alle zur Bewältigung

---

248 BVerwG, Urt. v. 25.11.2005 – 4 C 15/04 – BVerwGE 124, 385 (392). Zur Notwendigkeit einer vertraglichen Risikoverteilung im Falle des Scheiterns einer Planung, vgl. OVG Koblenz, Urt. v. 18.12.2014 – 8 A 10642/14.OVG – BauR 2015, 801 (803 f.).

249 Vgl. Krautzberger, in: Ernst/Zinkahn/Bielenberg/ders. (Hrsg.), Baugesetzbuch Kommentar, Loseblattsammlung, Stand: 110. Lfg., August 2013, § 11 Rn. 131 ff.

250 Herrschende Auffassung, vgl. etwa Reidt, a. a. O. (Fn. 225), § 11 Rn. 45.

251 Vgl. zu den rechtlichen Anforderungen an städtebauliche Verträge genauer unten.

252 Vgl. Reidt, in: Battis/Söfker/Stüer (Hrsg), Nachhaltige Stadt- und Raumentwicklung, Festschrift Krautzberger, München, 2008, 203 (205).

auftretenden Konflikte im Bebauungsplan selbst durch seine Festsetzungen gelöst werden können. Regelmäßig ergibt sich dies aus den bestehenden Schranken der Festsetzungsmöglichkeiten nach § 9 Abs. 1 BauGB. Oftmals ist dies auch nicht wirklich sinnvoll, weil dadurch einerseits der Regelungsumfang des Bebauungsplans überfrachtet und andererseits in dem der Bebauungsplanung nachfolgenden Genehmigungsverfahren regelmäßig vom Instrument der Befreiung Gebrauch gemacht werden müsste, soweit sich jedenfalls ein Änderungsbedarf gegenüber dem Bebauungsplan einstellt.

So kann die Gemeinde in städtebaulichen Verträgen mit privaten Vereinbarungen treffen, die über die Festsetzungen eines Bebauungsplans hinausgehen, um die von ihr verfolgten städtebaulichen Zielsetzungen zu verwirklichen. Beispiele[253] hierfür sind zunächst Regelungen zum Betriebsablauf oder über zeitliche Beschränkungen, die das Be- und Entladen von Läden in der Nachbarschaft von Wohnnutzungen, Nutzungszeiten von Sportstätten oder von Freizeiteinrichtungen[254], die Durchführung von Schalldämmmaßnahmen oder Beschränkungen des Verkehrsaufkommens[255] betreffen. Außerdem kann es aufgrund der Ziele, die eine Gemeinde mit ihrer Bauleitplanung verfolgt, erforderlich sein, dass über bestehende Lärmschutzstandards wie etwa der TA Lärm hinausgegangen werden muss, um sie erreichbar werden zu lassen.[256] Ebenso kann etwa ein Gewerbebetrieb sich dazu verpflichten, Lärmschutzvorkehrungen dergestalt zu treffen, dass an einem genau zu definierenden Punkt (Zaunwert[257]) spezifische Lärmwerte nach der TA Lärm nicht überschritten werden dürfen.[258] Dies lässt sich nicht mit Hilfe des Festsetzungskatalogs in § 9 Abs. 1 BauGB bewältigen. Die gebotene Bewältigung

---

253 Ausführlich und instruktiv: Bunzel/Coulmas/Schmidt-Eichstaedt, Städtebauliche Verträge – ein Handbuch, 4. Aufl., Berlin, 2013, S. 188 ff.

254 Vgl. etwa Schrödter/Kuras, Aktuelle Entwicklungen beim Freizeitlärmschutz, NdsVBl. 2009, 329 (329).

255 Vgl. Quaas/Kukk, a. a. O. (Fn. 236), § 11 Rn. 46.

256 Siehe Krautzberger, a. a. O. (Fn. 224), 213 (214).

257 Zur Unzulässigkeit von Zaunwerten als Summenpegel: BVerwG, a. a. O. (Fn. 96), NVwZ 1991, 881 (882 f.); dass., a. a. O. (Fn. 218), NVwZ-RR 1997, 522 (522); dass., a. a. O. (Fn. 15), ZfBR 2000, 266 (267); dass., a. a. O. (Fn. 197), ZfBR 2006, 355 (356 f.).

258 Vgl. Birk, Städtebauliche Verträge, 5. Aufl., Stuttgart, 2013, S. 272; Krautzberger, a. a. O. (Fn. 224), 213 (215).

des Lärmkonflikts erfolgt dann auf vertraglicher Grundlage durch festsetzungsergänzende Vereinbarungen.

Städtebauliche Verträge auf der Grundlage von § 11 Abs. 1 Satz 2 Nr. 2 BauGB können auch dafür herangezogen werden, um die mit einer städtebaulichen Planung oder Maßnahme verfolgten Ziele unter Heranziehung einer Befristung oder Bedingung der baulichen Nutzung erreichbar werden zu lassen. Eine entsprechende Festsetzungsmöglichkeit im Bebauungsplan vermittelt § 9 Abs. 2 BauGB, insbesondere mit Blick auf die danach möglichen, aufschiebend bedingten Festsetzungen.[259] In diesen Fällen kann der städtebauliche Vertrag mit Blick auf die konkrete städtebaulich zu bewältigende Fragestellung festsetzungsergänzend eingesetzt werden.

Damit ist gleichzeitig eine für die Planungspraxis wichtige Problemstellung angesprochen, die das grundsätzliche Verhältnis von Festsetzungen eines Bebauungsplans zu Regelungen in städtebaulichen Verträgen betrifft und dabei insbesondere die Frage aufwirft, ob durch vertragliche Regelungen eine Ersetzung von bauleitplanerischen Festsetzungen vorgenommen werden kann. Insoweit könnte etwa[260] auf § 1a Abs. 3 Satz 4 BauGB Bezug genommen werden. Hierbei handelt es sich um eine in der Planungspraxis sehr häufig vorgenommene Fallgestaltung, bei der zur Bewältigung der eingriffsrechtlichen Anforderungen an einen Bebauungsplan vertragliche Vereinbarungen zu einzelnen Kompensationsmaßnahmen getroffen werden. Ihren rechtlichen Hintergrund findet diese Vorgehensweise in § 1a Abs. 3 Satz 4 BauGB. Hiernach wird geregelt, dass an Stelle von Darstellungen oder Festsetzungen auch vertragliche Regelungen nach § 11 BauGB getroffen werden können.[261] Allerdings wird dies durch § 1a Abs. 3 Satz 4 BauGB ausdrücklich legitimiert, so dass die Frage offen bleibt, wie mit anderen Festsetzungsmöglichkeiten verfahren werden kann, wenn eine solche Legitimierung nicht besteht. Insoweit angesprochen sind also diejenigen Fälle, in denen zwar eine Festsetzungsmöglichkeit in § 9 Abs. 1

---

259 Genauer hierzu schon oben unter C II. auch unter Anführung von Anwendungsfällen.

260 Vgl. auch die Befristung oder Bedingung von Baurechten. Genauer oben C II.

261 Allerdings ist dann jeweils ergänzend auch eine grundbuchliche Sicherung, regelmäßig in der Form einer Grunddienstbarkeit, in Bezug auf die Rechtsnachfolge erforderlich. Darauf weisen Bunzel/Coulmas/Schmidt-Eichstaedt, a. a. O. (Fn. 254), S. 164 zu Recht hin.

BauGB enthalten ist, aber durch eine vertragliche Vereinbarung zu mehr Flexibilität in der Bewältigung des Lärmkonflikts verholfen werden soll. Bei derlei vertraglichen Regelungen handelt es sich dann um festsetzungsersetzende Vereinbarungen.[262] Diese dürften auch grundsätzlich zulässig sein, gleichwohl sind auch ihnen Grenzen gesetzt.[263] Vor diesem Hintergrund dürfte es etwa unzulässig sein, wenn durch vertragliche Vereinbarungen das gemeindliche Planungsziel unterlaufen, die Zweckbestimmung eines Baugebiets nicht gewahrt,[264] über den Bebauungsplan hinaus zusätzliches Baurecht, ein erweitertes Nutzungsrecht geschaffen[265] oder wie im Falle einer niedersächsischen Gemeinde, der Bebauungsplan durch einen Vertrag vollständig ersetzt wird.[266] Gleichwohl kann es im Einzelfall schwierig sein, die Grenzen festsetzungsersetzender Vereinbarungen zu bestimmen. Jedenfalls dürfen städtebauliche Verträge weder an die Stelle der bauleitplanerischen Entwicklungs- und Ordnungsfunktion treten noch dürfen sie die Bauleitplanung zu einer lediglich formalen Hülle verkommen lassen.[267] Dies gilt auch für zivilrechtliche Verträge, wenn etwa ein Vertrag geschlossen würde, in dem sich der Eigentümer eines Wohngrundstücks für sich und seine Rechtsnachfolger dazu verpflichtet, in Bezug auf aus einem in der Nachbarschaft ansässigen Betrieb resultierende Immissionen auf sämtliche Unterlassungs- oder Abwehransprüche zu verzichten. Ein solcher Vertrag würde gegen das aus dem Abwägungsgebot abgeleitete Gebot der Konfliktbewältigung verstoßen, denn der Konflikt ist durch die vertragliche

---

262 Vgl. OVG Berlin-Brandenburg, Urt. v. 22.09.2011 – 2 A 8/11 – BeckRS 2012, 45009; OVG Lüneburg, Urt. v. 08.03.2012 – 12 LB 244/10 – ZfBR 2012, 371 (372 f.) sowie Reidt, a. a. O. (Fn. 253), 203 (205 f.).

263 Vgl. Quaas/Kukk, a. a. O. (Fn. 236), § 11 Rn. 38; Reidt, Bebauungsplanbegleitende städtebauliche Verträge, UPR 2008, 410 (414); ders. a. a. O. (Fn. 231), 1541 (1544); Bunzel/Coulmas/Schmidt-Eichstaedt, a. a. O. (Fn. 154), S. 164.

264 Vgl. Reidt, a. a. O. (Fn. 225), § 11 Rn. 45.

265 Vgl. Birk, in: Battis/Söfker/Stüer (Hrsg.), Nachhaltige Stadt- und Raumentwicklung, Festschrift Krautzberger, München, 2008, S. 169 (177).

266 Vgl. OVG Lüneburg, a. a. O. (Fn. 263), ZfBR 2012, 371 (372 f.).

267 Die vollständige „Flucht ins Vertragsrecht" wird als unzulässig angesehen. Vgl. ebenda, 371 (373). Ebenso: Reidt, a. a. O. (Fn. 231), 1541 (1543) sowie Krautzberger, a. a. O. (Fn. 250), § 11 Rn. 166.

Regelung nicht gelöst.[268] Aber auch andere Aspekte, wie die Beteiligung der Öffentlichkeit, der Behörden und der Träger öffentlicher Belange, aber auch der Normencharakter des Bebauungsplans, der von Dritten gerichtlich angegangen werden kann, zeigen in solchen Fällen auf eine Unvereinbarkeit mit dem Recht der Bauleitplanung hin. Auch soweit ein gesetzliches Vorrangverhältnis zugunsten von bauleitplanerischen Festsetzungen weder in Bezug auf festsetzungsergänzende noch auf festsetzungsersetzende Vereinbarungen besteht, wird es auf den planerischen Einzelfall ankommen[269] und insoweit geklärt werden müssen, inwieweit durch vertragliche Regelungen vergleichbar zu Festsetzungen im Bebauungsplan, nämlich dauerhaft und sicherstellend mit Wirkung für Dritte, eine Bewältigung des Lärmkonfliktes stattfindet. Aus diesem Grund liegt die Bedeutung von vertraglichen Vereinbarungen in erster Linie in einer festsetzungsflankierenden Funktion.[270]

3 Übernahme von Kosten und sonstigen Aufwendungen

Nach § 11 Abs. 1 Satz 2 Nr. 3 BauGB können Kosten oder sonstige Aufwendungen, die der Gemeine durch die Aufstellung von Bebauungsplänen entstehen oder entstanden sind, auf private Investoren vertraglich übertragen werden. Das schließt auch den Aufwand für die Bereitstellung von gemeindlichen Grundstücken ein.[271] Allerdings unterliegt auch ein solcher Kostenübernahmevertrag bestimmten Voraussetzungen. Ein Vertragsabschluss ist nur zulässig, wenn es um Maßnahmen geht, die Voraussetzung oder Folge des geplanten Vorhabens sind, also mit diesem in einem sachlichen Zusammenhang[272] stehen.[273] Es besteht somit ein uneingeschränktes

---

268 Zu Einzelfällen, wo der Verzicht auf Abwehransprüche dennoch zulässigerweise, allerdings im Rahmen einer Grunddienstbarkeit begründet werden können, vgl. Bunzel/Coulmas/Schmidt-Eichstaedt, a. a. O. (Fn. 254), S. 165.

269 Vgl. ebenda, S. 164.

270 Auch Dirnberger, in: Jäde/ders./Weiß (Hrsg.), Baugesetzbuch Kommentar, 7. Aufl., Stuttgart, 2013, § 11 Rn. 64; Birk, a. a. O. (Fn. 261), S. 260 ff.; Bönker, a. a. O. (Fn. 64), BauLeitPL, Rn. 118.

271 Im Einzelnen Bunzel, Finanzierung städtebaulicher Folgeinvestitionen als Gegenstand städtebaulicher Verträge, DVBl. 2011, 796.

272 Vgl. auch § 56 VwVfG.

273 Kosten, die die Gemeinde selbst hätte, sind dabei nicht abwälzbar.

Kausalitätserfordernis,[274] bei dem die für die städtebauliche Maßnahme entstehenden oder auch entstandenen Kosten mit dem begünstigten Vorhaben kausal verknüpft sind.[275] Im Übrigen ist es erforderlich, dass die Folgemaßnahmen auch in zeitlicher Hinsicht im Zusammenhang mit dem begünstigten Vorhaben stehen, doch ist dies einerseits von der Art der Folgemaßnahme, andererseits vom Einzelfall abhängig. Es besteht jedenfalls nicht die Voraussetzung, dass die städtebauliche Maßnahme und das sie auslösende Vorhaben in demselben Baugebiet liegen. Vielmehr kann auf ein von der Gemeinde beschlossenes baugebietsübergreifendes Gesamtkonzept, wie ein städtebauliches Lärmminderungskonzept, zurückgegriffen werden.

§ 11 Abs. 1 Satz 2 Nr. 3 BauGB stellt eine Nr. 1 ergänzende Regelung dar. Während § 11 Abs. 1 Satz 2 Nr. 1 BauGB die Durchführung städtebaulicher Maßnahmen auf einen Privaten zu übertragen ermöglicht, erfasst Nr. 3 die vertragliche Übertragung der Kosten, die der Gemeinde selbst bei der Durchführung der Maßnahmen entstehen oder entstanden sind. Hierunter fallen Aufwendungen für städtebauliche Planungen und Maßnahmen, wie für der Allgemeinheit dienende Anlagen und Einrichtungen, aber auch die Kosten[276] für die Erschließung durch nach Bundes- oder Landesrecht beitragsfähige[277] Erschließungsanlagen wie Lärmschutzwände und -wälle einschließlich der von der Gemeinde hierfür bereitgestellten Grundstücke,[278] auch wenn die Gemeinde die Erschließung in Eigenregie durchführt.[279]

---

274 Vgl. BVerwG, Urt. v. 16.05.2000 – 4 C 4/99 – BVerwGE 111, 162.

275 Nicht ausreichend ist es demgegenüber, wenn die städtebauliche Maßnahme dem Vorhaben nur zu Gute kommt, sondern sie muss zwingend Voraussetzung oder Folge sein. Vgl. Reidt, a. a. O. (Fn. 248), Rn. 1127.

276 Allerdings scheidet ein Kostenübernahmevertrag ab dem Zeitpunkt aus, an dem die Beitragspflicht entstanden ist.

277 Vgl. Reidt, a. a. O. (Fn. 225), § 11 Rn. 55; Grziwotz, in: Ernst/Zinkahn/Bielenberg/Krautzberger (Hrsg.), Baugesetzbuch Kommentar, Loseblattsammlung, Stand: Lfg. August 2013, § 11 Rn. 314; Bunzel/Coulmas/Schmidt-Eichstaedt, a. a. O. (Fn. 254), S. 251 f. m. w. N. A. A. Quaas/Kukk, a. a. O. (Fn. 236), § 11 Rn. 47; Driehaus, in: Schlichter/Stich/ders./Paetow (Hrsg.), Berliner Kommentar zum Baugesetzbuch, Loseblattsammlung, Stand: Lfg. Mai 2014, § 123 Rn. 20.

278 § 11 Abs. 2 Satz 3 BauGB stellt klar, dass dabei eine Eigenbeteiligung der Gemeinde nicht erforderlich ist.

279 Vgl. Reidt, a. a. O. (Fn. 248), Rn. 1126.

III Rechtliche Anforderungen an städtebauliche Verträge

Städtebauliche Verträge unterliegen spezifischen rechtlichen Anforderungen. Grob zusammengefasst stellen sie sich im Wesentlichen wie folgt dar:[280]

- Städtebauliche Verträge bedürfen nach § 11 Abs. 3 BauGB der Schriftform, soweit nicht eine andere Form durch Rechtsvorschriften vorgesehen ist.[281] Eine Besonderheit liegt vor, wenn der städtebauliche Vertrag eine Verpflichtung zum Erwerb oder zur Veräußerung von Grundstücken oder von grundstücksgleichen Rechten enthält. In diesen Fällen kann die Schriftform durch die notarielle Beurkundung ersetzt werden[282], und zwar unabhängig davon, ob der betreffende Vertrag als öffentlich-rechtlich oder als privatrechtlich eingeordnet wird.[283]
- Soweit von Vorwegbindungen Gebrauch gemacht wird, müssen diese inhaltlich dem bauleitplanerischen Abwägungsgebot entsprechen und die gemeindliche Zuständigkeit muss gewahrt sein. Damit soll dem planungspraktischen Erfordernis Rechnung getragen werden, dass die Vorbereitung städtebaulicher Vorhaben durch private Investoren in einem bestimmten Umfang auch Absprachen mit der Gemeinde notwendiger Weise mit sich bringt oder gegenseitige Verpflichtungen zum Ergebnis hat, die zwar sachlich gerechtfertigt und auch mit dem Abwägungsgebot vereinbar sein müssen.[284]
- Eine weitere Anforderung an städtebauliche Verträge besteht gemäß § 11 Abs. 2 BauGB darin, dass die in ihnen vereinbarten Leistungen den Gesamtumständen nach angemessen sein müssen. Das Angemessenheitsgebot geht auf das aus dem Rechtsstaatsprinzip abgeleitete Übermaßverbot zurück. Wie das Koppelungsverbot ist auch das Angemessenheitsgebot für öffentlich-rechtliche Verträge verfahrensrechtlich verankert, und zwar

---

280 Vgl. ausführlich: Reidt, a. a. O. (Fn. 225), § 11 Rn. 72 ff.; Bunzel/Coulmas/Schmidt-Eichstaedt, a. a. O. (Fn. 254), S. 41 ff.; Krautzberger, a. a. O. (Fn. 224), 213 (213 f.).

281 Vgl. hierzu: Reidt, a. a. O. (Fn. 248), Rn. 1059 f.

282 Dies gilt auch für die Bestellung von Erbbaurechten (vgl. § 11 Abs. 2 ErbbauRG i. V. m. § 311b BGB).

283 So BVerwG, Urt. v. 17.07.2001 – 4 B 24/01 – NVwZ 2002, 473 (474).

284 Schon früh BVerwG, Urt. v. 05.07.1974 – IV C 50/72 – BVerwGE 45, 309 (316).

in § 56 Abs. 2 VwVfG[285]. Maßgeblich sind hier einerseits der Regelungsgegenstand, andererseits die konkreten Umstände des Einzelfalls. Dabei darf jedenfalls kein klares Missverhältnis[286] zu Lasten des privaten Vertragspartners bestehen.[287]

- Eine Vereinbarung ist unzulässig, wenn auf die vereinbarte Leistung ohnehin ein Anspruch besteht.[288] Letzteres ist Ausdruck des sog. Koppelungsverbotes, einer auf der Grundlage des Verwaltungsverfahrensrechts fußenden Regelung in § 56 Abs. 1 Satz 2 VwVfG, wonach Leistung und Gegenleistung in einem sachlichen Zusammenhang stehen müssen. Die Gründe müssen sich also aus einem sachlichen Zusammenhang mit dem Vorhaben des Vertragspartners der Gemeinde ergeben, also nicht beliebig sein, und zwar jenseits des Angemessenheitsgebots, welches für sich genommen erfüllt werden muss.[289]
- Schließlich ist noch auf das in § 11 Abs. 1 Satz 2 Nr. 3 BauGB geregelte Kausalitätsprinzip hinzuweisen, wonach für Verträge über die „Übernahme von Kosten" die Voraussetzung besteht, dass diese der Gemeinde für städtebauliche Maßnahmen entstehen und Voraussetzung oder Folge des geplanten Vorhabens sind.[290]

E Rechtliche Anforderungen bei der Verwendung von DIN-Normen

Vielfach wird im Rahmen der Bewältigung von Lärmschutzkonflikten, insbesondere bei Festsetzungen zum passiven Schallschutz, im Bebauungsplan auf

---

285 Verwaltungsverfahrensgesetz i. d. F. der Bek. v. 23.01.2003 (BGBl. I S. 102) zul. geänd. d. G. v. 25.07.2013 (BGBl. I S. 2749).

286 Zu planungspraktischen Einzelaspekten, vgl. hierzu insbesondere Reidt, a. a. O. (Fn. 248), Rn. 1067 ff.

287 Vgl. BVerwG, Urt. v. 29.01.2009 – 4 C 15/07 – BVerwGE 133, 85.

288 Städtebauliche Verträge sind kein Wunschkonzert. So zu Recht: Bönker, a. a. O. (Fn. 64), BauLeitPL Rn. 120.

289 Im Einzelnen: Bunzel/Coulmas/Schmidt-Eichstaedt, a. a. O. (Fn. 254), S. 43 f.

290 Siehe auch hierzu § 56 Abs. 1 Satz 1 und 2 VwVfG.

DIN-Normen verwiesen.[291] Dann ergibt sich aus dem Rechtsstaatsprinzip,[292] dass förmlich gesetzte Rechtsnormen verkündet[293] werden müssen, da die Verkündung selbst einen integrierten Teil der rechtsförmlichen Rechtsetzung darstellt und insoweit eine Geltungsbedingung darstellt.[294]

Für den Bebauungsplan und seine Festsetzungen hat dies weitreichende Bedeutung, denn er wird von der Gemeinde als Satzung erlassen, ist daher auch den förmlich gesetzten Rechtsnormen zuzuordnen und bedarf insoweit auch der Verkündung. Allerdings stößt die Verkündung eines Bebauungsplans aufgrund der regelmäßig einen erheblichen Umfang in Anspruch nehmenden textlichen Festsetzungen in einem Amtsblatt, der Tageszeitung oder sonst einem Bekanntmachungsorgan auf Schwierigkeiten, so dass für Bebauungspläne § 10 Abs. 3 Satz 5 BauGB an der Stelle der sonst für Satzungen vorgeschriebenen Veröffentlichung die sog. „Ersatzverkündung" vorsieht. Danach tritt die Bekanntmachung der Genehmigung bzw. des Satzungsbeschlusses, soweit eine Genehmigung des Bebauungsplans nicht erforderlich ist, zusammen mit dem Hinweis darauf, wo der Bebauungsplan eingesehen werden kann, an die Stelle der Veröffentlichung. Nach § 10 Abs. 3 Satz 2 BauGB ist der Bebauungsplan dann mit der Begründung zu jedermanns Einsicht bereit zu halten und auf Verlangen ist Auskunft über seinen Inhalt zu geben. Schließlich muss in der Bekanntmachung des Bebauungsplans gemäß § 10 Abs. 3 Satz 3 BauGB noch darauf hingewiesen werden, wo der Bebauungsplan eingesehen werden kann.

In der Planungspraxis war es seit jeher üblich, Lärmschutzkonflikte bewältigende Festsetzungen zu treffen und dabei auch auf Inhalte von DIN-Vorschriften Bezug zu nehmen, selbst wenn diese für die Öffentlichkeit nicht zugänglich waren, weil einerseits die Öffentlichkeit keinen unmittelbaren Zugang zu diesen Regelungen hat und andererseits auch dem betreffenden

---

291 Kritisch zum Umgang mit DIN-Normen: Wächter, Der Umgang mit privaten Normen (DIN etc.) am Beispiel des Baurechts, NVwZ 2013, 1251 ff.

292 Zu den Anforderungen an die Veröffentlichung von Bebauungsplänen, vgl. BVerfG, Beschl. v. 22.11.1983 – 2 BvL 25/81 – NVwZ 1984, 430 (431).

293 Verkündung bedeutet regelmäßig, dass die Rechtsnormen der Öffentlichkeit in einer Weise förmlich zugänglich gemacht werden, dass die Betroffenen sich verlässlich Kenntnis von ihrem Inhalt verschaffen können. So BVerwG, Beschl. v. 29.07.2010 – 4 BN 21/10 – NVwZ 2010, 1567 Rn. 9.

294 Vgl. Wahlhäuser, a. a. O. (Fn. 32), ImmSchr Rn. 146.

Bebauungsplan die jeweilige Norm, auf die er in seinen Festsetzungen verweist, auch nicht beigefügt wurde. Und dies sogar in den Fällen, in denen die Anwendung der DIN-Vorschrift sogar erforderlich war, um die Zulässigkeit eines Vorhabens im Geltungsbereich des Bebauungsplans bestimmen zu können. Zwar ist in der Rechtsprechung der Oberverwaltungsgerichte[295] vereinzelt auf das Publizitätserfordernis von DIN-Normen hingewiesen und in der Folge der betreffende Bebauungsplan für unwirksam erklärt worden, doch blieb die grundsätzliche Zulässigkeit eines Verweises auf eine DIN-Vorschrift im Zusammenhang mit einer Festsetzung des Bebauungsplans dabei unberührt. Im Falle eines Bebauungsplans, in dem eine nordrhein-westfälische Gemeinde Festsetzungen zum Lärmschutz getroffen und dabei einen Verweis auf eine DIN-Vorschrift vorgenommen hat, wurde schließlich das Bundesverwaltungsgericht mit Anforderungen, die an einen Verweis im Bebauungsplan auf eine DIN-Vorschrift zu stellen sind, konfrontiert.[296] Die Festsetzung des Bebauungsplans lautete: „An den mit den Lärmpegelbereichen gekennzeichneten Baugrenzen müssen bei Errichtung, Änderung oder Nutzungsänderung des Gebäudes in den nicht nur vorübergehend zum Aufenthalt von Menschen vorgesehenen Räumen die Anforderungen an das resultierende Schalldämmmaß gemäß den ermittelten und ausgewiesenen Lärmpegelbereichen nach DIN 4109 erfüllt werden.“ Außerdem enthält der betreffende Bebauungsplan auch noch folgenden Hinweis, dass die der Planung zugrunde liegenden Vorschriften (Gesetze, Verordnungen, Erlasse und DIN-Vorschriften) bei der Gemeinde eingesehen werden können. Im Rahmen einer Nichtzulassungsbeschwerde hat dann das Bundesverwaltungsgericht[297] zum Verweis auf eine DIN-Vorschrift in den Festsetzungen eines Bebauungsplans Stellung genommen und diesbezüglich ausgeführt: „Bestimmt erst eine in den textlichen Festsetzungen eines Bebauungsplans in Bezug genommene DIN-Vorschrift, unter welchen Voraussetzungen bauliche Anlagen im Plangebiet zulässig sind, ist den rechtsstaatlichen Anforderungen an die Verkündung von Rechtsnormen genügt, wenn die Gemeinde sicherstellt, dass die Betroffenen von der DIN-Vorschrift verlässlich und in

---

295 Vgl. z. B. OVG Koblenz, Urt. v. 04.07.2006 – 8 C 11709/05 – ZfBR 2007, 57 (58).

296 Vgl. OVG Münster, Urt. v. 25.01.2010 – 7 D 110/09.NE – BeckRS 2010, 47542.

297 Vgl. BVerwG, a. a. O. (Fn. 294), NVwZ 2010, 1567 Rn. 11 f.

zumutbarer Weise Kenntnis erlangen können." In diesem Zusammenhang hebt das Bundesverwaltungsgericht weiterhin hervor, dass dies unabhängig davon gilt, ob der Plangeber eine Regelung insgesamt mit dem Ergebnis der Anwendung der DIN-Vorschrift überlässt oder ob er zwar dem Grunde nach selbst bestimmt, welchen Anforderungen die baulichen Anlagen genügen müssen, aber erst der Verweis auf die DIN-Vorschrift ergibt, nach welchen Methoden und Berechnungsverfahren der Inhalt der Anforderungen im Einzelnen zu ermitteln ist.[298] Denn die Planbetroffenen können im zuletzt angeführten Fall gerade nicht dem Bebauungsplan, sondern erst in der Verbindung mit der DIN-Vorschrift, entnehmen, welche Anforderungen im Einzelnen der Plan an die Zulassung von Gebäuden stellt. Und auch, wenn der Bebauungsplan selbst die Lärmpegelbereiche festlegt, ist noch nicht abschließend bestimmt, welche Schalldämmmaße in den jeweiligen Lärmpegelbereichen gewährleistet werden müssen, weil die an sie gerichteten Anforderungen nicht ohne Weiteres aus der Tabelle 8 der DIN 4109, sondern erst aus einer Anwendung der Nrn. 5.2 bis 5.4 dieser Vorschrift in Verbindung mit den Tabellen 8 bis 10 entnommen werden können.

Wenn also eine Festsetzung des Bebauungsplans zur Bewältigung von Lärmschutzkonflikten eine DIN-Vorschrift in Bezug nimmt und dadurch abschließend bestimmt, unter welchen Voraussetzungen ein Vorhaben im Plangebiet zulässig ist, genügt allein die Bekanntmachung des Bebauungsplans den Anforderungen an die Verkündung von Rechtsnormen nicht. Vielmehr muss die Gemeinde sicherstellen, dass die Betroffenen von der in Bezug genommenen DIN-Vorschrift verlässlich und in zumutbarer Weise Kenntnis erlangen können.[299] Das kann sie durch Bereithalten der DIN-Vorschrift bei der Verwaltungsstelle bewirken, bei der der Bebauungsplan eingesehen werden kann.[300] Auf der Bebauungsplanurkunde ist hierauf hinzuweisen.[301]

---

298 Vgl. ebenda, 1567 Rn. 12.

299 Ausnahmen für den Fall, dass sich der vom Bebauungsplan betroffene Personenkreis signifikant anders zusammensetzt als derjenige, der in einer Vielzahl von Bebauungsplänen planunterworfen ist, scheiden aus Gründen der Rechtssicherheit aus. So BVerwG, Beschl. v. 05.12.2013 – 4 BN 48/13 – ZfBR 2014, 158 (159).

300 Vgl. BVerwG, a. a. O. (Fn. 294), NVwZ 2010, 1567 Rn. 13.

301 Dies setzt natürlich voraus, dass die DIN-Norm, auf die verwiesen wird, auch wirklich vorliegt, und zwar in einem vom Beuth-Verlag erworbenen Exemplar.

Dann kann jeder, der den Bebauungsplan einsehen will, auch von der in Bezug genommenen DIN-Vorschrift Kenntnis nehmen. Wird hiergegen verstoßen, so liegt ein Fehler im Sinne von § 214 Abs. 1 Nr. 4 BauGB vor, der allerdings in einem ergänzenden Verfahren geheilt und der Bebauungsplan rückwirkend in Kraft gesetzt werden kann.[302] Vor diesem Hintergrund ist auch die Nennung einer DIN-Vorschrift in einem von der Gemeinde im Verwaltungsverfahren eingeholten schalltechnischen Gutachten als Verfehlung der rechtsstaatlichen Anforderungen an die Verkündung anzusehen.[303] Demgegenüber wird es für ausreichend angesehen, wenn in der Bekanntmachung selbst nicht auf eine DIN-Norm hingewiesen wird, diese aber eingesehen werden konnte.[304]

F Fazit

Die vorangehend gemachten Ausführungen verdeutlichen, dass die Bewältigung von Lärmkonflikten zwischen schutzbedürftigen und lärmemittierenden Nutzungen keine einfach zu lösende Aufgabe im Rahmen von kommunalen Bauleitplanungen darstellt. Insbesondere die sowohl durch den Festsetzungskatalog des § 9 BauGB und die Gliederungs- und Differenzierungsmöglichkeiten in § 1 Abs. 4 bis 10 BauNVO zur Verfügung gestellten Möglichkeiten lärmschutzbezogene Festsetzungen nach unterschiedlichen rechtlichen Anforderungen zu treffen, stellt die Planungspraxis immer wieder vor große Probleme. Dies zeigt nicht nur die umfangreiche sondern vor allem auch sehr differenzierte Rechtsprechung. Insoweit erleichternd wäre sicherlich eine Öffnung des Festsetzungskatalogs in § 9 BauGB auch für die Festsetzung von Lärmgrenzwerten. Der nur durch die Rechtsprechung eröffnete Weg über die „besonderen Bedürfnisse und Eigenschaften von Betrieben und Anlagen" im Sinne von § 1 Abs. 4 Satz 1

Dabei ist zu berücksichtigen, dass solche DIN-Normen ebenso wie andere Regelwerke von privaten Vereinigungen nur entgeltlich vertrieben werden und insoweit nur eingeschränkt zugänglich sind. Auch Schrödter, a. a. O. (Fn. 8), § 9 Rn. 193.

302 So bereits OVG Münster, Urt. v. 21.05.2012 – 10 D 145/09.NE – BeckRS 2012, 23958.

303 Vgl. BVerwG, Beschl. v. 30.09.2014 – 4 B 49/14 – ZfBR 2015, 61 (62).

304 Vgl. OVG Koblenz, Urt. v. 08.06.2011 – 1 C 11199/10 – BeckRS 2011, 52083.

Nr. 2 BauNVO stellt nur einen „steinigen Notweg“ dar, der aufgrund der bestehenden Anforderungen an die Festsetzung von immissionswirksamen flächenbezogenen Schallleistungspegeln in vielen Fällen zur Unwirksamkeit von Bebauungsplänen führt. Zwar kann dort, wo den Gemeinden für die beabsichtigte städtebauliche Entwicklung ein Vertragspartner zur Verfügung steht, flankierend auf den städtebaulichen Vertrag und damit auf gegenüber dem Festsetzungskatalog oftmals flexiblere vertragliche Regelungen zurückgegriffen werden, doch setzt dies voraus, dass es zu einem Vertragsabschluss kommt. In vielen Planungsfällen scheidet diese Möglichkeit aber aus, weil es sich entweder um eine Vielzahl von Grundstückseigentümern handelt, so dass vertragliche Vereinbarungen ausscheiden oder es wird ein Angebotsbebauungsplan aufgestellt, bei dem von vornherein noch unklar ist, welche Grundstücksnutzung mit welchem Emissionspotenzial sich überhaupt entwickeln wird. Im Übrigen dürfte auch gerade unter dem Aspekt der Innenentwicklung und der insoweit einschlägigen Rechtsprechung zur Anwendung der TA Lärm bei gewerblichen Anlagen der Bauleitplanung und den insoweit zur Verfügung stehenden Möglichkeiten zur Festsetzung aktiver und passiver Schallschutzmaßnahmen künftig mehr Bedeutung beizumessen sein. Diesbezüglich sollte darüber nachgedacht werden, eine neue Festsetzungsmöglichkeit im Sinne eines „Lärmakzeptanzwertes“ in der Nachbarschaft von bereits vorhandenen gewerblichen und industriellen Anlagen und Einrichtungen zu schaffen, durch dessen Festsetzung für heranrückende lärmempfindliche Nutzungen geregelt wird, dass die insoweit stattfindenden Grundstücksnutzungen eine Lärmbelastung bis zur Höhe des Akzeptanzwertes zu dulden haben.

Bernhard Haaß

Eigentumsrechtliche Schranken bei der Festsetzung von Grünflächen

Abstract Die Festsetzung privater Grünflächen im Bebauungsplan ist städtebaulich nur dann erforderlich, wenn das rechtfertigende städtebauliche Ziel auch erreicht werden kann. Die dazu oftmals erforderlichen flankierenden Festsetzungen dürfen aber nicht so weit gehen, dass sie das Ziel konterkarieren. Vor allem erfordert eine ordnungsgemäße Abwägung einen gerechten Belangausgleich und ein ausgewogenes Belastungsverhältnis.

The designation of private green spaces in the binding zoning plan is justified only if the urban planning purpose can actually be reached. This may require additional planting orders, which may not be expanded so far as to having contradictory impact. Mainly, a duly weighed balance of public and private interests requires just compensation and a fair share of the burden.

1. Festsetzungsprogramm

Bei der Festsetzung einer Grünfläche im Bebauungsplan gemäß § 9 Abs. 1 Nr. 15 BauGB[1] ist zugleich festzusetzen, ob es sich um eine öffentliche oder eine private Grünfläche handeln soll.[2] Die im Gesetz aufgeführten besonderen Zweckbestimmungen, wie Parkanlagen, Dauerkleingärten, Sport-, Spiel-, Zelt- und Badeplätze sowie Friedhöfe enthalten nur Beispiele, so dass auch andere Bestimmungen möglich sind.

Es ist vor allem eine Frage der städtebaulichen Erforderlichkeit, ob eine solche besondere Zweckbestimmung erfolgen muss. Wird nur eine „Grünfläche" festgesetzt, muss der betreffende Bereich grundsätzlich frei von fester Bebauung, insbesondere geschlossenen Gebäuden bleiben und durch naturbelassene oder angelegte, mit Pflanzen bewachsene oder zumindest

1 Baugesetzbuch (BauGB) in der Fassung der Bekanntmachung v. 23. September 2004 (BGBl. I S. 2414), zuletzt geändert durch Art. 118 d. VO v. 31. August 2015 (BGBl. I S. 1474).

2 Anmerkung zu Ziffer 9 der Anlage zur PlanZV; Vgl. BVerwG, Beschl. v. 21.07.2011 – 4 BN 10/11 – juris, Rn. 5.

dem Aufenthalt im Freien dienende, Flächen geprägt sein.[3] Tatsächlich bestehende oder vorgesehene Bebauungen können einer solchen Festsetzung entgegenstehen, was insbesondere bei der Planung einer auch als Festplatz nutzbaren Fläche oder bei der Sicherung bzw. Entwicklung eines Kinderbauernhofs oder eines Sportplatzes zu beachten ist. Je nach besonderer Zweckbestimmung der Grünfläche dürfen aber untergeordnete Anlagen oder Einrichtungen zugelassen werden, wie beispielsweise Kinderspielgeräte im Garten, ein kleines Sanitärgebäude auf einem Zeltplatz oder die Kapelle auf dem Friedhof.[4] Regelmäßig ist daher zu empfehlen, von der Möglichkeit Gebrauch zu machen und eine besondere Zweckbestimmung festzusetzen.

Wie jede andere bauleitplanerische Festsetzung bedarf auch die Ausweisung von Grünflächen städtebaulicher Gründe, was im Rahmen von § 1 Abs. 6 BauGB auch Umweltbelange erfasst.[5] Die städtebauliche Begründung kann aber Folgen haben für das notwendige Festsetzungsprogramm: Erforderlich im Sinne von § 1 Abs. 3 Satz 1 BauGB ist eine Planung nur, wenn ihre Verwirklichung in absehbarer Zeit nicht unmöglich ist. Je nach städtebaulichem Ziel der Festsetzung einer Grünfläche kann diese ergänzende Maßnahmefestsetzungen nach § 9 Abs. 1 Nr. 20 und Nr. 25 BauGB erforderlich machen. Diese Vorschriften erlauben der Gemeinde Flächen oder Maßnahmen zum Schutz, zur Pflege und zur Entwicklung von Boden, Natur und Landschaft (Nr. 20) oder Bindungen für Bepflanzungen und deren Erhaltung (Nr. 25) festzusetzen.

Auch dabei muss die Gemeinde jedoch die Umsetzbarkeit der Bestimmungen prüfen. Nr. 20 erschöpft sich in der Festsetzung von Flächen oder Maßnahmen, ohne dass das Gesetz zu hoheitlicher Erzwingbarkeit ermächtigt. Diese könnte sich zwar aus einem städtebaulichen Vertrag ergeben, den ein Eigentümer aber nicht abschließen wird, wenn die Festsetzung seinen Interessen widerspricht. Demgegenüber können die Pflanzgebote nach Nr. 25 hoheitlich gemäß § 178 BauGB durchgesetzt werden, allerdings mit

3 Vgl. OVG Münster, Urt. 04.07.2012 – 10 D 29/11 – juris, Rn. 34.

4 Vgl. Mitschang/Reidt, in: Battis/Krautzberger/Löhr (Hrsg.), Baugesetzbuch, Kommentar, 12. Aufl., München 2014, § 9 Rn. 85.

5 Vgl. OVG Koblenz, Urt. v. 12.07.2012 – 1 C 11236/11 – juris, Rn. 37 f.

dem Risiko, dass die Gemeinde dem Eigentümer eine Entschädigung nach § 41 Abs. 2 BauGB zahlen muss.

Andererseits sind ergänzende Maßnahmefestsetzungen nach Nr. 20 und 25 zu Lasten privater Grünflächen nicht nur auf ihre Erforderlichkeit und hinreichende Bestimmtheit, sondern auch auf ihre Vollzugsfähigkeit und ihre Widerspruchsfreiheit zur Zweckbestimmung der Grünfläche zu prüfen. Wird eine private Grünfläche als „Park“ oder „Garten“ festgesetzt, muss dem Nutzungsberechtigten die Gestaltung und Nutzung im Rahmen des Üblichen im Wesentlichen selbst bestimmbar bleiben.[6] Erfordern die mit dem Plan verfolgten naturschutzfachlichen Ziele, dass die Fläche im Wesentlichen natürlicher Sukzession ohne menschliche Einwirkungen überlassen werden soll (z. B. „waldartig und altholzreich“), bleibt privater Gestaltungskraft kein Raum. Das setzt sich in Widerspruch zur Bestimmung als „Park“ oder „Garten“ und führt zur Unzulässigkeit der Festsetzung.

2. Vollzugsfähigkeit

Auch wenn der Einwand unzulässiger „Negativplanung“ bei der Festsetzung privater Grünflächen naheliegt, unterliegt er zumeist einem Fehlverständnis. Es reicht, wenn die Planung zur Verwirklichung einer hinreichend konkreten planerischen Konzeption sinnvoll und vernünftig ist. Nicht erforderlich ist ein Plan zum einen dann, wenn er nur Zielen dient, für deren Verwirklichung die Planinstrumente des Baugesetzbuch nicht bestimmt sind, wenn also die im Aufstellungsbeschluss dargestellten Planungsüberlegungen der Gemeinde offensichtlich nur vorgeschoben sind.[7] Dabei ist nur die objektiv fassbare Seite des Abwägungsvorganges maßgeblich, auf die subjektiven Motive der einzelnen Gemeinderäte kommt es nicht an.[8] Eine derartige „Negativplanung“ wird ein seltener Ausnahmefall bleiben.

Für die Praxis relevanter ist ein anderer Einwand gegen die städtebauliche Erforderlichkeit von Festsetzungen. Ein Plan ist auch dann nicht erforderlich, wenn er nicht vollzugsfähig ist, wenn also die Verwirklichung des

---

6 Vgl. OVG Saarlouis, Urt. v. 26.02.2013 – 2 C 424/11 – juris, Rn. 44.

7 Vgl. OVG Berlin-Brandenburg, Beschl. v. 14.06.2010 – 10 S 27/09 – juris, Rn. 24.

8 Vgl. BVerwG, Beschl. v. 15.10.2002 – 4 BN 51/02 – juris, Rn. 10 unter Bezug auf § 214 Abs. 3 Satz 2 HS 2 BauGB.

Plans aus rechtlichen oder tatsächlichen Gründen auf absehbare Zeit nicht möglich ist.[9] Das ist gerade für die Festsetzung privater Grünflächen genau zu prüfen, können doch, wie oben zu Ziffer 1 gezeigt, einerseits zu wenig ergänzende Maßnahmefestsetzungen die Erreichung des städtebaulichen Ziels hindern, als auch andererseits überschießende Maßnahmebestimmungen zu einer widersprüchlichen und daher unzulässigen Planung führen.

Die Vollzugsfähigkeit einer Grünflächenfestsetzung ist auch darauf zu prüfen, ob äußere Einwirkungen eine Verwirklichung des Planungsziels überhaupt zulassen. Dient die festgesetzte Grünfläche als „Hausgarten“ oder „Kleingarten“ hauptsächlich der Erholung im Freien, darf die Fläche nicht ungeschützt erheblichem Verkehrslärm ausgesetzt sein, weil sie dann die städtebaulich bezweckte Erholungsfunktion nicht wahrnehmen kann.[10]

3. Abwägung

Eine ordnungsgemäße Abwägung erfordert einen gerechten Ausgleich und ein ausgewogenes Verhältnis der privaten und öffentlichen Belange (§ 1 Abs. 7 BauGB). Die Festsetzung einer privaten Grünfläche, zumal mit Maßnahmebestimmungen, berührt die privaten Eigentümerbelange erheblich, vor allem, wenn bisheriges Bauland „herabgezont“ wird. Dann ist das private Interesse am Erhalt bestehenden Baurechts mit dem öffentlichen Neuordnungsinteresse abzuwägen. Zwar muss der Eigentümer grundsätzlich hinnehmen, dass ihm eine möglicherweise rentablere Nutzung des Grundstücks künftig verwehrt wird. Das Eigentumsgrundrecht schützt nicht die einträglichste Nutzung des Eigentums. Bei der Ausgestaltung des Eigentums sind dem Gesetzgeber und der vollziehenden Verwaltung jedoch grundrechtliche Schranken gesetzt. Der Gesetzgeber muss die schutzwürdigen Interessen des Eigentümers einerseits und die Belange des Gemeinwohls andererseits in einen gerechten Ausgleich und ein ausgewogenes Verhältnis bringen. Die Sozialpflicht ist nicht nur Grund, sondern auch die Grenze für Inhaltsbeschränkungen des Eigentums. Der Kernbereich der Eigentumsgarantie darf nicht ausgehöhlt werden, zu dem sowohl die Privatnützigkeit als

---

9 Vgl. VGH Kassel, Urt. v. 17.06.2010 – 4 C 713/09 – juris, Rn. 44.

10 Vgl. BVerwG, Beschl. v. 19.08.2015 – 4 BN 24/15 – juris, Rn. 4; OVG Berlin-Brandenburg, Urt. v. 19.03.2015 – 2 A 4/15 – juris, Rn. 20.

auch die grundsätzliche Verfügungsbefugnis über den Eigentumsgegenstand gehört. Zudem ist der grundrechtliche Verhältnismäßigkeitsgrundsatz sowie der Gleichheitssatz des Art. 3 Abs. 1 GG[11] zu beachten.[12] Das bedeutet für die Abwägung:

a) Das Eigentumsgrundrecht schützt den „Bestand". Deshalb muss der Plangeber in erster Linie sachliche Vorkehrungen treffen, die eine unverhältnismäßige Belastung des Eigentümers real vermeiden und die Privatnützigkeit des Eigentums soweit wie möglich erhalten. Folglich muss die Gemeinde Alternativen prüfen, die eine bessere bauliche Nutzbarkeit belassen, selbst wenn dann eine weniger große Grünfläche entsteht. Die Formel für das mildere Mittel im Rahmen des Verhältnismäßigkeitsgrundsatzes, wonach der mildere Eingriff gleich geeignet für die Zielerreichung sein muss, gilt hier daher nicht ohne weiteres. Zur Vermeidung eines besonders schweren Eingriffs in die Privatnützigkeit kann geboten sein, auf eine maximal gewünschte Durchsetzung öffentlicher Ziele in Randbereichen zu verzichten. Das sollte die Planbegründung darlegen.
b) Infolge des grundrechtlichen Schutzgutes des „Bestands" ist Abwägungsmaßstab nicht, dass kein verfassungsrechtlich verbürgter Anspruch auf den Gegenstand des privaten Interesses besteht, beispielsweise die bestimmte Verfügbarkeit eines Hausgartens. Vielmehr ist Abwägungsmaßstab der Eigentumsgegenstand „in der Hand des Eigentümers", also im gegenwärtigen Bestand. Die „Wegwägung" des privaten Interesses mit der Begründung, dem Eigentümer stehe ein bestimmter Anspruch nicht zu, verfehlt mithin den verfassungsrechtlichen Maßstab.[13]
c) Für eine gerechte Abwägung ist erforderlich, dass die Gemeinde die Folgen des Plans für den Bestand des Eigentums richtig ermittelt und bewertet. Zwar stellen bauleitplanerische Festsetzungen als Inhaltsbestimmung des

---

11 Grundgesetz (GG) für die Bundesrepublik Deutschland in der im Bundesgesetzblatt Teil III, Gliederungsnummer 100-1, veröffentlichten bereinigten Fassung, das zuletzt durch Artikel 1 des Gesetzes vom 23. Dezember 2014 (BGBl. I S. 2438) geändert worden ist.

12 Vgl. BVerfG, Stattgebender Kammerbeschl. v. 19.12.2002 – 1 BvR 1402/01 – juris, Rn. 13 f. zur Eigentumsinhaltsbestimmung durch Bebauungspläne unter Bezug auf die denkmalrechtliche Leitentscheidung BVerfG, Beschl. 02.03.1999 – 1 BvL 7/91 – juris, Rn. 76.

13 Vgl. ebenda, Rn. 19.

Eigentums keine Enteignung dar und haben auch keine enteignungsrechtlichen Vorwirkungen in dem Sinne, dass zum Zeitpunkt der Festsetzung schon geprüft werden müsste, ob die Enteignungsvoraussetzungen vorlägen.[14] Die Folgen einer Festsetzung können sich für den Eigentümer aber „enteignungsartig" darstellen. Maßstab ist dafür insbesondere, ob dem Eigentümer noch eine sinnvolle private Nutzungsmöglichkeit bleibt. Das muss die Gemeinde ordnungsgemäß ermitteln, bewerten und abwägen.

Dabei sind insbesondere die Fälle kritisch zu prüfen, in denen sich die Festsetzung als Verlagerung von Gemeinwohlaufgaben auf Private darstellen kann. Verfolgt ein Plan mit der Festsetzung einer Grünfläche tatsächlich landschafts- bzw. stadtbildnerische oder umweltschützende Ziele, wie beispielsweise den Erhalt einer „grünen Krone" für das Stadtbild oder auch die Verbesserung des Klimas und der Lufthygiene oder den Schutz oder die Entwicklung bestimmter Artenhabitate, kann es tatsächlich um die Erfüllung öffentlicher Aufgaben gehen. Das ist zulässig (§ 40 BauGB), hat aber ggf. Übernahme und Entschädigung zur Folge (§§ 41, 42 BauGB). Der Entschädigungspflicht infolge einer Aufhebung der Privatnützigkeit kann sich die Gemeinde aber nicht dadurch entziehen, dass sie tatsächlich allein fremdnützige Ziele in scheinbar private Festsetzungen kleidet.[15]

d) Bei der Abwägung kommt dem Grundsatz der Lastengleichheit erhebliche Bedeutung zu. Im Gegensatz zur zitierten Leitentscheidung zum Denkmalschutz hat das Bundesverfassungsgericht in der Entscheidung zu den bauleitplanerischen Inhaltsbestimmungen des Grundeigentums ausdrücklich auch den Gleichheitsgrundsatz herangezogen. Für die Erfüllung öffentlicher Aufgaben ist grundsätzlich die Allgemeinheit heranzuziehen. Das verbietet es, einzelne Eigentümer, die von ausschließlich fremdnützigen Festsetzungen betroffen sind, im Verhältnis zu den übrigen Betroffenen ungleich und unzumutbar zu belasten.[16]

---

14 Vgl. BVerwG, Beschl. v. 11.04.2012 – 4 BN 13/12 – juris, Rn. 7.

15 Vgl. VGH Kassel, Urt. v. 17.06.2010 – 4 C 713/09 – juris, Rn. 54 ff.; OVG Saarlouis, Urt. v. 26.02.2013 a. a. O. (Fn. 6), Rn. 63 ff.

16 Vgl. Papier, in: Maunz/Dürig (Hrsg.), Grundgesetz, Kommentar, Loseblattsammlung, Stand 57. Ergänzungslieferung, Januar 2010, Art. 14 Rn. 378 j; Depenheuer, in: v. Mangoldt/Klein/Starck (Hrsg.), Grundgesetz, Kommentar, 6. Aufl., München 2010, Art. 14 Rn. 448.

Allerdings muss die Kompensation eines ungleich Planbetroffenen nicht zwingend durch Entschädigung erfolgen, vielmehr ist vorrangig zu versuchen, die Sonderbelastung Einzelner durch sachliche Kompensation auszugleichen. Das Bundesverfassungsgericht sieht im erwähnten Beschluss vom 19.12.2002 in einem solchen Fall, dass es dem Erfordernis der Lastengleichheit genügt, wenn die planungsbedingten Ungleichbelastungen durch bodenordnende Maßnahmen ausgeglichen werden. Sind aufgrund gebotener Lastengleichheit bodenordnende Maßnahmen nötig, müssen diese im Zuge des Bebauungsplanverfahrens zwar noch nicht eingeleitet werden, der Plan muss aber sicher stellen, dass solche Maßnahmen umsetzbar sind.[17]

e) Schutzmindernd wirkt sich naturgemäß aus, wenn die Festsetzung ganz oder teilweise der Erfüllung eigener Rechtspflichten des Eigentümers dient. So hat die Rechtsprechung die Festsetzung einer Grünfläche als Kinderspielplatz gebilligt, weil der Eigentümer wegen eigener Bauvorhaben in der Nachbarschaft bauordnungsrechtlich ohnehin verpflichtet war, einen solchen anzulegen.[18]

f) Fraglich ist, ob die Nichtausnutzung von Baurecht wegen der auf sieben Jahre begrenzten Plangewährleistung schutzmindernd wirkt. Das Planungsschadensrecht schützt in § 42 Abs. 2 BauGB zulässige, aber nicht ausgenutzte Baurechte nur über sieben Jahre. Ändert die Gemeinde nach Ablauf dieser Frist das Baurecht, soll nach Abs. 3 nicht mehr der Wert des entzogenen Baurechts, sondern nur noch der Wert der tatsächlichen Nutzung entschädigungspflichtig sein. Das OVG Koblenz hat diese Entschädigungsregelung auf die Abwägung übertragen und eine Abwägung gebilligt, die die Gemeinde damit begründet hatte, dass der dortige Eigentümer über sieben Jahre von seinem Baurecht keinen Gebrauch gemacht hat.[19]

---

17 Vgl. OVG Saarlouis, Urt. v. 26.02.2013 – 2 C 478/07 – juris, Rn. 67; siehe auch OVG Lüneburg, Beschl. v. 05.04.2000 – 1 K 4846/98 – juris, Rn. 6 sowie VGH Kassel, Urt. v. 17.06.2010 – 4 C 713/09 – juris, Rn. 55.

18 Vgl. BVerwG, Beschl. v. 11.04.2012 – 4 BN 13/12 – juris, Rn. 4; vgl. auch VGH Kassel, Urt. v. 17.06.2010 – 4 C 713/09 – juris, Rn. 46 bezüglich Erschließung eigener Grundstücke.

19 Vgl. OVG Koblenz, Urt. v. 12.07.2012 – 1 C 11236/11 – juris, Rn. 38.

Diese Auffassung erscheint fraglich. Das Bundesverfassungsgericht hat gerade die Entschädigungslosigkeit der Beseitigung von Baurecht nach Ablauf der Plangewährleistung als einen besonders schwerwiegenden Abwägungsgesichtspunkt gewertet und in einem solchen Fall dem Erfordernis der Lastengleichheit nur dann Genüge getan gesehen, wenn die planungsbedingten Ungleichbelastungen durch bodenordnende Maßnahmen ausgeglichen werden.[20]

Abgesehen davon, dass schon im Planungsschadensrecht die Sieben-Jahres-Regel verfassungsrechtlichen Einwänden ausgesetzt ist[21], kann sich die Übertragung der Wertung auf die bauleitplanerische Abwägung als Verdoppelung des Sonderopfers darstellen. Keiner der strittigen Fälle betraf erst von der Gemeinde durch Bebauungsplan zu Bauland gemachten früheren Außenbereich, sondern Innenbereichslagen, in den meisten Fällen aufgrund historischer Baurechte. In einigen Fällen waren die Eigentümer sogar durch Gesetz gehindert, während der Frist zu bauen (VermG[22], BKleingG[23]). Selbst ohne solche Hindernisse hat die Nichtausnutzung von Baurecht in vielen Fällen nachvollziehbare Gründe. Die Planungspraxis sollte deshalb dem Bundesverfassungsgericht folgen und eine Entschädigungslosigkeit der Baurechtsbeseitigung als schutzstärkend in der Abwägung berücksichtigen und vor allem nach sachlichen Kompensationsmöglichkeiten suchen.

---

20 Vgl. BVerfG, Stattgebender Kammerbeschl. v. 19.12.2002, a. a. O. (Fn. 11), Rn. 21.

21 Die verfassungsrechtlichen Einwände referiert BVerfG, Beschl. v. 16.12.2014 – 1 BvR 2142/11 – juris, Rn. 17–20 unter Bezug auf die dort zitierte BGH-Rechtsprechung.

22 Gesetz zur Regelung offener Vermögensfragen (Vermögensgesetz – VermG) in der Fassung der Bekanntmachung v. 9. Februar 2005 (BGBl. I S. 205), zuletzt geändert durch Art. 587 d. VO v. 31. August 2015 (BGBl. I S. 1474).

23 Bundeskleingartengesetz (BKleingG) v. 28. Februar 1983 (BGBl. I S. 210), zuletzt geändert durch Art. 11 d. G. v. 19. September 2006 (BGBl. I S. 2146).

Autorenverzeichnis

Prof. Dr. Stephan Mitschang, Technische Universität Berlin

Prof. Dr. Christian-W. Otto, Technische Universität Berlin

Prof. Dr. Olaf Reidt, Rechtsanwalt, Redeker Sellner Dahs, Berlin

Prof. Dr. Alexander Schink, Staatssekretär a. D., Technische Universität Berlin

Dr. Tim Schwarz, Bezirksamt Mitte von Berlin

Prof. Dr. Wilhelm Söfker, Ministerialdirigent a. D., Bonn

Prof. Dr. Gerd Schmidt-Eichstaedt, Plan und Recht GmbH, Berlin

Dr. Stefan Kobes, Rechtsanwalt, Luther Rechtsanwaltsgesellschaft mbH, Berlin

Sören Claus, Vorsitzender Richter am Nieders. OVG Lüneburg

Guido Kohnen, Kohnen Berater & Ingenieure GmbH & Co KG, Freinsheim

Jörg Finkeldei, Ministerium für Infrastruktur und Landesplanung Brandenburg, Potsdam

Dr. Bernhard Haaß, Rechtsanwalt, Probandt Rechtsanwälte, Berlin

Annette Leuckel, Kohnen Berater & Ingenieure GmbH & Co KG, Freinsheim

Berliner Schriften zur Stadt- und Regionalplanung

Herausgegeben von Prof. Dr. Stephan Mitschang

Band 1 Stephan Mitschang (Hrsg.): Umweltprüfverfahren in der Stadt- und Regionalplanung. 2006.

Band 2 Stephan Mitschang (Hrsg.): Stadt- und Regionalplanung vor neuen Herausforderungen. 2007.

Band 3 Stephan Mitschang (Hrsg.): Flächennutzungsplanung – Aufgabenwandel und Perspektiven. 2007.

Band 4 Stephan Mitschang (Hrsg.): BauGB-Novelle 2007. Neue Anforderungen an städtebauliche Planungen und die Zulassung von Vorhaben. 2008.

Band 5 Stephan Mitschang (ed. / Hrsg.): Soil Protection Law in the EU. Bodenschutzrecht in der EU. 2008.

Band 6 Stephan Mitschang (Hrsg.): Innenentwicklung – Fach- und Rechtsfragen. 2008.

Band 7 Stephan Mitschang (Hrsg.): Klimaschutz und Energieeinsparung in der Stadt- und Regionalplanung. 2009.

Band 8 Stephan Mitschang (Hrsg.): Fach- und Rechtsprobleme der Baunutzungsverordnung. 2009.

Band 9 Stephan Mitschang (Hrsg.): Aktuelle Fach- und Rechtsfragen des Lärmschutzes. Bauleitplanung, Fachplanung und Zulassung von Bauvorhaben. 2010.

Band 10 Stephan Mitschang / Gerd Schmidt-Eichstaedt (Hrsg.): Die Umweltprüfung in der Regionalplanung. 2010.

Band 11 Ulrich Battis / Jens Kersten / Stephan Mitschang: Rechtsfragen der ökologischen Stadterneuerung. 2010.

Band 12 Stephan Mitschang (ed. / Hrsg): Energy Efficiency and Renewable Energies in Town Planning Law. Energieeffizienz und Erneuerbare Energien im Städtebaurecht. 2010.

Band 13 Stephan Mitschang (Hrsg.): Planen und Bauen im Außenbereich. 2010.

Band 14 Stephan Mitschang (Hrsg.): Aktuelle Fragestellungen des Städtebau- und Umweltrechts – Ansatzpunkte für eine BauGB- und BauNVO-Novelle. 2011.

Band 15 Tim Schwarz: Die Umweltprüfung in gestuften Planungsverfahren. Möglichkeiten und Grenzen der Koordination und Abschichtung im Rahmen der Umweltprüfung in der Raumordnung und der Bauleitplanung. 2011.

Band 16 Stephan Mitschang (ed. / Hrsg.): Urban Planning Law under EU-Influence. Städtebaurecht unter EU-Einfluss. 2011.

Band 17 Stephan Mitschang (Hrsg.): Bauen und Naturschutz. Aktuelle Fach- und Rechtsfragen nach dem Inkrafttreten des BNatSchG 2010. 2011.

Band 18 Stephan Mitschang (Hrsg.): Gerüche, Feinstaub und Gefahrstoffe in der Bauleitplanung und bei der Zulassung von Bauvorhaben. 2011.

Band 19 Stephan Mitschang (Hrsg.): Klimagerechte Stadtentwicklung – Die neuen Regelungen der BauGB-Novelle 2011. 2012.

Band 20 Stephan Mitschang (Hrsg.): Stärkung der Innenentwicklung – BauGB-Novelle 2012/13. 2013.

Band 21 Stephan Mitschang (Hrsg.): Windenergie – Ausbau und Repowering in der Stadt- und Regionalplanung. 2013.

Band 22 Stephan Mitschang (Hrsg.): Innenentwicklung – Fach- und Rechtsfragen der Umsetzung. 2014.

Band 23 Benjamin Heyn: Lärmschutz und Innenentwicklung. Ist der Lärmschutz notwendiges Korrektiv oder störendes Hemmnis für die Innenentwicklung? 2014.

Band 24 Stephan Mitschang (Hrsg.): Konfliktfelder und aktuelle Entwicklungen bei städtebaulichen Planungen. 2014.

Band 25 Stephan Mitschang (Hrsg.): Umbau im baulichen Bestand – Fach- und Rechtsfragen. 2015.

Band 26 Stephan Mitschang (ed./Hrsg.): Privatisation of Planning Powers and Urban Infrastructure / Privatisierung von Planung und städtischen Infrastrukturen. 2015.

Band 27 Stephan Mitschang (Hrsg.): Erneuerbare Energien und Netzausbau in der räumlichen Planung. 2015.

Band 28 Stephan Mitschang (Hrsg.): UPDATE: Aktuelle Anforderungen des Umweltschutzes in der Bauleitplanung. Fach- und Rechtsfragen der Stadt- und Regionalplanung. 2016.

Band 29 Stephan Mitschang (Hrsg.): Fach- und Rechtsfragen des Bebauungsplans. 2016.

www.peterlang.com

www.ingramcontent.com/pod-product-compliance
Ingram Content Group UK Ltd.
Pitfield, Milton Keynes, MK11 3LW, UK
UKHW021912290926
8980IPUK00015B/1215

9 783631 679098